职业教育计算机专业改革创新示范教材

Dreamweaver 网页设计项目教程

主　编　王雪松

副主编　任佳馨

参　编　李　侠　史东蕾　易　楠

李书博　王晓晴

机 械 工 业 出 版 社

本书依据职业院校计算机类专业的教学改革要求，并结合用人单位的实际需求，以项目为核心，采用项目教学法编写而成。全书安排了电子商务网站"美厨&美味烘焙坊"网站设计和电子类企业网站设计这两个综合项目，每个项目又分成若干个任务，按照工作流程，介绍了使用 CSS+DIV 设计网页的方法和技巧。设计任务由简单到复杂，知识点明确细致，讲解过程中注重解析，善于剖析，可为读者提供一个解决问题的方法和思路。

　　本书适合作为职业院校、培训机构计算机类专业的教材，也可作为网页从业人员的参考书籍。

　　本书提供所有实例的相关素材和结果文件，以及扩展练习素材，读者可到机械工业出版社网站www.cmpedu.com上免费注册、登录、下载，或联系编辑咨询（010-88379194）。

图书在版编目（CIP）数据

Dreamweaver 网页设计项目教程/王雪松主编．—北京：机械工业出版社，2012.8
职业教育计算机专业改革创新示范教材
ISBN　978-7-111-39114-2

Ⅰ．①D…　Ⅱ．①王…　Ⅲ．①网页制作工具—高等职业教育—教材
Ⅳ．①TP393.092

中国版本图书馆 CIP 数据核字（2012）第 169016 号

机械工业出版社（北京市百万庄大街 22 号　邮政编码 100037）
策划编辑：梁　伟　　责任编辑：蔡　岩　　责任校对：佟瑞鑫
封面设计：鞠　杨　　责任印制：乔　宇

三河市国英印务有限公司印刷

2012 年 9 月第 1 版第 1 次印刷
184mm×260mm·17 印张·417 千字
0001—3000 册
标准书号：ISBN　978-7-111-39114-2
定价：39.00 元

凡购本书，如有缺页、倒页、脱页，由本社发行部调换
电话服务　　　　　　　　　　网络服务
社 服 务 中 心：（010）88361066　　教材网：http://www.cmpedu.com
销 售 一 部：（010）68326294　　机工官网：http://www.cmpbook.com
销 售 二 部：（010）88379649　　机工官博：http://weibo.com/cmp1952
读者购书热线：（010）88379203　　**封面无防伪标均为盗版**

前　言

现代社会离不开网络，而大部分网络与人进行人机交互都是通过各式各样的网站进行的。网页设计师入职门槛低，底薪高，未来职业发展提升空间非常大，这也是各职业院校纷纷开设此专业的原因。纵观各大网站的主流网页制作，均采用 CSS+DIV 布局。这种网页设计方式的代码量大大降低、页面加载速度加快、维护方便、结构清晰，因此是目前主流的设计思想。

本书依据职业院校计算机类专业的教学改革要求，结合用人单位的实际需求，主要介绍了采用 CSS+DIV 制作网页的过程。本书采用项目教学法，共包含 2 个项目，即电子商务网站"美厨&美味烘焙坊"网站设计和电子类企业网站设计。每个项目又分为若干个任务。任务目标明确，有针对性地讲解重点难点，有利于初学者学习、掌握 CSS+DIV 设计网页的方法和技巧。

本书在任务完成过程中穿插解释为什么，而不是仅仅写出做法，体现了授人以渔的思想。在任务设置上突出了岗位能力和职业特点，让读者对实际的工作有一个整体全面的了解。

本书建议课时为 64 学时，分配如下。

项　目	任　务	学　时
电子商务网站"美厨&美味烘焙坊"网站设计	分析图纸	1
	建立站点	1
	搭建网站框架	4
	利用 CSS 美化网页	20
	制作下拉菜单	4
	代码整合	2
电子类企业网站设计	前期准备	1
	建立站点	1
	搭建网站框架	4
	网页美化与特效	20
	完成首页主内容区制作	6
合　计		64

本书由王雪松任主编，任佳馨任副主编。参与编写的还有史东蕾、李侠、易楠、李书博、王晓晴。

由于编者水平有限，书中难免存在不妥之处，敬请广大读者批评指正。

编　者

目　录

导　学

知识要点：Dreamweaver 的工作界面；Dreamweaver 的基本操作；HTML 语言介绍；网页与盒模型；CSS 文件的链接；CSS+DIV 设计思想。

一、Adobe Dreamweaver CS5 概述

作为一名网页设计师，最常用的武器就是 Photoshop、Dreamweaver、Flash。Photoshop 用于网页图像制作，可以制作出极具视觉冲击力的效果图片，我们利用 Photoshop 制作网站效果图，对整站进行切图。在 Dreamweaver 中建立站点，搭建页面的框架，设置页面的样式，填充页面内容，直至完成整站。Flash 则可以作为辅助增加页面超炫的效果，制作动态广告以及一些应用。

Adobe Dreamweaver CS5 是建立 Web 站点和应用程序的专业工具。它支持可视布局编辑，可以快速地创建页面而无需编写任何代码；也支持编码相关的工具和功能，可以使用服务器语言（如 ASP、ASP.NET、JSP 和 PHP）生成支持动态数据库的 Web 应用程序。应用程序开发功能和代码编辑支持组合在一起，其功能强大，使得各个层次的开发人员和设计人员都能够快速创建优秀的基于标准的网站和应用程序。Adobe Dreamweaver CS5 是目前的最新版本。

Dreamweaver 的工作界面如图 0-1 所示。

1）应用程序栏：包含一个工作区切换器，文件、编辑、查看、插入、修改、格式、命令、站点、窗口、帮助等菜单，以及其他应用程序控件。

2）文档工具栏：包含一些按钮，它们提供各种“文档”窗口视图（如“设计”视图和“代码”视图）的选项、各种查看选项和一些常用操作（如在浏览器中预览）。

3）文档窗口：显示当前创建和编辑的文档。

4）工作面板：用于监控和修改工作。例如，“插入”面板、“CSS 样式”面板和“文件”面板。如果要展开某个面板，需要双击其选项卡。

①“插入”面板包含用于将图像、表格和媒体元素等各种类型的对象插入到文档中的按钮。

②“文件”面板用于管理文件和文件夹，文件夹可以是 Adobe Dreamweaver 站点的一部分也可以是位于远程服务器上。“文件”面板的操作与 Windows 资源管理器的操作非常相似。

5）标签选择器：位于“文档”窗口底部的状态栏中。显示环绕当前选定内容的标签的层次结构。单击该层次结构中的任何标签可以选择该标签及其全部内容。

6）属性检查器：用于查看和更改所选对象或文本的各种属性。每个对象具有不同

的属性。

我们可以选择应用程序栏中的"文件"→"新建"命令来建立一个新的 html 页面或
CSS 样式表文件。

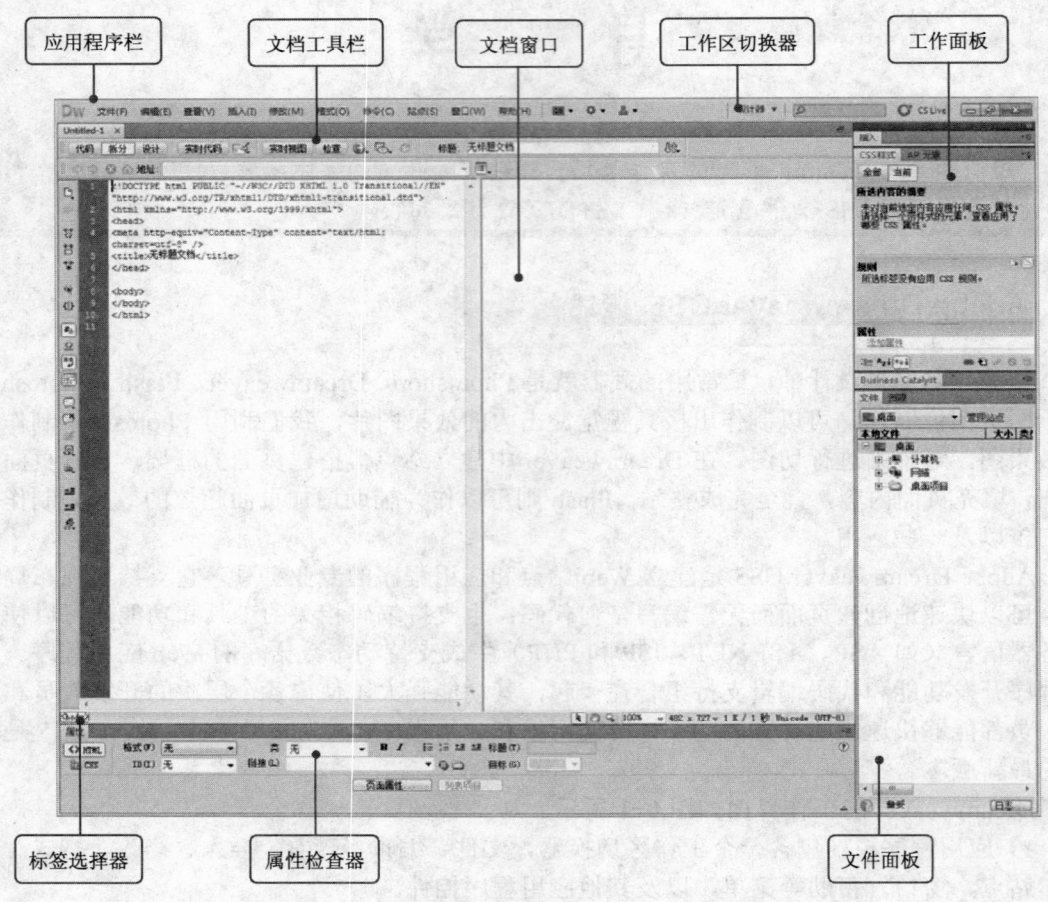

图 0-1　Adobe Dreamweaver CS5　工作界面

二、HTML 基础

要使设计者在网络上发布的网页能够被世界各地的浏览者所阅读，就需要一种规范化
的发布语言，这就是世界通用的 HTML 语言。HTML 语言是英文 Hyper Text Mark up
Language 的缩写，中文名为超文本标记语言。由 HTML 语言所编写的代码可以被浏览器
（如 IE、火狐）所读懂，并按照代码中所描述的网页样式显示出来。HTML 代码可以在
Window 记事本中编辑，也可以在 Adobe Dreamweaver 中的代码窗口编辑。无论在哪里编
辑的文件，它们在浏览器中的显示效果是一样的，如图 0-2～图 0-4 所示。在 Adobe
Dreamweaver 中会对 HTML 语言中的"标签"用特殊的颜色（如蓝色）进行区分，建议初
学者使用 Adobe Dreamweaver 来编辑 HTML 代码。

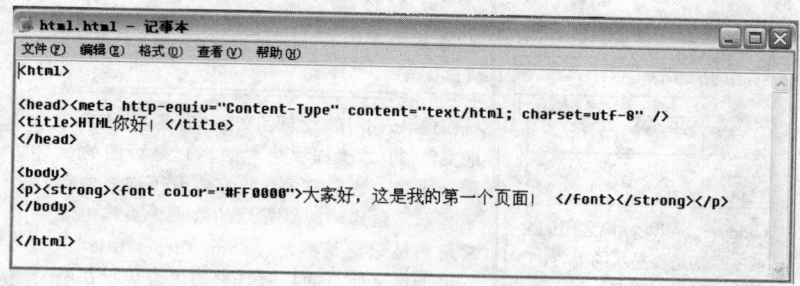

图 0-2　记事本中编辑 HTML 代码

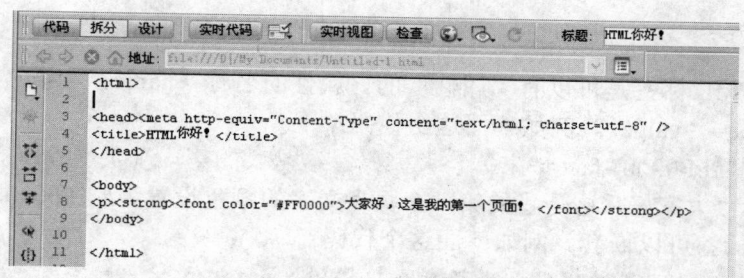

图 0-3　在 Adobe Dreamweaver 中编辑 HTML 代码

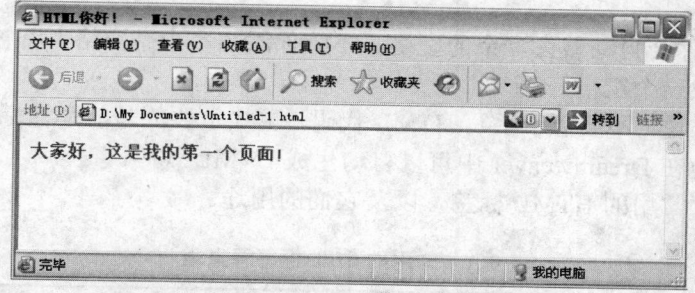

图 0-4　IE 浏览器中查看所写的 HTML 代码的网页效果

　　通过观察图 0-2 中的代码，我们可以看出 HTML 语言的规律如下：

　　1）HTML 文件是一个包含了很多"标签"（tags）的纯文本文件，只要用纯文本编辑软件就能编辑。"标签"用来告诉浏览器如何显示页面。如代码中的<html></html>、<body></body>、<head></head>、<p></p>这些都是 HTML 标签。

　　2）标签由一对英文尖括号括起来，如<html>。

　　3）绝大多数标签是成对出现的。如<body></body>、<p></p>。其中<p>为起始标签，表示标签开始；</p>为结束标签，表示该标签结束。两标签中的文本内容就是元素内容，如"大家好，这是我的第一个页面！"。

　　4）HTML 标签不区分大小写，但一般小写。

　　5）HTML 文件是有固定格式构成的。所有网页都必须遵守这个格式的要求。当在 Adobe Dreamweaver 建立一个新的 HTML 文档时，这些结构也将自动建立。具体格式说明如图 0-5 所示。

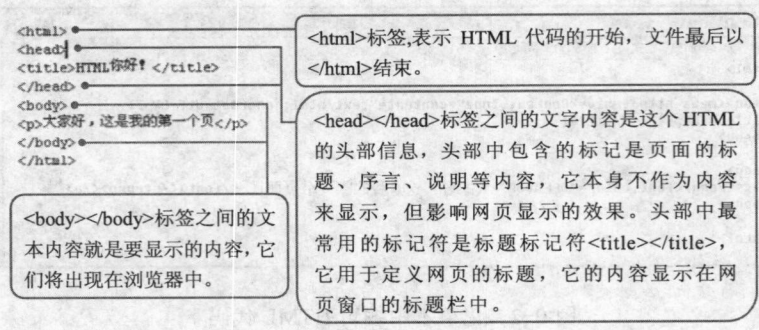

图 0-5　HTML 文件构成的固定格式

6）有些 HTML 标签是可以有"属性"的。属性的名称（name）和值（value）一起使用，格式为 name="value"。例如下面这个代码：

<font color="#FF0000" face="宋体">大家好，这是我的第一个页</font>。

此代码表示"大家好，这是我的第一个页"文字的颜色设置为# FF0000，字体为宋体。

7）HTML 标签可以嵌套。例如下面这个代码：

<p><font color="#FF0000" face="宋体">大家好</font></p>

此代码中，<p></p>表示文字"大家好"为一个段落，这个段落的文字颜色为# FF0000，字体为宋体。

8）HTML 文件会自动截去多余的空格。不管你添加多少个空格，都被看做一个空格。一个空行也被看做一个空格。

对于初学者来说，不要急于手写 HTML 代码，更加重要的是能读懂标签，了解标签的含义和用途。因为在 Dreamweaver 中可以自动生成 HTML 代码。

表 0-1 列出了常用的 HTML 标签，以及它们的用途。

表 0-1　常用的 HTML 标签释义表

文 件 标 签		
标 签 名	意 义	用 途
<head>	头部	提供文件整体资讯
<title>	标题	定义文件标题，将显示在浏览器的标题栏中
<body >	文本	网页内容及设计文件格式
排 版 标 签		
标 签 名	意 义	用 途
<!--注解-- >	说明标签	为文件加上说明，但不被显示
<p>	段落标签	为字、画、表格等之间留一空白行
 	换行标签	令字、画、表格等显示于下一行
<hr>	水平线	插入一条水平线
<center>	居中	令字、画、表格等居中显示
<div>	定位标签	设定字、画、表格等的摆放位置
<span>	范围	一般应用在行内，用来定义一小块需要特别提示的内容

（续）

字 体 标 签		
标 签 名	意 义	用 途
\<b\>	加粗	产生字体加粗 Bold 的效果
\<I\>	斜体	产生文字倾斜的效果
\<u\>	加上底线	加上底线
\<h1\>	一级标题	变粗变大加宽，程度与级数成反比，共有 h1～h6 6 级
\<font\>	字形标签	设定所有字形、大小、颜色
列 表 标 签		
标 签 名	意 义	用 途
\<ul\>	无序列表	默认列表将以圆点排列
\<li\>	列表项	每一个标记表示一个由 ul 定义的列表项
\<dl\>	释义列表	列表分两层出现
\<dt\>	定义条目	表示 dl 定义的列表的标题
\<dd\>	定义内容	表示 dl 定义的列表的内容
表 格 标 签		
标 签 名	意 义	用 途
\<table\>	表格标签	设定该表格的各项参数
\<caption\>	表格标题	设定表格的标题
\<tr\>	表格列	设定该表格的列
\<td\>	表格栏	设定该表格的栏
\<th\>	表格头	相当于\<td\>，但其内字体会变粗
表 单 标 签		
标 签 名	意 义	用 途
\<form\>	表单标签	建立一个表单，用来实现与网页浏览者的交互
\<textarea\>	文本域	建立一个文本域，可以让浏览者输入文字
\<input\>	输入标签	决定输入的形式
图 形 标 签		
标 签 名	意 义	用 途
\<img\>	图形标签	用来插入图形以及设定图形属性
链 接 标 签		
标 签 名	意 义	用 途
\<a\>	链接标签	用来插入图形以及设定图形属性
框 架 标 签		
标 签 名	意 义	用 途
\<frames\>	框架	可以在一个浏览器窗口中显示多个页面
\<frameset\>	划分框架	用来划分框架
\<iframe\>	IE 专用框架标签	在一页中间插入一个框架以显示另一个文件

三、DIV 与 CSS

　　现在很多企业招聘网站设计人员时，常常注明会使用 DIV+CSS 布局制作网站，本书会重点讲解如何使用 DIV+CSS 布局。其实所谓的 DIV+CSS 是指制作的网站符合 Web 标准。这种网页布局方法有别于传统的 HTML 网页设计语言中的表格（table）定位方式，真正达到了 W3C 要求的内容与表现相分离。HTML 语言自 HTML 4.01 以来，不再发布新版本，原因就在于 HTML 语言正变得越来越复杂化、专用化。而 XHTML 语言基于 HTML，是一种更加严密、代码更加整洁的 HTML 版本。XHTML 语言可以将 HTML 语言标准化。用 XHTML 语言重写后的 HTML 页面可以使网页更加容易扩展，适合自动数据交换，并且更加规整。在 XHTML 网站设计标准中，不再使用表格定位技术，而是采用 DIV+CSS 的方式实现各种定位。

1. 结构与表现——DIV 与 CSS

1997 年，W3C 颁布了 HTML 4.0 标准的同时也公布了有关 CSS 的第一个标准 CSS1。截止目前，CSS 的标准已经升级到 CSS 2.0。CSS 是 Cascading Style Sheets（层叠样式表）的缩写。它的作用是定义网页的外观（如字体，颜色等），它也可以和 javascript 等浏览器端脚本语言合作做出许多动态的效果。

现在大家看到的网站绝大多数都是使用 DIV+CSS 技术实现的。其中 DIV 指的是 HTML 语言中的标签<div></div>，它用来确定网站的结构，而 CSS 是指样式表文件，它的扩展名为.css，用来控制网页的外观。打个比方来说，整个网站就好比是一个复杂大型的恐龙积木，这个积木分成两个部分，一部分是恐龙的每一个结构，比如大腿、牙齿等。另一部分就是使用说明书。所有的积木组合起来就构成一个完整的成品，而这个成品如何拼接则要按照说明书的规则进行操作。因此没有积木或没有说明书都不能得到一个完整的恐龙。这里的积木就相当于 HTML 语言（DIV）所构建出来的结构，而说明书就是 CSS 负责书写网页中每一部分的位置、颜色、大小等属性。

下面展示了一个未添加 CSS 样式的网站界面，如图 0-6 所示。

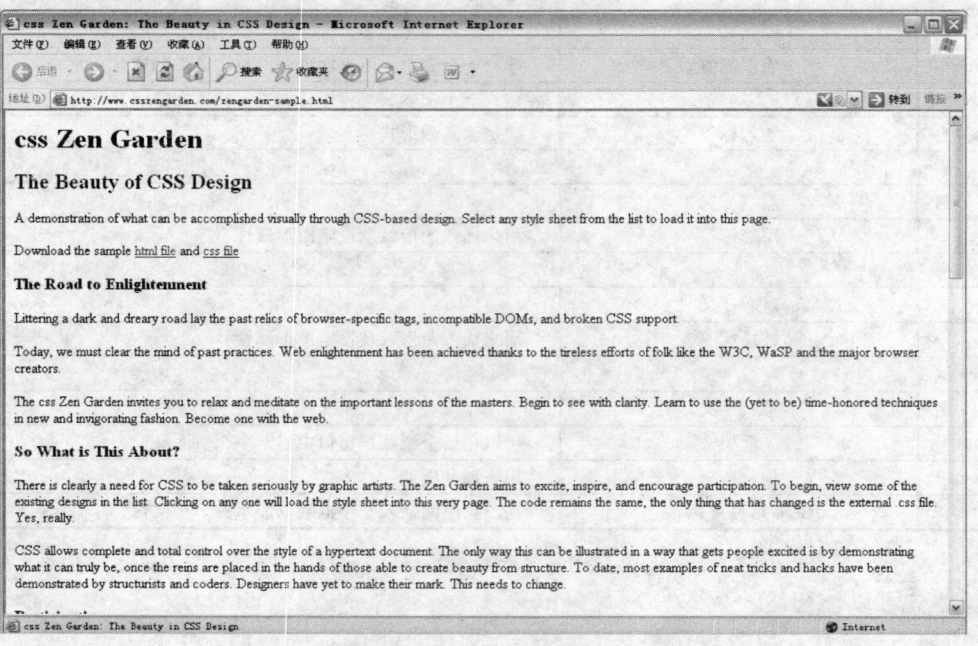

图 0-6　未添加 CSS 样式的 HTML 网站

当我们为图 0-6 所示的 HTML 结构添加不同的 CSS 样式文件，就获得了完全不同的网站效果，如图 0-7、图 0-8 所示。

图 0-7 添加第一种 CSS 样式的网站

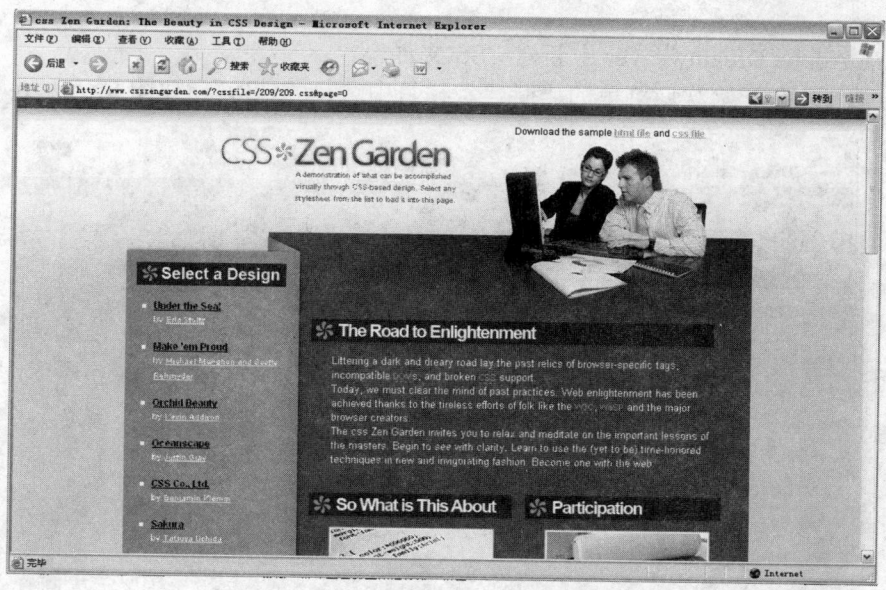

图 0-8 添加第二种 CSS 样式的网站

　　CSS 为网页带来很多的变化，维护更加方便快捷。如果读者对图 0-7、图 0-8 中的网站感兴趣，可以访问这个网站，网址是http://www.csszengarden.com。在这个网站中可以选择不同的 CSS 设计，以各种风格来装饰同一段 HTML 结构的网站。

　　使用 DIV+CSS 技术设计网站的具体做法是：页面内容（即 HTML 代码）存放在 HTML 文件中，而用于定义代码表示形式的 CSS 则存放在另一个文件（外部样式表）中。后面将讲解如何建立 CSS 文件以及如何将 HTML 与 CSS 相关联。

2．为什么要让网页符合 W3C 标准

1）符合 W3C 标准。微软等公司均为 W3C 的支持者，因为它保证了用户的网站不会因为网络应用的升级而被淘汰。

2）支持浏览器的向后兼容，即用户的网站将适合于在任意一种浏览器上浏览。

3）搜索引擎更加友好。相对于传统的 table，采用 DIV+CSS 技术的网页，对于搜索引擎的收录更加友好。

4）样式的调整更加方便。内容和样式的分离，使页面和样式的调整变得更加方便。现在 Yahoo、MSN 等国际门户网站，网易、新浪等国内门户网站，以及主流的 Web 2.0 网站，均采用 DIV+CSS 的框架模式，更加印证了 DIV+CSS 是大势所趋。

5）CSS 的极大优势表现在简洁的代码。对于一个大型网站来说，可以节省大量带宽，而且众所周知，搜索引擎喜欢简洁的代码。

6）表现和结构分离。这种形式在团队开发中更容易分工合作而减少相互关联性。

3．CSS 使用方法

CSS 的使用方法非常简单，相信读者可以很快掌握。而 CSS 所设计的属性范围非常广泛，如文字大小、颜色，边框的样式，元素的定位。不同的 HTML 元素标签具有的属性不尽相同，各种浏览器对属性的支持程度也不同。这就需要读者在使用过程中用心揣摩多多操作。

（1）在 Adobe Dreamweaver 中新建 CSS 文件

1）方法 1：在开始欢迎菜单的"新建"栏目中选择"CSS"，如图 0-9 所示。

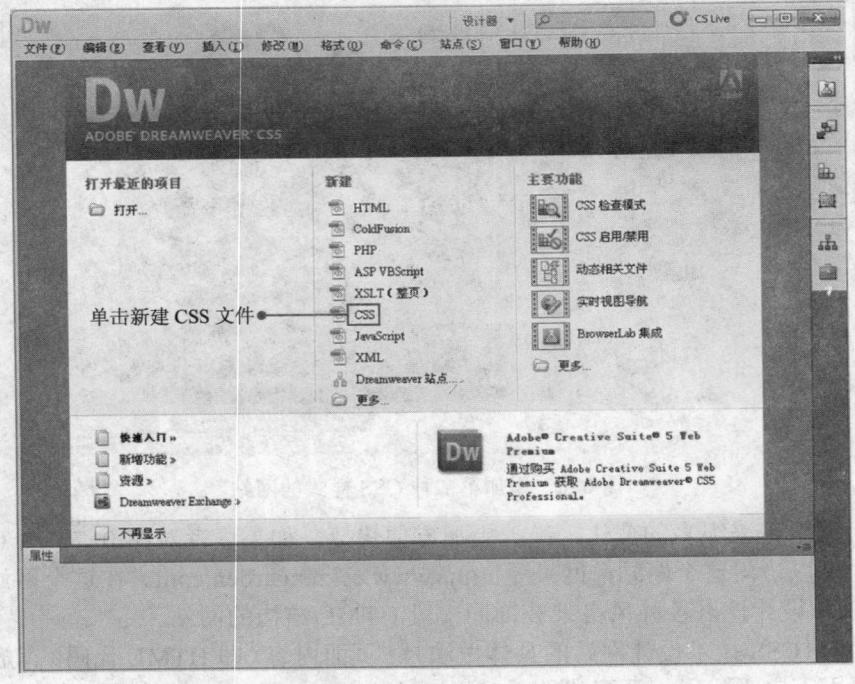

图 0-9　在 Adobe Dreamweaver 中新建 CSS 文件

2）方法2：在应用程序栏中单击"文件"→"新建"命令，在弹出的"新建文档"对话框中选择"空白页"→"CSS"，如图0-10所示。

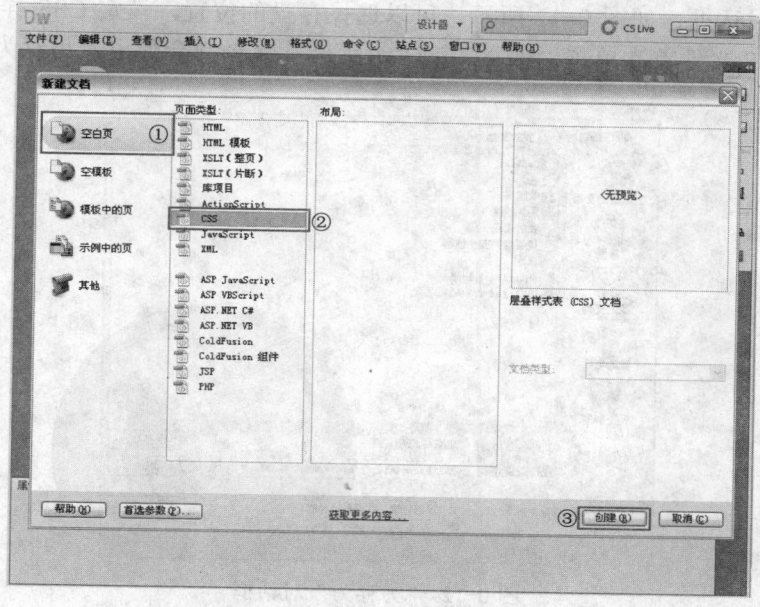

图0-10 "新建文档"对话框

单击"创建"按钮自动打开编辑视图，如图0-11所示。

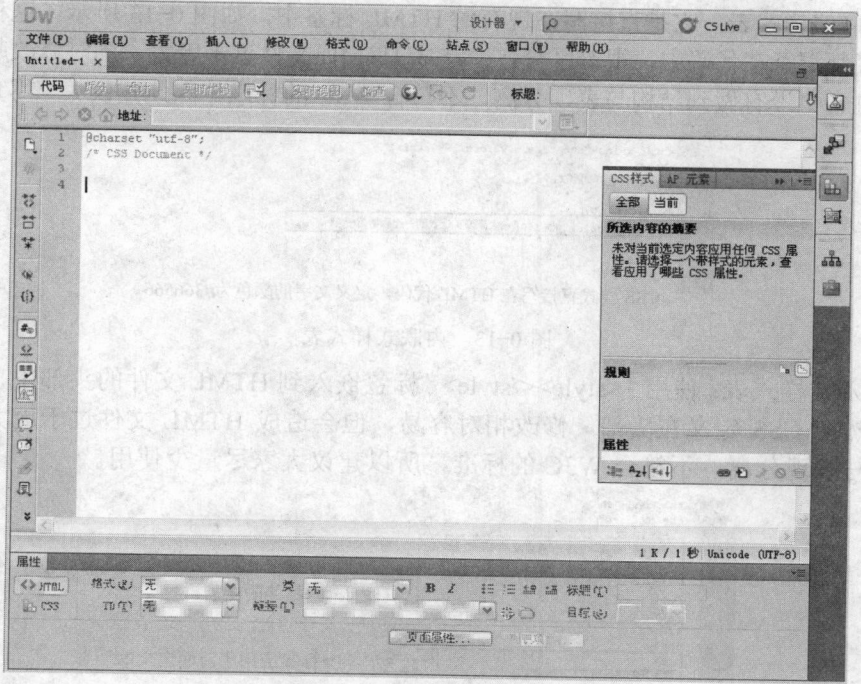

图0-11 打开编辑视图

（2）在 Adobe Dreamweaver 中保存 CSS 文件

在应用程序栏中单击"文件"→"保存"命令，或按快捷键<Ctrl+S>，可以直接保存当前编辑的 CSS 文件。单击"文件"→"另存为"命令，或按快捷键<Ctrl+Shift+S>会弹出"另存为"对话框，如图 0-12 所示。可以选择存盘的位置，设定 CSS 样式表文件的名称。新建的 CSS 文件首次单击"保存"或"另存为"命令都会弹出"另存为"对话框。

图 0-12 "另存为"对话框

（3）在 Adobe Dreamweaver 中的 HTML 内插入样式表

样式表从插入形式来分可以分为以下 3 种。

1）内联式样式表：它是直接写在现有的 HTML 标签中，如图 0-13 所示。这种样式表由于样式定义都混杂在代码中，很难区分，会造成 HTML 文件过于庞大，同时修改起来也十分麻烦，而且它也没有做到结构与表现分离，不符合 W3C 的标准，因此建议大家尽量少使用。

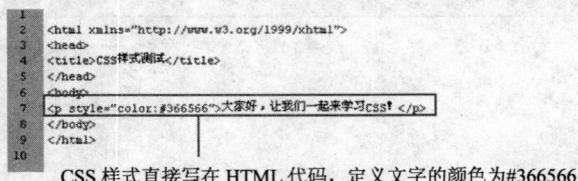

CSS 样式直接写在 HTML 代码，定义文字的颜色为#366566

图 0-13 内联式样式表

2）嵌入式样式表：使用"<style></style>"标签嵌入到 HTML 文件的头部中，如图 0-14 所示。虽然把 CSS 定义在头部，修改相对容易，但会造成 HTML 文件过于庞大，也没有做到结构与表现分离，不符合 W3C 的标准，所以建议大家尽量少使用。

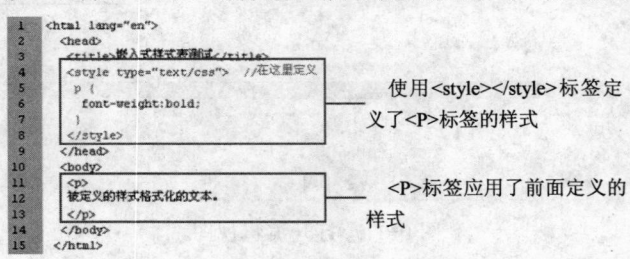

图 0-14 嵌入式样式表

3）外部样式表：样式表文件以".css"为扩展名，单独存储在 HTML 文件内的<head>标签内，使用<link>标签将样式表文件链接到 HTML 文件中。如图 0-15 所示，将文件名为"style.css"的样式表文件链接入文件名为"index.html"的 HTML 文件中。

图 0-15　外部样式表

外部样式表符合 W3C 的标准，符合表现与结构分离的原则，推荐使用外部样式表。它独立于 HTML 文件，便于修改；同时多个 HTML 文件可以同时引用同一个样式表文件，从而保持页面外观的统一。

在 Adobe Dreamweaver 中，可以通过附加样式表的操作，无需手动输入代码也同样可以链接外部样式表。具体步骤如下。

① 打开需要链接入 CSS 样式表的 HTML 文档，单击 CSS 样式面板下方的"附加样式表"按钮，如图 0-16 所示。

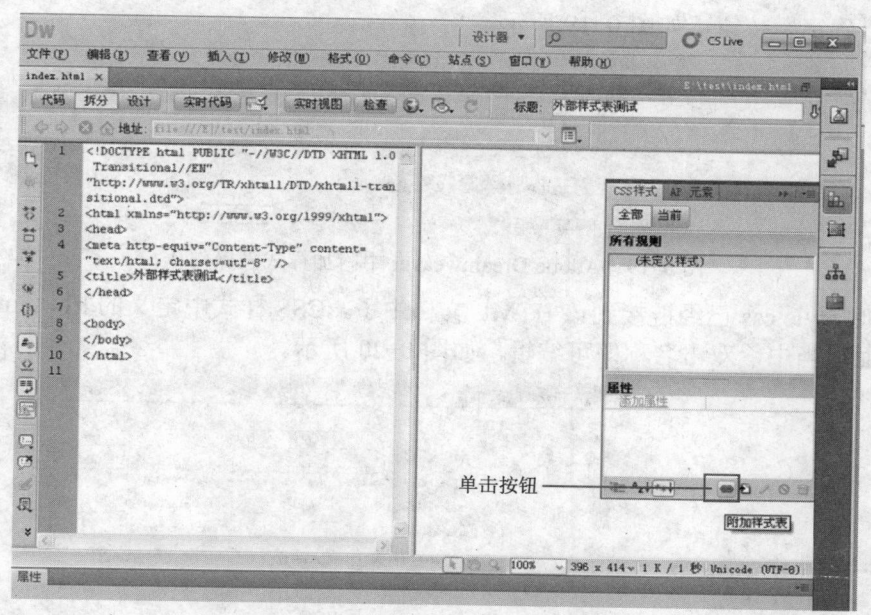

图 0-16　Adobe Dreamweaver 中附加样式表操作 1

② 在弹出的"链接外部样式表"对话框中，单击"浏览"按钮，如图 0-17 所示。

③ 在弹出的"选择样式表文件"对话框中，选择需要链入的 CSS 文件。这里选择"style.css"文件，选中后单击"确定"按钮，如图 0-18 所示。

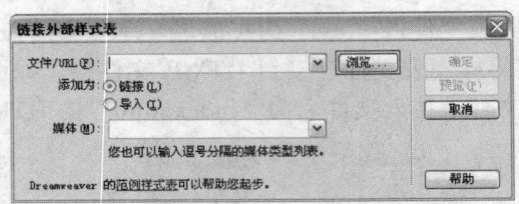

图 0-17　Adobe Dreamweaver 中附加样式表操作 2

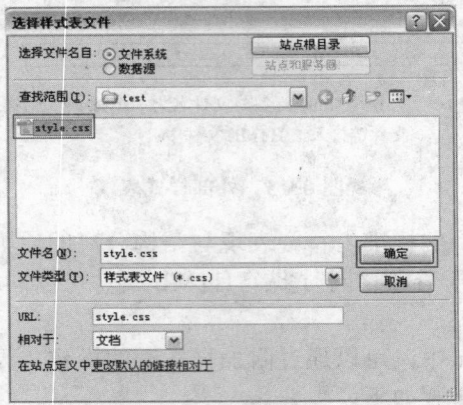

图 0-18　Adobe Dreamweaver 中附加样式表操作 3

④ 重新返回"链接外部样式表"对话框，在"添加为"选项中选择"链接"单选按钮，然后单击"确定"按钮，如图 0-19 所示。

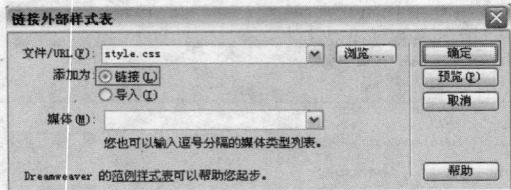

图 0-19　Adobe Dreamweaver 中附加样式表操作 4

⑤ 此时 style.css 已经链接到该 HTML 文档中了，CSS 样式中定义的 h1、.imgs 等样式都显示在面板当中，双击名称即可编辑，如图 0-20 所示。

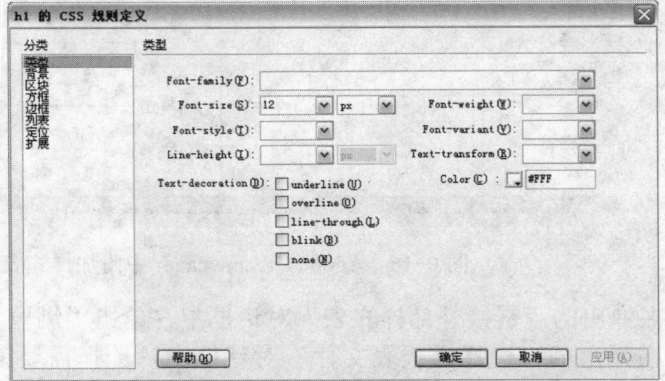

图 0-20　Adobe Dreamweaver 中的附加样式表

（4）CSS 规则

CSS 格式设置规则由两部分组成："选择器"和"声明"，而"声明"又由"属性"（property）和 "值"（value）组成，如图 0-21 所示。

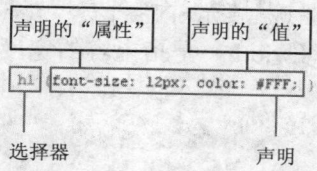

图 0-21　CSS 规则

选择器是标识已设置格式元素的术语（如 p、h1、类名称或 ID），如图 0-21 中定义了标题 h1 的颜色为白色，字号为 12px，而其他元素，如标题 h2 则不会受到影响。而"声明"则用于定义样式属性，如颜色、字体、宽度、高度等。下面总结格式规则如下。

1）在英文大括号 "{ }" 中的是声明。属性和值之间用英文冒号 "："分隔。

2）对于单个选择器有多条声明时，每条声明间用英文分号 "；"分隔。图 0-22 即为这种情况。

3）CSS 里定义的元素名称区分大小写。

4）为了便于阅读，一般将每条声明写在一个新行内。

选择器共有 3 类，①类选择器，可应用于任何 HTML 元素，在同一页面可以多次重复利用；②ID 选择器，在同一页面仅可以使用一次适用于布局；③标签选择器，用户重新定义 HTML 元素的样式。它们具体的用法会在实例中进行讲解。

4. 盒模型

盒模型是 DIV+CSS 布局的理论基础。首先有一个基本的要点需要读者掌握，即每个 HTML 元素都可以被看做一个装了东西的盒子，这个盒子拥有"内容"、"填充"、"边框"、"边距" 4 个属性，如图 0-22 所示。

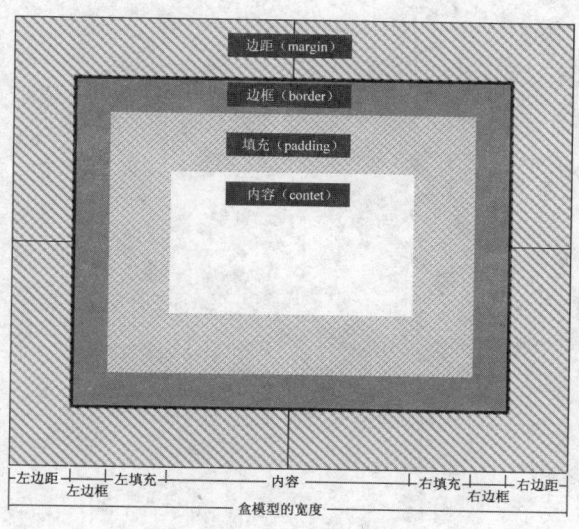

图 0-22　盒模型

对于任何一个 HTML 元素，我们都可以把它看做这个盒子，并且在 CSS 里定义它的边界值，边框值等。那么在定义这个盒子的各种参数之后，它的最终宽度是多少呢？我们有一个计算的公式：

盒模型的宽度=左边距+左边框+左填充+内容+右填充+右边框+右边距

注意：在 CSS 中定义的宽度（width）是指内容的宽度。如下面一段代码：

```
div{
margin:20;
border:10px;
padding:40px;
width:200px;
}
```

结合图 1-22 的盒模型结构，这个盒子的最终宽度计算为：

总宽度=20px+10 px +40 px +200 px +40 px +10 px +20 px =340 px。

小结

导学部分主要从宏观角度介绍了网页制作工具 Dreamweaver。从项目 1 开始将进行系统的实例学习。

项目 1 电子商务网站"美厨&美味烘焙坊"网站设计

> 1）能使用 Dreamweaver CS5 制作企业网站的首页及各级子页面。
> 2）具有网站设计师的能力。能使用标准化的编程语言书写代码，并养成良好的编程习惯。

美厨&美味烘焙坊网站设计项目分析：

企业项目需求

1. 背景介绍

美厨&美味蛋糕工坊 1994 年创建。是一家以生产月饼、蛋糕、面包为主的全国连锁食品企业。从创立至今，美厨&美味蛋糕工坊始终坚持以产品品质为前提的经营理念，不断致力于产品创新和对市场的准确把握，持续保持行业先锋地位。本网站主要实现网络平台的蛋糕类产品的介绍和订购功能。本次设计的重点是设计水平，以"温馨、高雅"为设计主题。

2. 设计要求

1）使用 DIV+CSS，模板化设计，且方便日后更新网站内容。仅需设计 HTML 静态页面，无需实现 PHP，ASP.NET，JSP 等动态网页技术。

2）使用暖色调作为网站的主色调，要求风格与企业的风格一致。

3）确认设计后，提供 PSD 源文档和切片后的 HTML、CSS 源码。

3. 栏目（版块）设置

（1）首页

（2）美厨美味

（3）情侣蛋糕

（4）欧式蛋糕

（5）慕斯蛋糕

（6）祝寿蛋糕

（7）祝福蛋糕

（8）乳酪蛋糕

（9）联系我们

标准网站制作流程

无论是大的门户网站还是只有几个页面的个人主页，都需要做好前期的策划工作，依据客户对网站的各种需求总结出网站主题、栏目设置、整体风格所需要的功能及实现的方法，甚至是域名的申请，虚拟主机或网络服务器的购买等，这是制作一个网站的良好开端。

在前期策划得到认可后，制作网站可以分为以下 3 个步骤。

1. 网页美工设计

美工针对客户的需求，设计一套包括标准字体、网站 Logo、标准颜色、广告等网页效果。然后再根据此定位分别做出首页、二级页面及内容详细页。

依据项目介绍中提出的要求，我们设计出网页 PSD 效果图，如图 1-1～图 1-3 所示。

图 1-1　网站首页 PSD 效果图　　　　　图 1-2　网站列表页 PSD 效果图

图 1-3　网站详细页 PSD 效果图

2．静态页面制作

美工在设计好各个页面的效果图后，就由网页制作人员制作成 HTML 页面，以供后台程序人员将程序整合。在本实例中，主要介绍如何使用 Dreamweaver 制作这个网站的各个静态页面。

3．程序开发

程序开发人员开发各种功能模块，然后再整合到 HTML 页面，如本例中的登录模块的后台代码、购买流程的后台代码等。这是针对有后台需求的网页，如仅需要静态页的话，那么程序开发这个步骤就可省略。在本例中不再讲解后台程序开发的过程。

任务 1——分析图纸

知识要点：网站要素的分析方法

任务情境

依据网页美工设计的网页图纸进行分析。得出关于整个网站色彩、布局、尺寸等相关信息，以便进行具体的页面制作。

任务分析

网页设计师在切图、编写 HTML、CSS 代码之前应当对页面效果图进行详细的观察与分析，将页面的元素、组织结构分析清楚。只有整理好制作思路，才能保证制作工作的顺利完成。

任务实施

本例中包括首页、列表页、详细页等多个页面。我们以首页为例，进行详细的分析。

1．布局分析

弄清楚网页的布局方式对于后台搭建页面非常重要。拿到设计图之后首先就是要分析版式结构，了解总体的布局设计，如图 1-4 所示。

1）页面的背景为黄色，颜色值为#f2f38d。（在 Photoshop 中用吸管工具确定颜色的值）

2）页面在窗口中居中显示。

3）网页整体分为上中下结构。

2．文字分析

1）栏目导航中的文字属性设置为黑体、12 号、白色。"设为首页"、"加入收藏"两个栏目的文字设置为黑体、11 号、颜色值为#5b3916。

2）会员登录、产品类别这两个标题栏的文字设置为黑体、12 号，白色，加粗。畅销产品设置为黑体、12 号，颜色值为#5b3916，加粗。

3）其他说明文字均为黑体、12 号，颜色值为#5b3916。

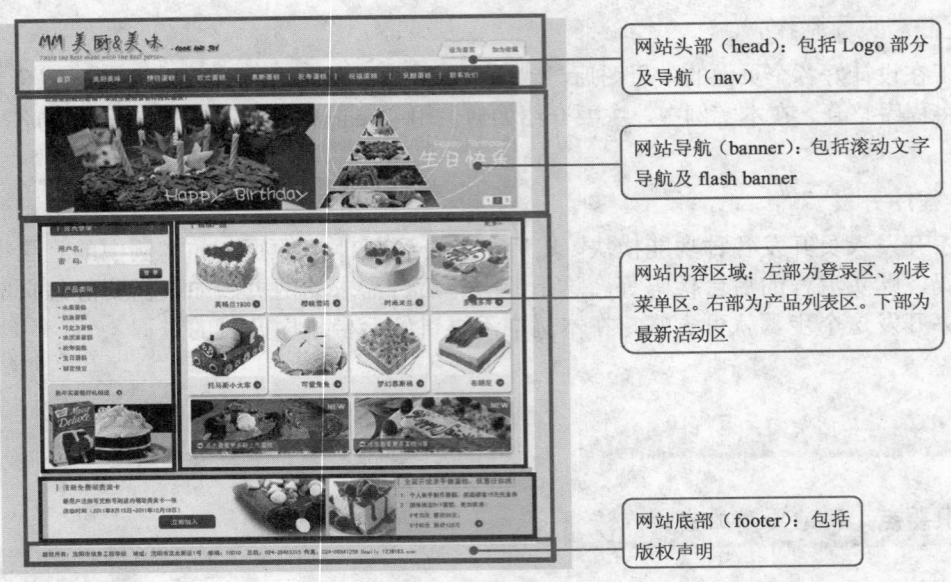

网站头部（head）：包括 Logo 部分及导航（nav）

网站导航（banner）：包括滚动文字导航及 flash banner

网站内容区域：左部为登录区、列表菜单区。右部为产品列表区。下部为最新活动区

网站底部（footer）：包括版权声明

图 1-4   首页结构分析

3. 切图、尺寸分析

按照效果图提取尺寸。此步骤在 Photoshop 中完成。如页面的宽度（白色背景的区域）为 827px。导航栏宽度为 793px，高度为 38px。

任务评价

要求学生针对首页、子页进行分析。从以下几个方面进行评价。

1）确定页面主要颜色值。

2）确定网页各个部分的文字属性。

3）确定插入的广告制作完毕。

4）根据网站效果图确定各个部分的框架以及框架的宽度、高度等信息。

5）为网站切图。

6）以图表的形式进行表达。

触类旁通

由于浏览器中字体的显示是以用户使用的计算机中安装的字体为准，所以需要使用特殊字体的文字应把文字制作成图片。例如，当设计者使用特殊字体（如方正娃娃体）时，虽然在设计者的计算机中是正常的，但浏览者如果没有安装这种字体，就无法显示这种字体的效果，浏览者看到的将是系统默认的字体（如宋体）。

任务 2——建立站点

知识要点：站点结构建立的基本原则；利用 Dreamweaver 建立站点、编辑站点；文件的新建与储存。

任务情境

建立站点文件，组织站点结构。

任务分析

在制作 HTML 页面之前，首先要在 Dreamweaver CS5 中建立一个新的站点。这样的好处是可以在 Dreamweaver 中对文件进行管理，使用相对路径进行链接，改变路径时还可以自动更新链接，等等。

要求学生建立站点文件夹，按照文件结构组织内容，把相关内容归类。并且在 Dreamweaver 中建立站点。由于在实际的网站任务中，对于站点的结构是有统一标准和行业化要求的。因此应使用规范的目录结构和命名方法。

搭建好的站点结构可以使网站更容易被搜索引擎所找到。同时还利于制作和维护。

这里所说的网站结构是指物理结构也就是我们网站的实际目录，或者说是文件实际的物理地址。网站的物理结构又可以分为扁平式和树形结构。对稍有些规模的网站来说，一般树形逻辑结构的网站是比较好的，这也是本节课需要建立的结构。下面对比一下扁平结构与属性结构的区别。

1．扁平结构

扁平结构是指所有网页都在网站根目录，形成一个扁平的物理结构。其优点是结构层次短，URL 短，有利于搜索引擎的收录和排名。但缺点则是随着数据量的增加将使网站变得难以组织。所以，扁平结构适合简单垂直、内容少的中小型网站。网站结构图如图 1-5 所示。

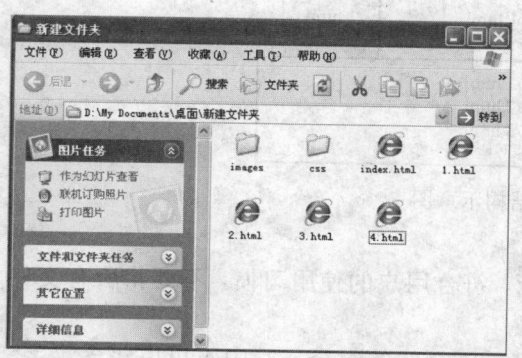
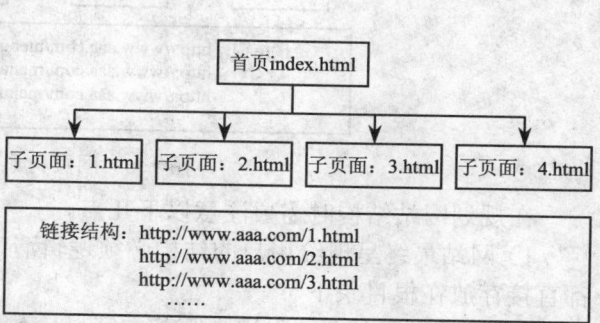

图 1-5　网页扁平结构示意图

2．树形结构

树形结构是指网站下面有许多目录或栏目，目录或栏目中再放属于该目录或栏目的网页。其优点是结构清楚，易于被搜索引擎搜索，而且后期管理也比较容易。但其缺点是不能把树层次做得太深，否则将起到适得其反的作用。这种结构适合内容类别多、内容量大的网站。

树形结构就是根目录下还分别有几个分类文件夹，页面放在这几个分类文件夹里，而分类文件夹里还可以有子分类文件夹。页面存放位置如图 1-6 所示。

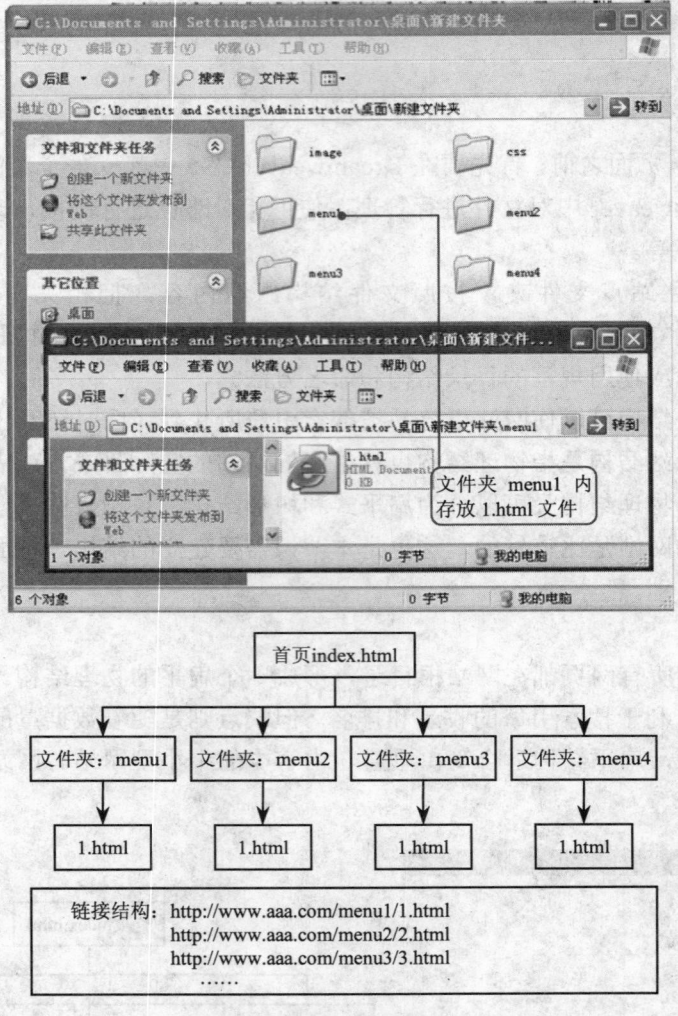

图 1-6　网页树形结构示意图

在规划网站结构时需要注意以下几点。

1）网站最终呈现给用户的结构必须逻辑清晰，符合用户的使用习惯，不要将所有文件都直接存放在根目录下。

2）目录命名时一律采用小写英文字母、数字、下划线的组合，其中不可以包含汉字、空格和特殊字符；目录的命名以英文优先，可以使用拼音作为目录名称，但绝不能使用中文目录。

3）根目录下建立 images 用于存放各页面都要使用的公用图片。

4）在根目录下为每个主要栏目开设一个相应的子目录，目录中再开设一个 images 子目录用以放置此栏目专有的图片文件。如果这个栏目的内容特别多，又分出很多下级栏目，则可以以此类推相应地再开设其他目录。

5）根目录一般只存放在首页以及其他必需的页面或系统文件。

6）在根目录下建立 include（或 inc 或 public 目录），用来存放公共脚本，如 javascript 文件等。

7）所有的 CSS 文件存放在 CSS 目录下，各栏目页面特有的样式文件以该栏目名命名存放在 CSS 文件夹下。

8）为了管理方便和适合搜索引擎的优化，产品栏目要单独建立 products 目录，在这个目录下按照产品一级和二级分类建立不同的目录，每个分类下建立相应的产品列表页面；每个分类下，分别建立 images 目录放产品图片，在 images 目录下，再按照小图和大图建立 small 和 big 目录，放置缩略图和放大图。

9）目录层次不要太深，最好不超过 3 层，这样维护管理更方便。

10）目录名称不宜过长，同时尽量使目录表意明确。

任务实施

1. 设计物理结构图

根据客户的实际需求以及网站设计的行业规定，设计出本网站的树形物理结构图，如图 1-7 所示。

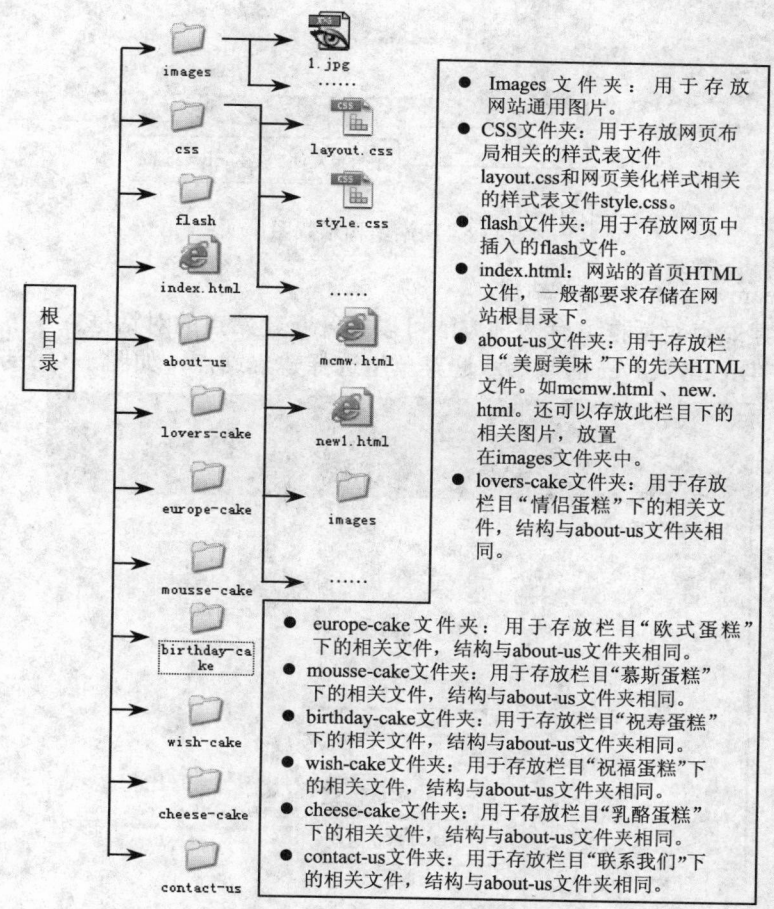

图 1-7　网站设计物理结构图

2．建立网站的物理结构

建立网站的物理结构比较方便的方法是先在硬盘上建立好文件夹，然后再在 Dreamweaver 中建立站点，并添加相关文件。

（1）在硬盘上建立一个文件夹在硬盘上建立的文件夹最好命名为与本网站相关的名称，而且尽量使用英文来命名，也可使用汉语拼音。本例把网页文件存储在 E 盘中，文件夹命名为 mywebsite，并在 mywebsite 文件夹中建立 11 个相关文件夹，如图 1-8 所示。

图 1-8　网站结构示意图

（2）在 Dreamweaver 中建立站点

1）打开新建站点对话框。有两种方法可以打开新建站点的对话框。

方法 1：在 Dreamweaver 的起始欢迎菜单中选择建立站点，如图 1-9 所示。

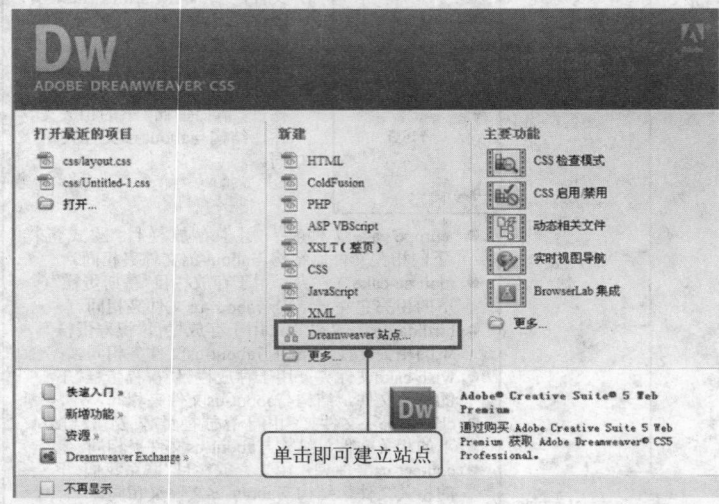

图 1-9　在起始欢迎菜单中建立站点

方法 2：选择应用程序栏中的"站点"→"新建站点"，如图 1-10 所示，即可打开"新建站点"对话框。

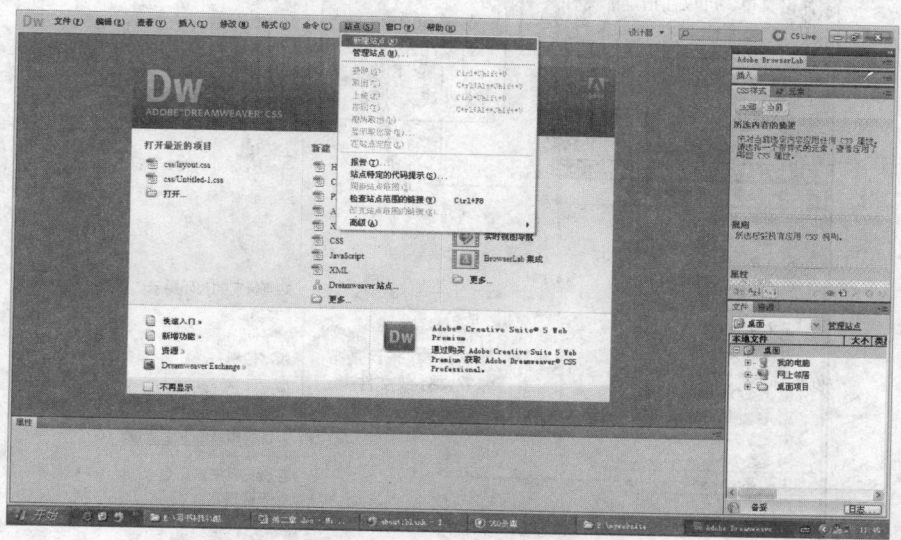

图 1-10　在应用程序栏中新建站点

2）在弹出的"新建站点"对话框中填写网站的相关信息，如图 1-11 所示。

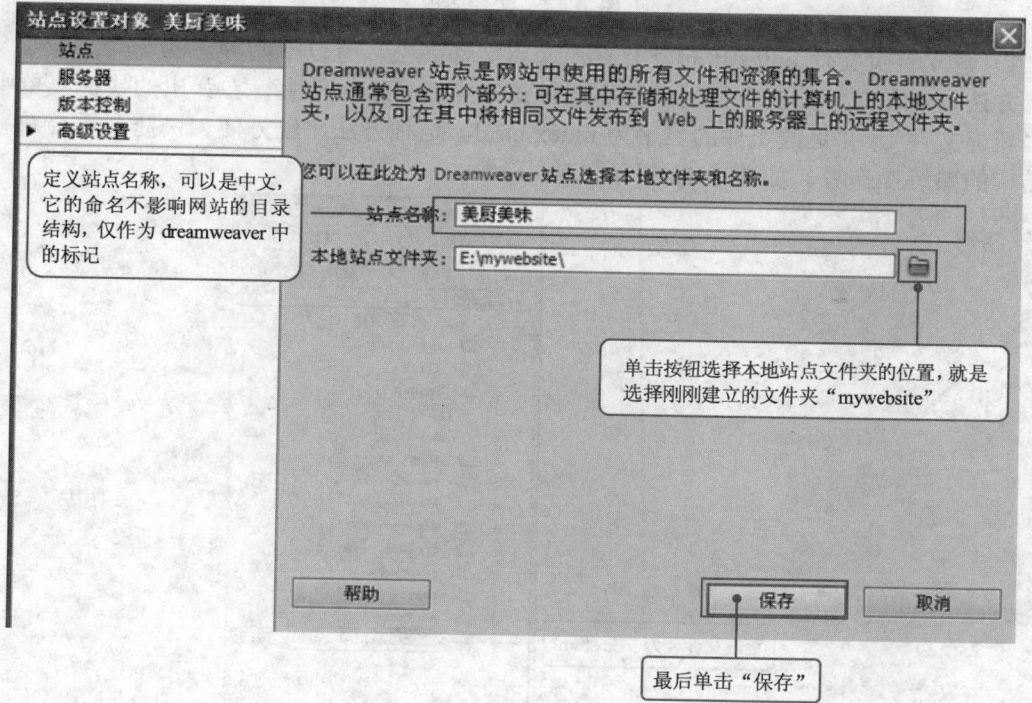

图 1-11　填写站点信息

站点建立成功后，可在文件面板中看到本站点的所有资源，所有资源以树状菜单显示，如图 1-12 所示。

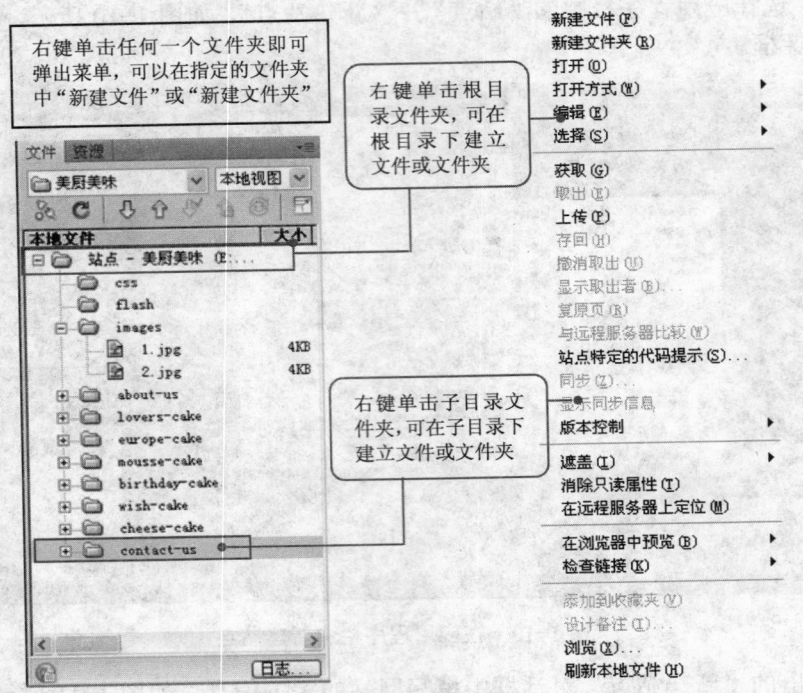

图 1-12　文件面板

3）建立首页文件 index.html，并存入站点文件夹中。有以下两种方法。

　　方法 1：在文件面板中使用鼠标右键单击站点根目录文件夹，在弹出的快捷菜单中选择"新建文件"，并更改文件的名字为 index.html。这种方法比较方便、快捷，适合熟悉网站结构的熟练操作者。如图 1-13 所示。

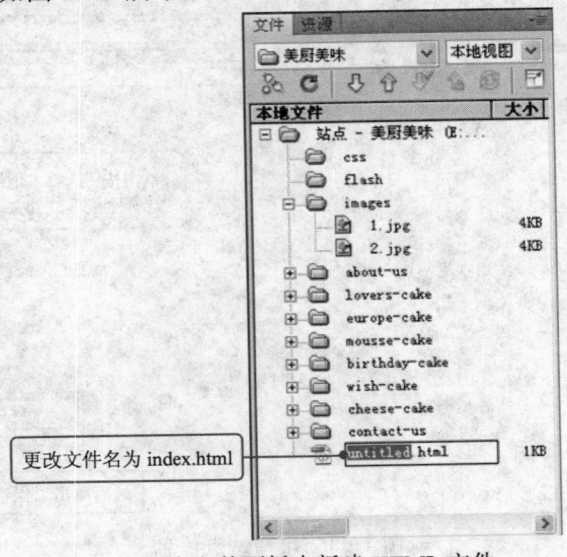

图 1-13　在文件面板中新建 HTML 文件

　　方法 2：选择应用程序栏中的"文件"→"新建"命令，快捷键为<Ctrl+N>。弹出"新建文档"对话框,选择新建"空白页",在"页面类型"中选择 HTML,"布局"中选择"无",单击"创建"按钮,建立文件,如图 1-14 所示。

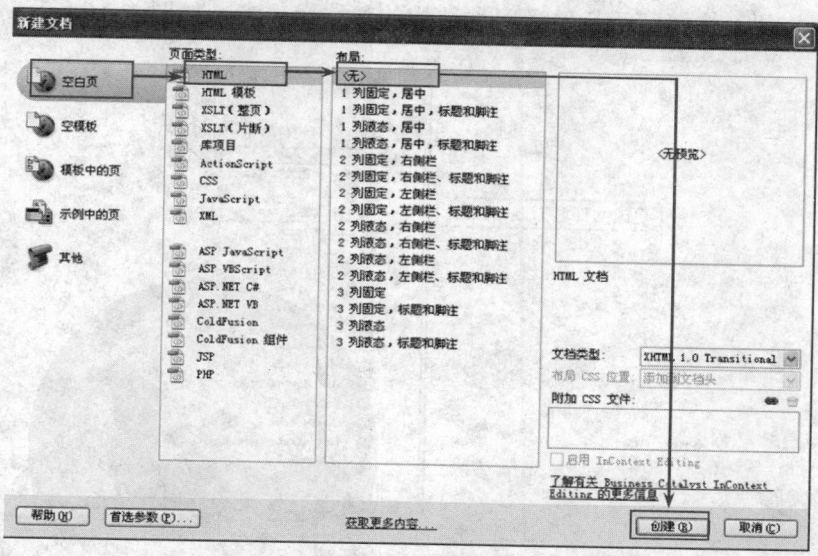

图 1-14　在应用程序栏中新建 HTML 文件

新建的文档是没有存储临时文件的。我们需要把它存储到网站文件夹中。选择应用程序栏中的"文件"→"保存"命令,快捷键为<Ctrl+S>。在弹出的"另存为"对话框中选择存储路径并修改文件名,如图 1-15 所示。

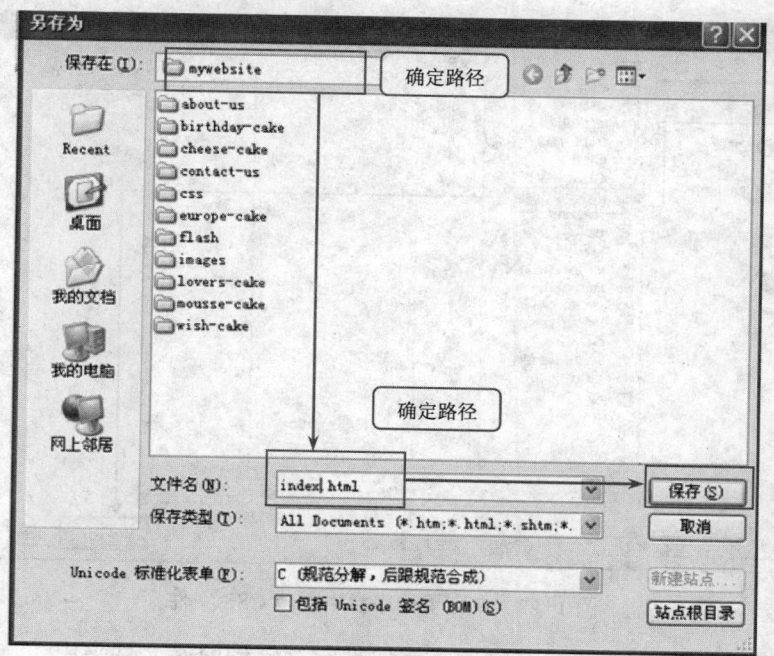

图 1-15　保存 HTML 文件

4)建立 CSS 文件,layout.css、style.css 并存入站点文件夹中。有以下两种方法。

方法 1：在文件面板中使用鼠标右键单击名称为 CSS 的文件夹，在弹出的快捷菜单中选择"新建文件"，并将文件的名字更改为"layout.css"（注意要把扩展名更改成".css"）。这种方法比较方便、快捷，适合熟悉网站结构的熟练操作者，如图 1-16 所示。

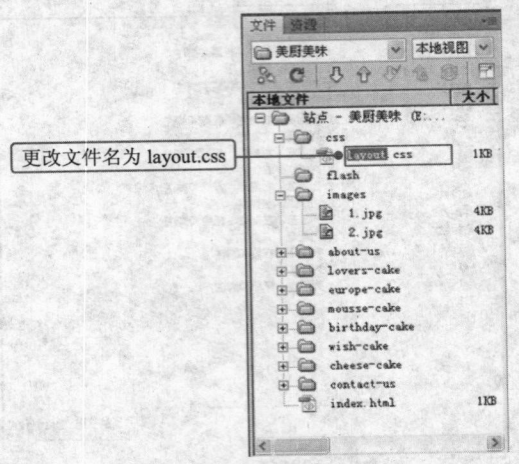

图 1-16　在文件面板中新建 CSS 文件

方法 2：选择应用程序栏中的"文件"→"新建"命令，快捷键为<Ctrl+N>。在弹出的"新建文档"对话框中选择新建"空白页"，在"页面类型"中选择 CSS，单击"创建"按钮，建立文件，如图 1-17 所示。

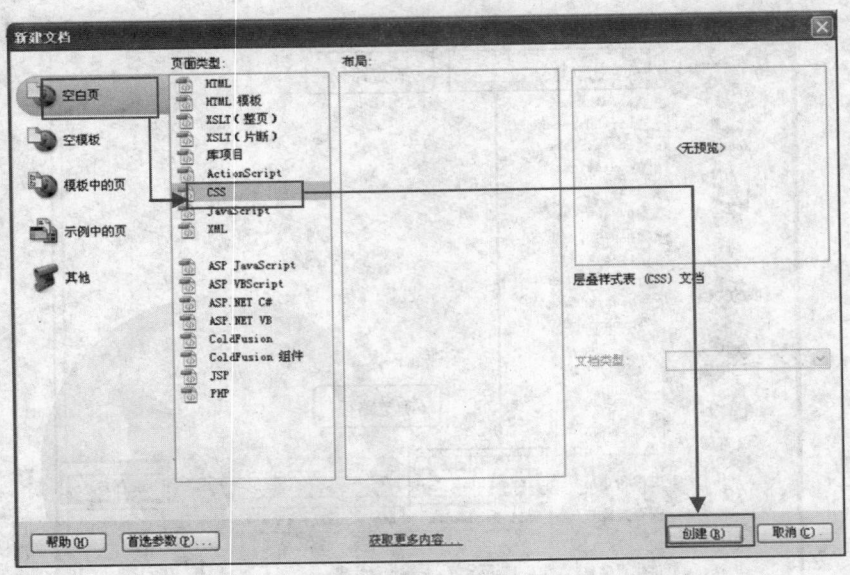

图 1-17　在应用程序栏中新建 CSS 文件

新建的文档是没有存储临时文件的。需要把它存储到网站文件夹中。选择应用程序栏中的"文件"→"保存"命令，快捷键为<Ctrl+S>。在弹出的"另存为"对话框中选择存储路径并修改文件名，如图 1-18 所示。

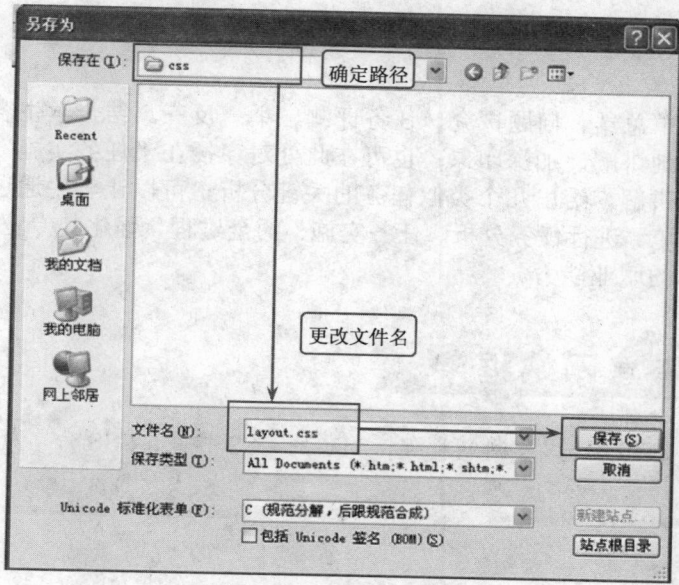

图 1-18   保存 CSS 文件

任务评价

　　在进行网站站点规划时，不仅要注意结构，也要注意命名，可以记住一些常用的栏目网页命名经典规范，这样可以使网站更加规范，同时也更容易被搜索引擎搜索到。

1. 网站常用命名

- 首页：index 或 default
- 关于我们：about 或 about-us
- 网站地图：sitemap
- 招聘栏目：job 或 hr
- 联系我们：contact-us
- 新闻栏目：news
- 产品栏目：products

2. 网页图片常用名

- 网页头部的广告图片、长方形大图等，命名为 banner
- 顶部的导航命名为 topbar
- 标志性的图片命名为 logo
- 按钮图片命名为 button
- 导航、链接用的图片命名为 nav（即 navigation 的开头）
- 标题图片命名为 title
- 用来做背景的图片，可以用-bg。如 header 部分的背景图片，可以命名为 header-bg.jpg
- 用-next 和-prev 表示按钮的"下一个"和"前一个"含义
- 也可以用像素大小命名图片，如 banner-650×200.jpg

检查自己网站的命名，看看是否符合这些业内的规则。

触类旁通

对本任务的简单总结、问题探究、任务评测、举一反三。结合学生容易提出的有代表性的问题，有重点地讲解，加深印象；也可在此处对穿插在"任务实施"中的知识、技能点进行稍加系统的讲解。给出几个类似任务的关键分析，可以让学生通过小组讨论等方式完成"设想任务情境、进行任务分析、任务实施"的全过程，强化其专业能力、方法能力、社会能力三位一体的职业能力。

任务 3—— 搭建网站框架

知识要点：利用 DIV 搭建网站框架；DIV 的 CSS 样式；CSS 命名规范；相关 HTML标记的使用。

任务情境

在搭建网站框架实例中我们将以搭建网站首页框架为例。要求按照网站设计师设计的网站效果图搭建网站的大体框架，并按照统一的命名规则对框架进行命名。

任务分析

根据 W3C 的标准，我们将采用 DIV+CSS 进行页面布局。采用 DIV 进行布局只需要考虑网站的结构即将网站划分成几个"方形"区域，这些"方形"区域的大小、位置就是我们建立 DIV 的大小和位置。在具体布局之前要明确 DIV 的一些特性。

1）DIV 的作用是进行布局。每个 DIV 都有一个名称，在代码中体现为 id=" "。如"<div id="header">此处显示 id "header" 的内容</div>"，表示建立了一个名称（id）为"header"的 DIV。同一个页面不能出现两个重名的 DIV。

2）新建的 DIV 高度、宽度、边线、颜色等是没有定义的，它的高度取决于其内容的多少。在预览的情况下看不到 DIV 的痕迹，只能看到它里面装的内容。如图 1-19 所示，可以看到两个 id 为"header"、"banner"在 Dreamweaver 文档窗口中的效果和在 IE 浏览器中浏览的效果。

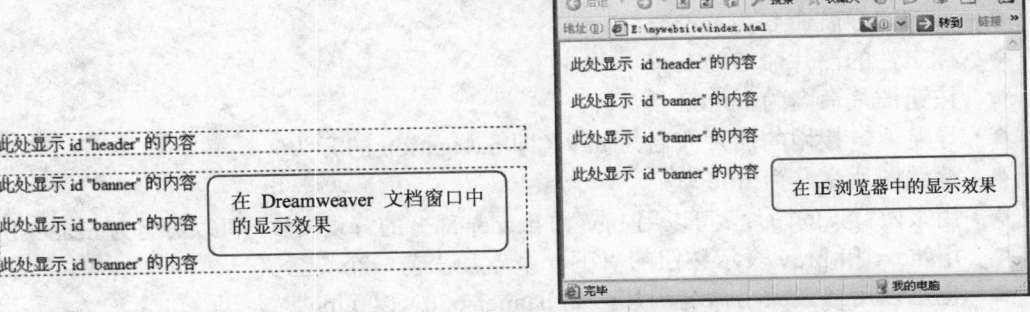

图 1-19 DIV 未定义 CSS 样式时的预览效果

3）DIV 的一切样式都要在 CSS 中定义，并要求 DIV 的 id 名称必须与 CSS 中定义的名称一致，如给上例中的 id 为"header"的 DIV 定义 CSS 样式，它的 CSS 中的名称为"#header"（为 DIV 设定样式属于 CSS 中的"ID 选择器"这一类别，它的格式是以"#"开头）。一个 CSS 文件中不能同时出现对同一个 DIV 的同一个属性进行重复定义。

如在 layout.css 中输入定义 DIV "hearder"的边线为宽度 1px 的黑色实线，预览的效果如图 1-20 所示。

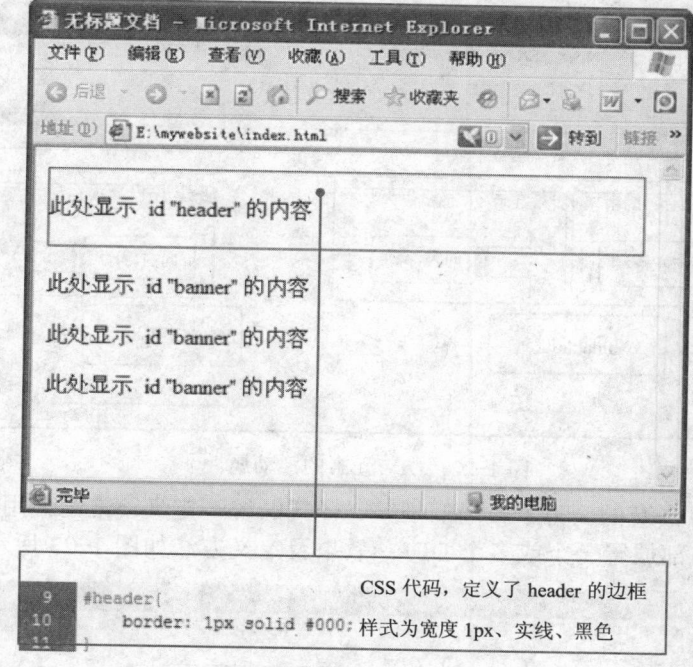

图 1-20　DIV 定义边框样式时的预览效果

4）一个 DIV 占据一行，多个 DIV 是右对齐自动沿着由上而下的顺序排列的。即使 DIV 的宽度之和要远小于网页的宽度，如图 1-21 所示。

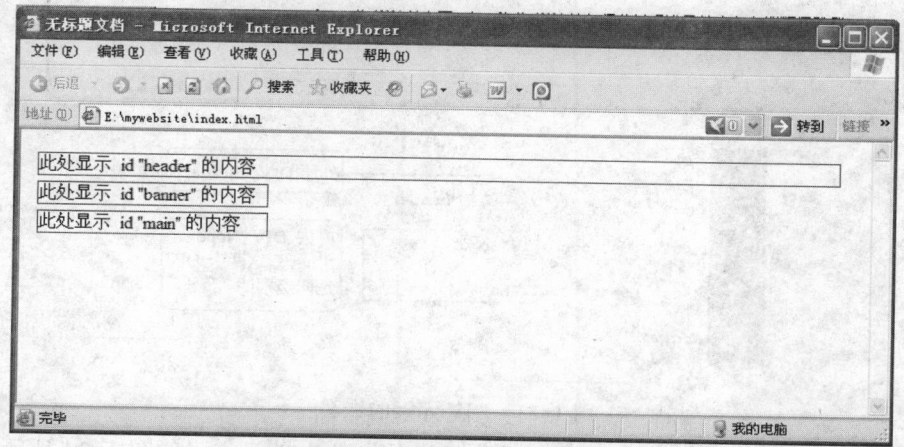

图 1-21　DIV 的排列样式

29

想要实现布局中常见的并列两块或多块区域的效果，需要在 CSS 中设置 DIV 的浮动 "float" 属性。对前面的 DIV 元素设置浮动属性后，当前面的 DIV 元素留有足够的空白宽度时，后面的 DIV 元素将自动浮上来和前面的 DIV 元素并列于一行。float 属性的值有 "left"（向左浮动）、"right"（向右浮动）、"none"（不浮动）、"inherit"（继承）。

注意：两个 DIV 并列于一行的前提是这一行有足够的空间容纳两个 DIV。浮动的效果如图 1-22 所示。

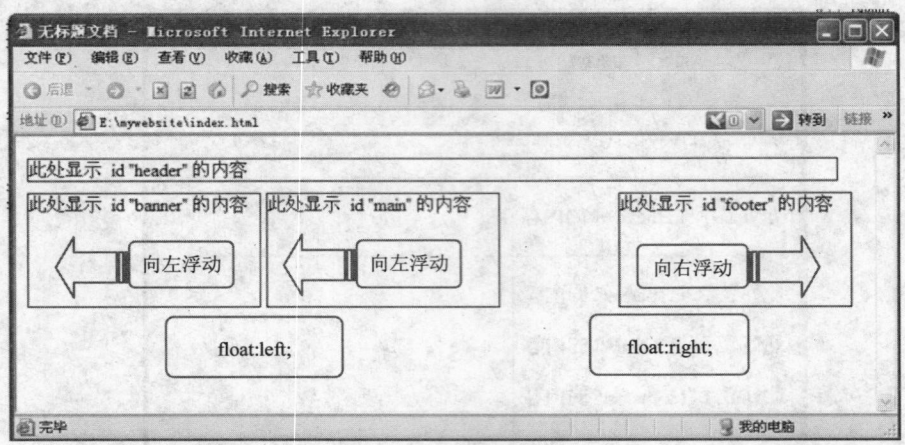

图 1-22　DIV 元素的浮动属性

5）DIV 是可以嵌套的。为了布局的规整、样式的统一定义，常常使用 DIV 嵌套定义，即在一个 DIV 的内部放置一个或多个 DIV。效果及定义方法如图 1-23 所示。

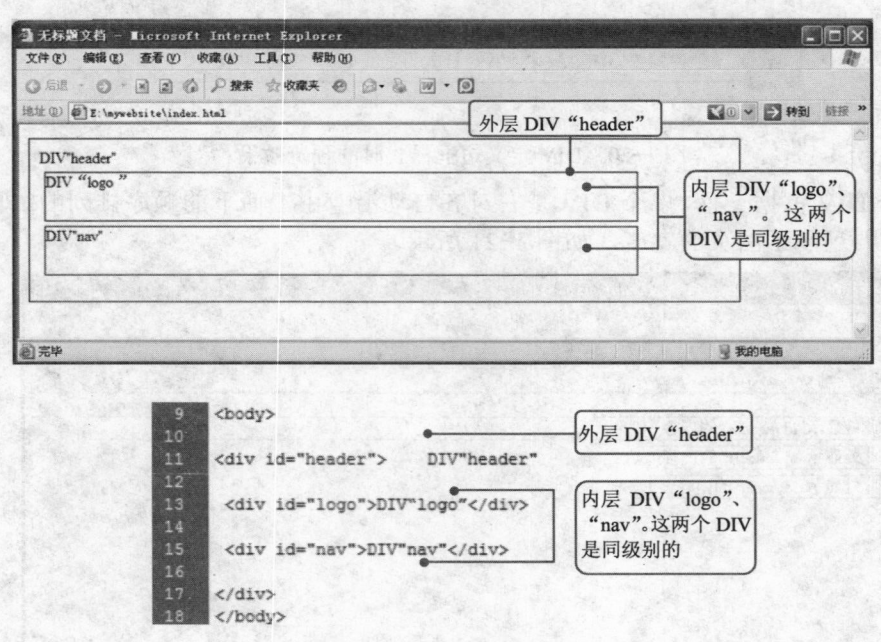

图 1-23　DIV 元素的嵌套

按照任务 1 中对页面的结构分析，可以把首页分成几个部分，如图 1-24 所示。

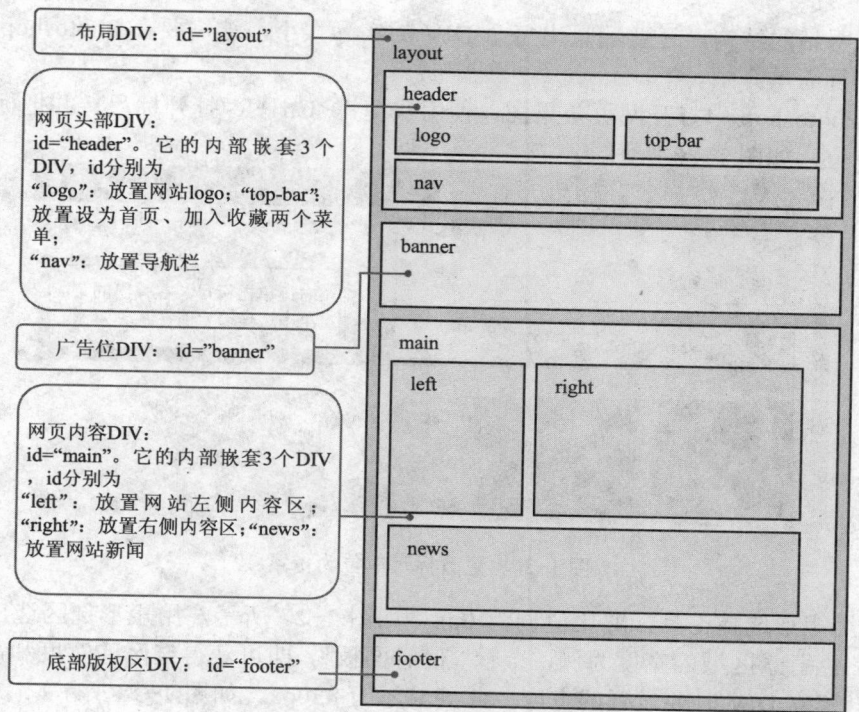

图 1-24　网站首页布局划分示意图

同样的方法画出产品列表页的布局示意图，如图 1-25 所示。

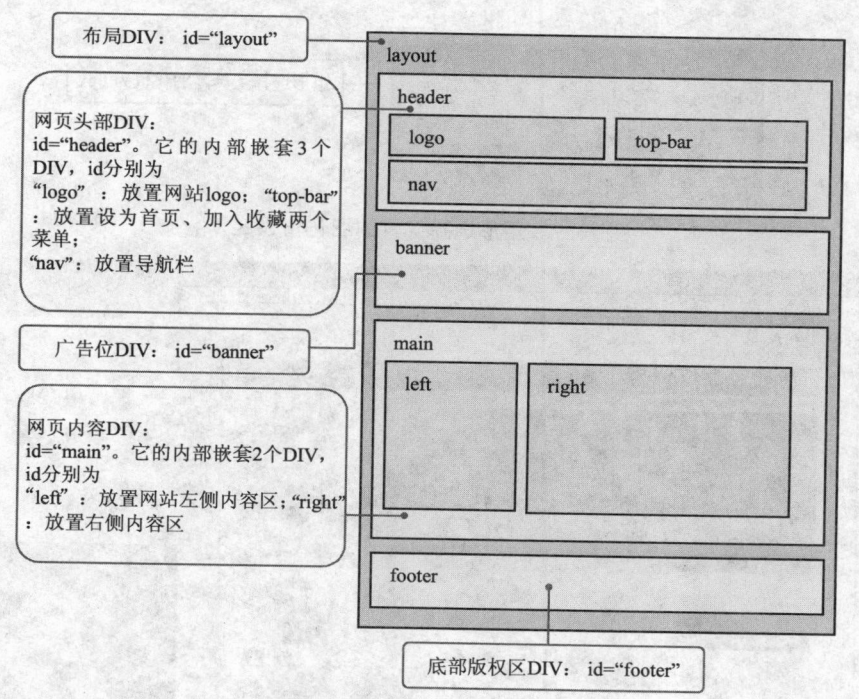

图 1-25　网站产品列表页布局划分示意图

了解了网站的结构，还要测量出每个 DIV 的实际大小，这需要在 Photoshop 中进行测量。下面进行简单介绍。

1）在 Photoshop 中打开网页效果图。使用快捷键<Ctrl+R>打开标尺，并把标尺更改成以像素为单位，如图 1-26 所示。

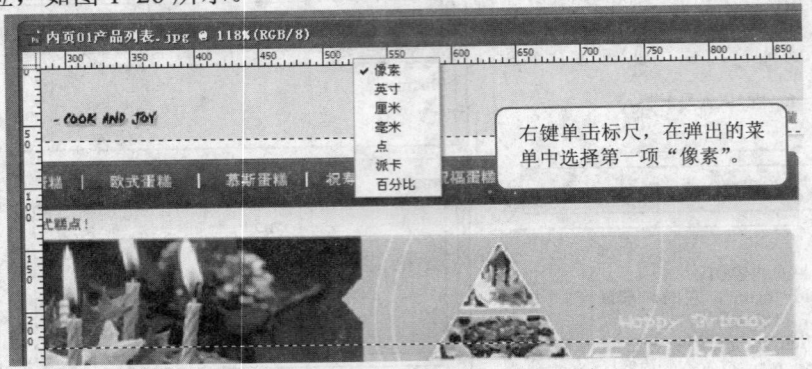

图 1-26　更改标尺单位为像素

2）使用矩形选择工具，羽化值调为 0px，如图 1-27 所示。用矩形选区选出范围，此处以测量白色背景区域的宽度为例，查看"信息面板"，即可获得选区的宽度和高度值，这也就是我们建立 DIV 时要设置的宽度，此处显示为 830px，如图 1-28 所示。

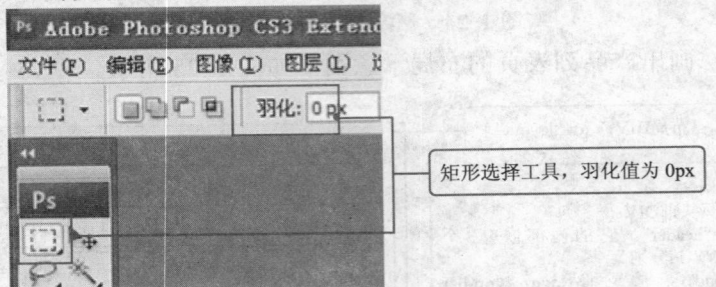

图 1-27　矩形选择工具的羽化值设定

图 1-28　利用选区测量宽度

　　在任务 2 的任务实施中提到的宽度、高度均由此种方法测量得出，不再赘述其过程和出处。

　　下面介绍一下 CSS 的样式命名。

1. CSS 文件命名规范

全局样式：global.css
框架布局：layout.css
字体样式：font.css
链接样式：link.css
打印样式：print.css
普通样式：css.css（全局，文字）
链接样式：link.css
框架布局：layout.css

2. CSS 样式命名规范

　　建议用字母、"_"、"-"、数字组成，必须以字母开头，不能为纯数字。为了开发后的样式名管理方便，一定要用有意义的单词或缩写组合来命名，这样就节省了查找样式的时间。

容器：container/box
头部：header
主导航：mainNav
子导航：subNav
顶导航：topNav
网站标志：logo
大广告：banner
页面中部：mainBody
底部：footer
菜单：menu
菜单内容：menuContent
子菜单：subMenu
子菜单内容：subMenuContent
搜索：search
搜索关键字：keyword
搜索范围：range
标签文字：tagTitle
标签内容：tagContent
当前标签：tagCurrent/currentTag
标题：title
内容：content
列表：list
当前位置：currentPath
侧边栏：sidebar
图标：icon

注释：note

登录：login

注册：register

列定义：column_1of3（三列中的第一列）

column_2of3（三列中的第二列）

column_3of3（三列中的第三列）

任务实施

在这一环节中，将在任务 1 所建立的站点的基础上，以首页为例，详细讲解如何搭建首页网页的框架结构。

1）打开 Adobe Dreamweaver，选择"美厨美味"站点，并打开 index.html 文件，如图 1-29 所示。

2）设置页面标题。把工作区设置成拆分样式，这样可以同时看到代码和可视化编辑窗口，有利于熟悉代码。设置页面的标题为"美厨美味蛋糕工坊最好吃的蛋糕！Delicious cake！"，如图 1-30 所示。图 1-31 演示了修改标题前后在浏览器中预览的差别。

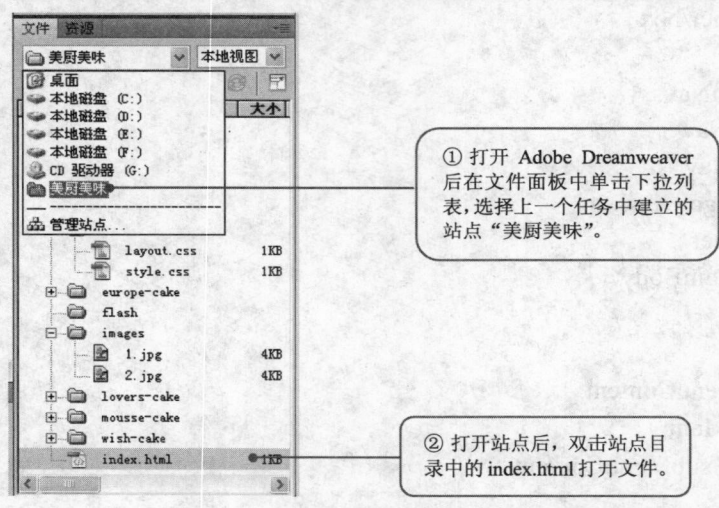

图 1-29　编辑文件面板

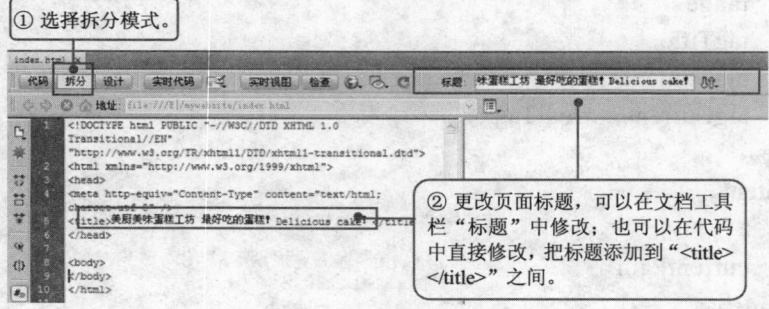

图 1-30　修改页面的标题

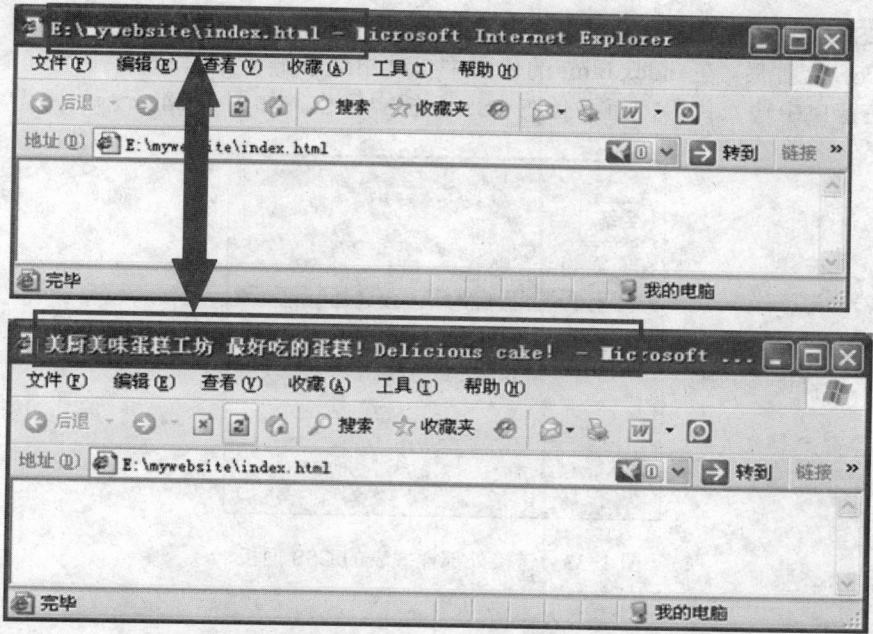

图 1-31　修改标题后在浏览器中预览的效果

提示:title 标签对于提高网站搜索排名(如百度)起到非常重要的作用。可以使用一些小技巧来确定 title 标签的内容。

① 选择搜索者搜索查询时输入的关键字接近的词作为 title。3~4 个词为宜,做到短而精。

② 把 title 与页面内容相联系起来。

3)链接 CSS 文件。打开 CSS 面板,选择面板下方的"附加样式表" 图标并在弹出的"链接外部样式表"对话框中进行设置,如图 1-32 所示。

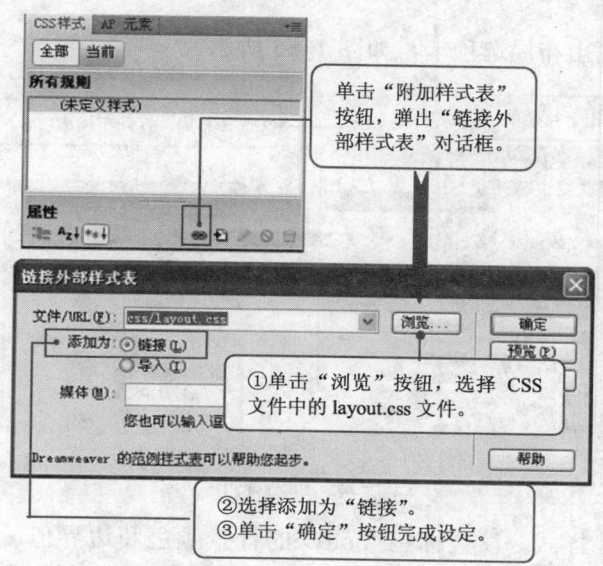

图 1-32　链接外部 CSS 样式文件

导入 CSS 文件完成后，就可以在 CSS 面板中看到所有已定义的样式了，如图 1-33 所示。

导入 CSS 文件后，在 index.html 的代码中自动出现了链接代码。如果熟练了解代码后，可以直接在窗口中输入代码，而不必在 CSS 面板中操作，如图 1-34 所示。

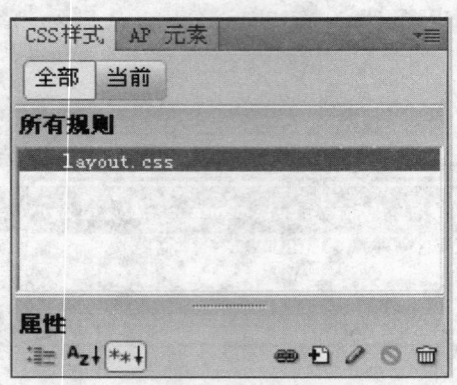

图 1-33　链接外部样式表的 CSS 面板

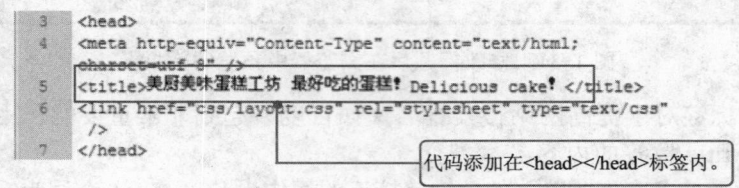

图 1-34　CSS 链接的 HTML 代码

3. 搭建首页布局框架

打开插入面板，调出布局选项卡，如图 1-35 所示。

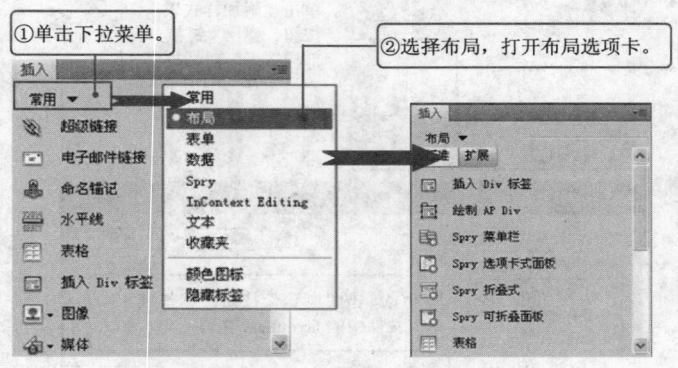

图 1-35　插入菜单

1）直接添加 CSS 样式，设置标签<body>的背景颜色和边界值。单击 CSS 面板上的"新建 CSS 样式规则"按钮，打开"新建 CSS 样式规则"对话框，如图 1-36 所示进行设置。

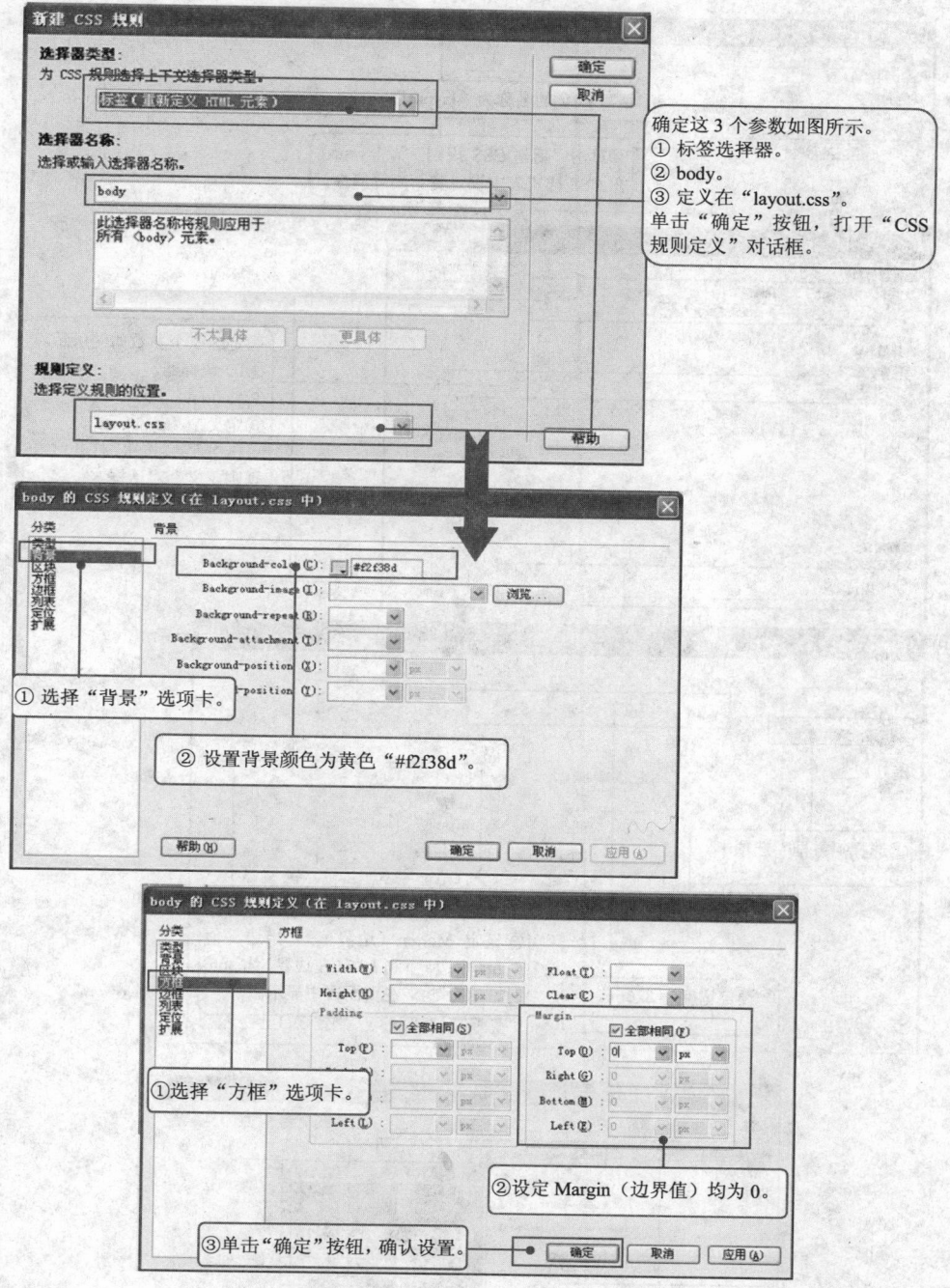

图 1-36　为网页页面设定背景颜色

提示：设定 Margin 的值为 0 是为了取消浏览器中自定义的边距。可以使背景都是黄色。

2）插入布局 DIV "layout"。在插入面板中，单击"插入 Div 标签" ⬚ 插入 Div 标签 ，在弹出的"插入 Div 标签"对话框中填写 ID 名称为"layout"。单击"新建 CSS 规则"定义 layout 的 CSS 样式，定义完成后，单击"确定"按钮，如图 1-37 所示。

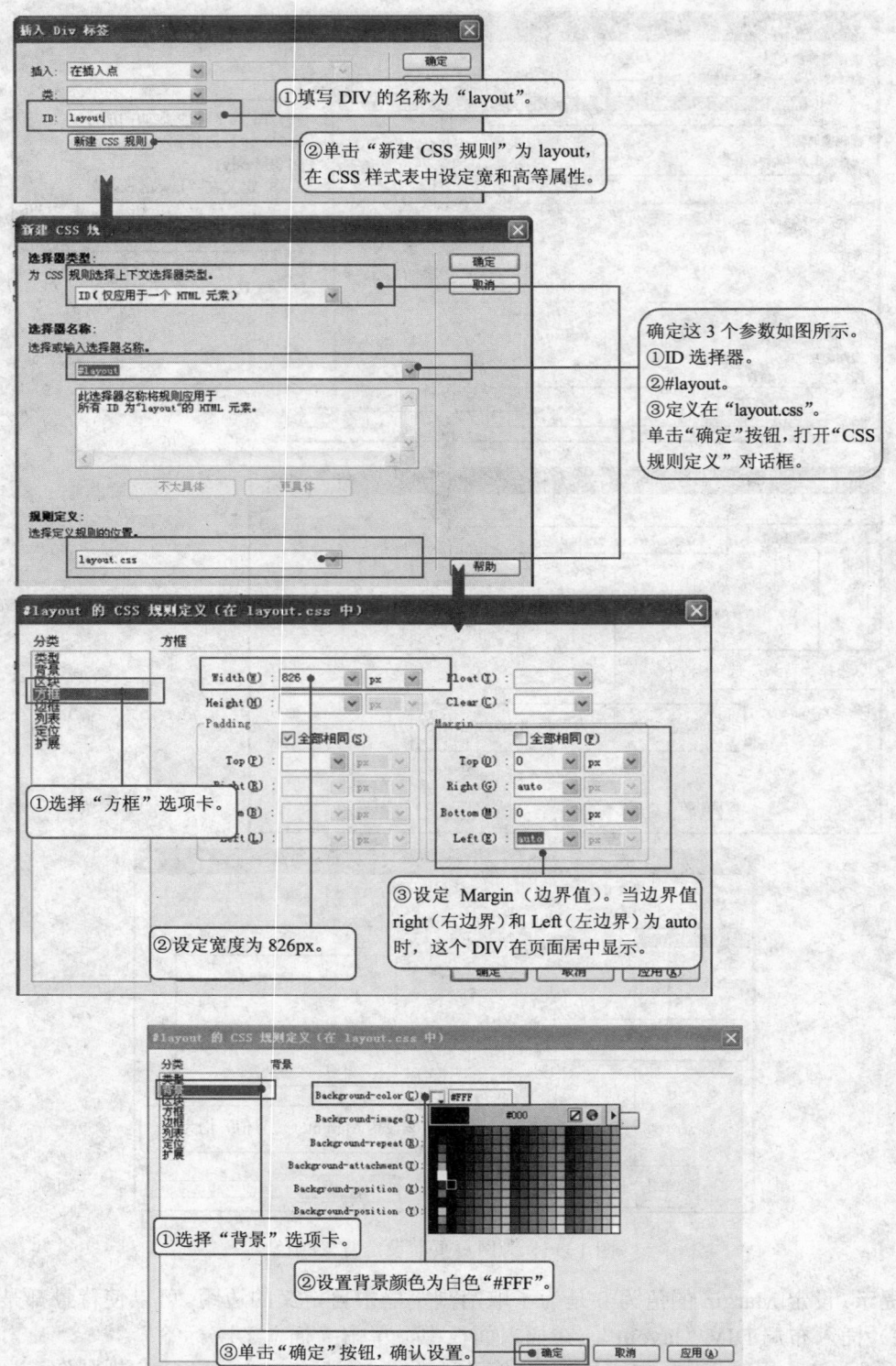

图 1-37 插入 DIV 并定义该 DIV 的 CSS 样式

插入 DIV 后，HTML 代码中生成了插入代码，如图 1-38 所示。如果熟练了解代码后，可以直接在窗口中输入代码，而不必在插入面板中操作。此段代码的插入位置是在 <body></body> 标签内。

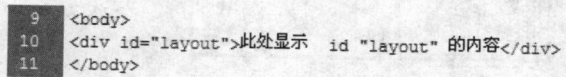

图 1-38　定义 DIV 的 HTML 代码

layout.css 文件中也增加了对 "#layout" 的样式定义，如图 1-39 所示。

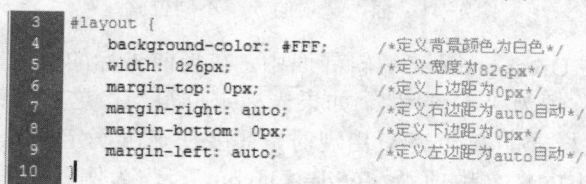

图 1-39　定义 layout 的 CSS 样式代码

提示：

① 为 DIV 添加 CSS 样式可以按照图 1-36 那样，在定义 DIV 的时候，同时定义 CSS 样式。但是这样做会降低工作的效率，因为进行结构安排的同时还要考虑大小、颜色等属性信息。所以在熟练之后一般是先按照嵌套结构插入 DIV 样式，然后再统一定义 CSS 样式，步骤如图 1-35 所示。

② <head> </head> 标签用于定义文档的头部，它是所有头部元素的容器。头部元素一般包括 <base>，<link>，<meta>，<script>，<style>，以及 <title>。这些元素的作用是可以引用脚本、指示浏览器在哪里找到样式表、提供元信息等。除了 <title> 以外，绝大多数文档头部包含的数据都不会真正作为内容显示给读者，而是作为隐含信息而存在。

③ <body></body> 标签定义文档的主体，包含文档的所有内容（比如文本、超链接、图像、表格和列表等。）

3）插入网页头部 DIV "header"，位置在 "layout" 内部。在插入面板中，单击 "插入 Div 标签" ![插入 Div 标签]，在弹出的 "插入 Div 标签" 对话框中的插入点选择 "在开始标签之后" "<divid="layout">"，填写 ID 为 "header"，如图 1-40 所示。最后单击 "确定" 按钮。

提示： 在插入选项中，共有 5 个不同的位置，如图 1-41 所示。配合后面的 DIV 名称，可以准确地插入嵌套 DIV。

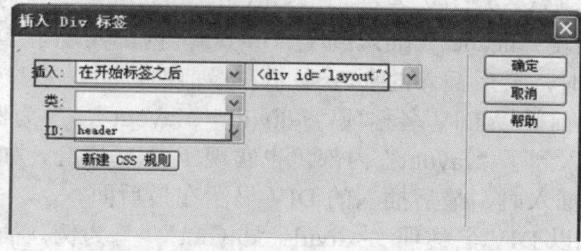

图 1-40　插入网页头部 DIV

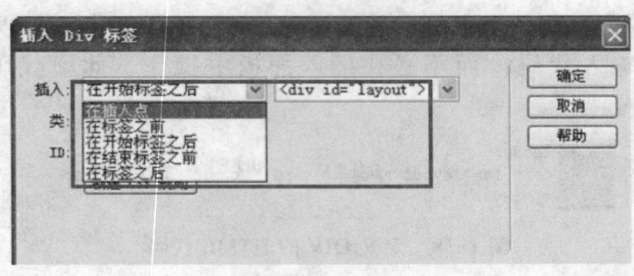

图 1-41　插入选项的 5 个不同位置

① 在插入点。指在 Dreamweaver 编辑界面中，在当前光标的位置上插入 DIV。选中此选项，后面的 DIV 名称项为"不可用"。如果光标定位得当，这不失为一种简便的方法，但是当拥有大量未定义样式的嵌套 DIV 出现时，想要快速准确定位光标就很不容易了。

② 在标签之前。以 DIV 名称项""<divid="layout">"为例。插入的位置如图 1-42 所示，插在了 DIV "layout" 的前面。

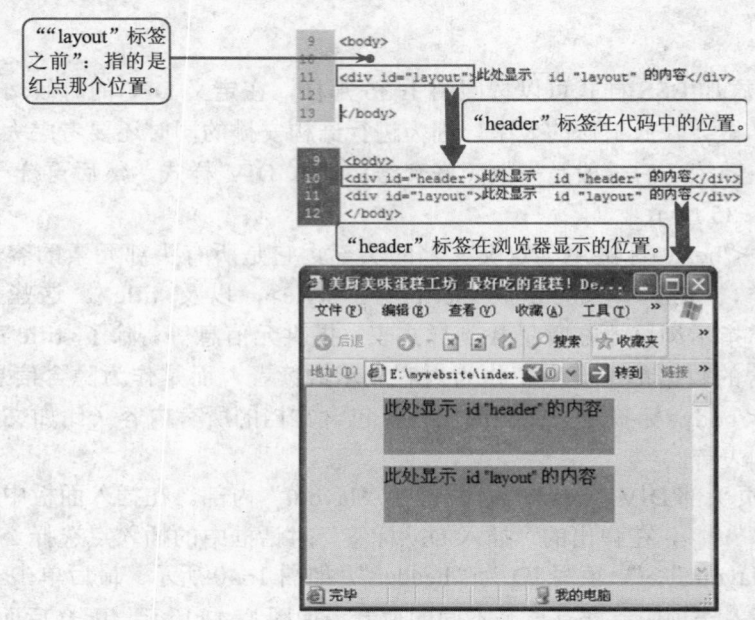

图 1-42　"在标签之前"选项示意图

③ 在开始标签之后。以 DIV 名称项""<divid="layout">"为例。插入的位置如图 1-43 所示。这个选项使"header"插入到了"layout"内部实现了 DIV 嵌套。当多个 DIV 都选择这个选项插入时，最后插入的 DIV 显示在最前面。

④ 在结束标签之前。以 DIV 名称项""<div id="layout">"为例。插入的位置与在开始标签之后类似，插入到了"layout"内部，也实现了 DIV 嵌套，如图 1-44 所示。当多个 DIV 都选择这个选项插入时，最后插入的 DIV 显示在最后面。

⑤ 在标签之后。以 DIV 名称项""<divid="layout">"为例。插入的位置如图 1-45 所示。插在了 DIV "layout" 的后面。

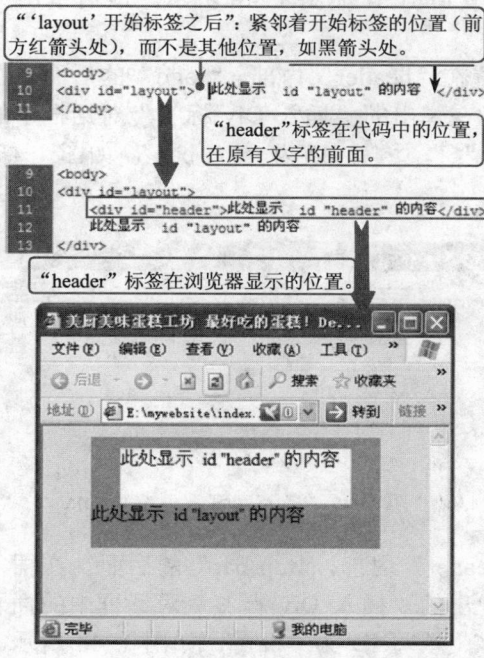

图 1-43 "在开始标签之后"选项示意图

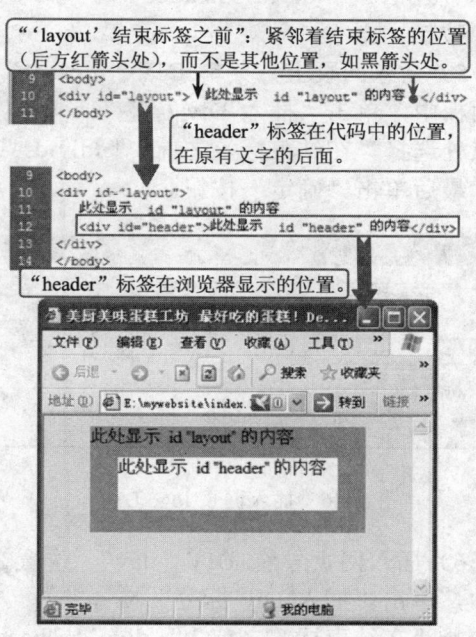

图 1-44 "在结束标签之前"选项示意图

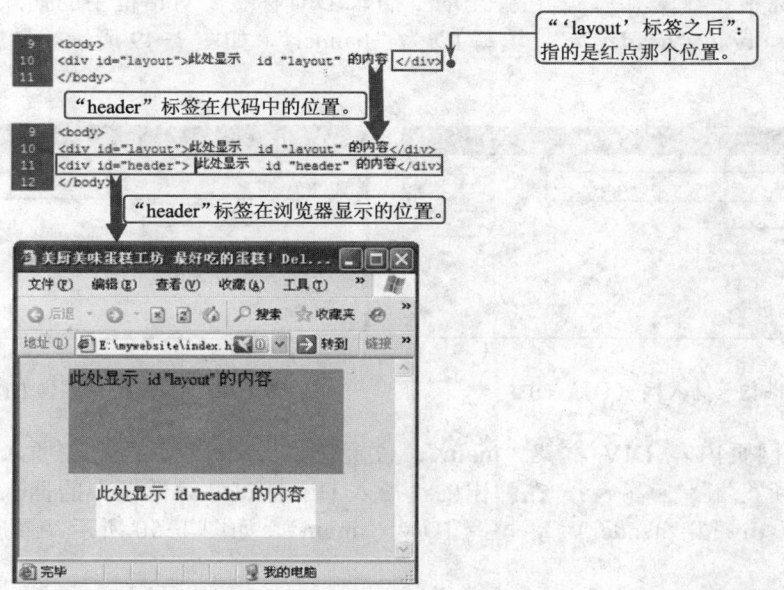

图 1-45 "在标签之后"选项示意图

4）插入网页 LOGO DIV "logo"，位置在"header"内部。在插入面板中，单击"插入 Div 标签" ，在弹出的"插入 Div 标签"对话框中的插入点处选择"在开始标签之后""<divid="header">",填写 ID 为"logo",如图 1-46 所示。最后单击"确定"按钮。

5）插入网页上方菜单 DIV "top-bar",位置在"header"内部,"logo"的后面。在插入面板中,单击"插入 Div 标签" 插入 Div 标签 ,在弹出的"插入 Div 标签"对话框中的插入点处选择"在结束标签之前""<divid="header">",填写 ID 为"top-bar",如图 1-47 所示。最后单击"确定"按钮。

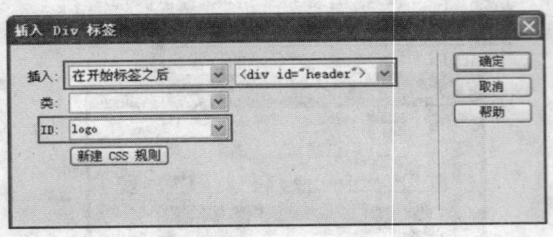
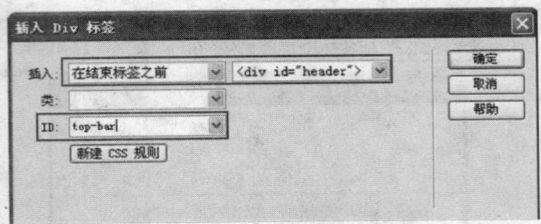

图 1-46　插入网页 logo DIV　　　　　　　图 1-47　插入网页上方菜单 DIV

6）插入网页导航 DIV "nav",位置在"header"内部,"top-bar"的后面。在插入面板中,单击"插入 Div 标签" 插入 Div 标签 ,在弹出的"插入 Div 标签"对话框中的插入点处选择"在结束标签之前""<div id="header">",填写 ID 为"nav",如图 1-48 所示。最后单击"确定"按钮。

7）插入网页广告 DIV 框架"banner",位置在"header"后面。在插入面板中,单击"插入 Div 标签" 插入 Div 标签 ,在弹出的"插入 Div 标签"对话框中的插入点处选择"在标签之后""<div id="header">",填写 ID 为"banner",如图 1-49 所示。最后单击"确定"按钮。

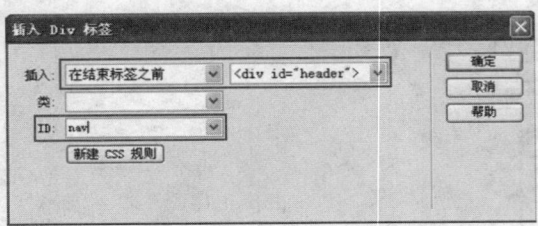
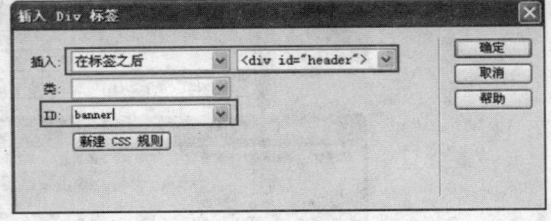

图 1-48　插入网页导航 DIV　　　　　　　图 1-49　插入网页广告 DIV 框架

8）插入网页内容 DIV 框架"main",位置在"header"后面。在插入面板中,单击"插入 Div 标签" 插入 Div 标签 ,在弹出的"插入 Div 标签"对话框中的插入点处选择"在标签之后""<div id="header">",填写 ID 为"main",如图 1-50 所示。最后单击"确定"按钮。

9）插入网页左侧内容区 DIV "left",位置在"main"内部。在插入面板中,单击"插入 Div 标签" 插入 Div 标签 ,在弹出的"插入 Div 标签"对话框中的插入点处选择"在结束标签之前""<div id="main">",填写 ID 为"left",如图 1-51 所示。最后单击"确定"按钮。

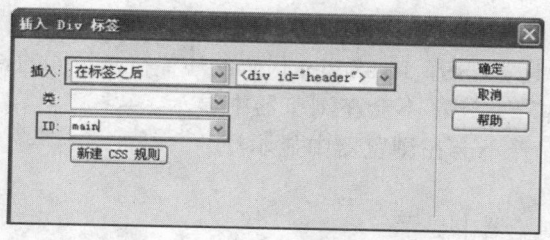

图 1-50　插入网页内容 DIV 框架

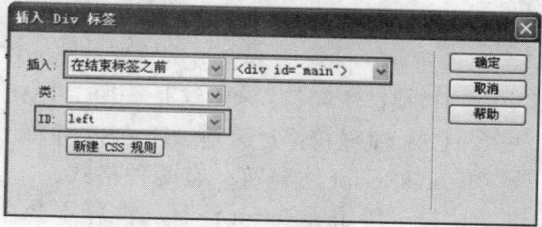

图 1-51　插入网页左侧内容区 DIV

小实验：此处插入点选择"在结束标签之前"与选择"在开始标签之后"效果是一样的，读者可以进行尝试。

10）插入网页右侧内容区 DIV "right"，位置在"main"内部，"left"的后面。在插入面板中，单击"插入 Div 标签" 🔲 插入 Div 标签 ，在弹出的"插入 Div 标签"对话框中的插入点处选择"在结束标签之前""<div id="main">"，填写 ID 为"right"，如图 1-52 所示。最后单击"确定"按钮。

11）插入网站新闻 DIV "news"，位置在"main"内部，"right"的后面。在插入面板中，单击"插入 Div 标签" 🔲 插入 Div 标签 ，在弹出的"插入 Div 标签"对话框中的插入点处选择"在结束标签之前""<div id="main">"，填写 ID 为"news"，如图 1-53 所示。最后单击"确定"按钮。

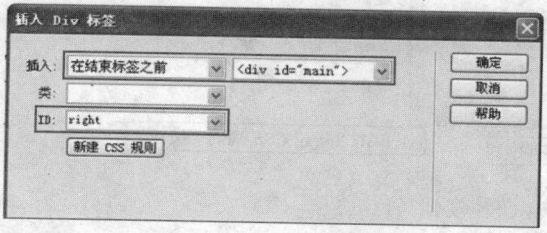

图 1-52　插入网页右侧内容区 DIV　　　　图 1-53　插入网站新闻 DIV

12）插入网页底部版权区 DIV "footer"，位置在"main"后面。在插入面板中，单击"插入 Div 标签" 🔲 插入 Div 标签 ，在弹出的"插入 Div 标签"对话框中的插入点处选择"在标签之后""<div id="main">"，填写 ID 为"footer"，如图 1-54 所示。最后单击"确定"按钮。

13）所有首页中的布局 DIV 已经插入完毕，HTML 代码的<body>标签部分代码如图 1-55 所示。

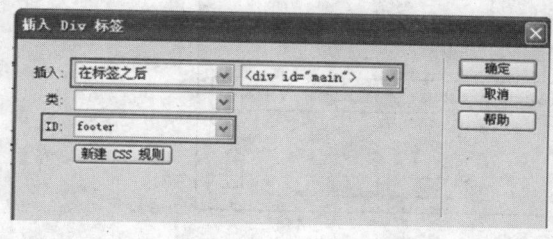

图 1-54　插入网页底部版权区 DIV

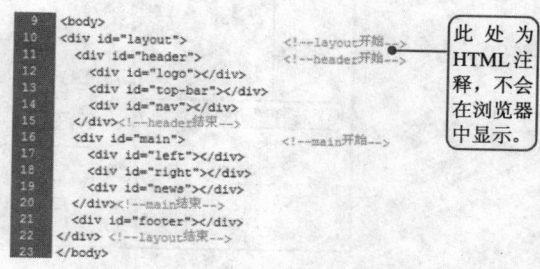

```
9   <body>
10  <div id="layout">                        <!--layout开始-->
11      <div id="header">                    <!--header开始-->
12          <div id="logo"></div>
13          <div id="top-bar"></div>
14          <div id="nav"></div>
15      </div><!--header结束-->
16      <div id="main">                      <!--main开始-->
17          <div id="left"></div>
18          <div id="right"></div>
19          <div id="news"></div>
20      </div><!--main结束-->
21      <div id="footer"></div>
22  </div> <!--layout结束-->
23  </body>
```

此处为HTML注释，不会在浏览器中显示。

图 1-55　插入布局 DIV 后的 HTML 代码

提示： 在代码中添加注释是一种很好的习惯，可以使用注释对代码进行解释，以便日后的修改维护。注释内容会被浏览器忽略。HTML、CSS、JavaScript 代码的注释符是不同的。

① HTML 注释符：<!--这是一段 HTML 注释。注释不会在浏览器中显示。-->

② CSS 注释符：/*这是一段 CSS 注释。注释不会在浏览器中显示*/

③ JavaScript 注释符：有两种格式。

//这是一段 JavaScript 注释。注释不会在浏览器中显示

/*这是一段 JavaScript 注释。注释不会在浏览器中显示*/

14）定义 "header" 布局样式。单击 CSS 样式面板下方的 "新建 CSS 规则" 按钮，在弹出的 "新建 CSS 规则" 对话框中做如图 1-56 所示的设置，设置完成后单击 "确定" 按钮。

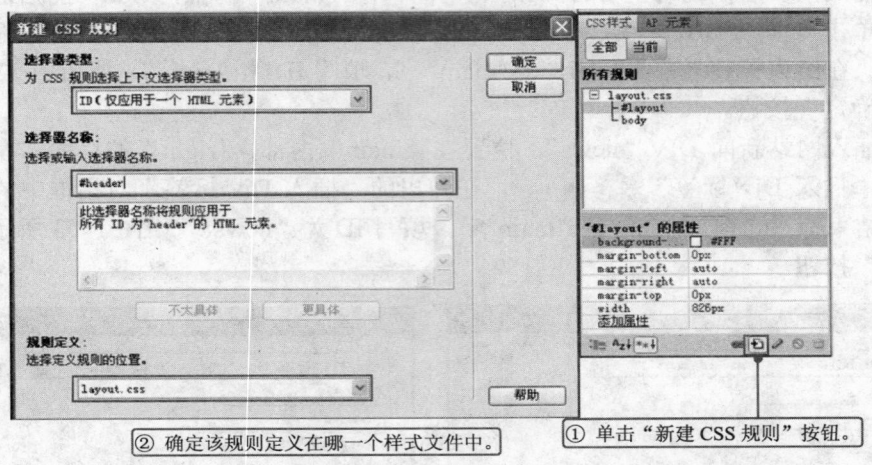

图 1-56　新建 CSS 规则

单击 "确定" 按钮后，弹出 "#header 的 CSS 规则定义" 对话框，我们设它的宽度（width）为 826px，高度（height）为 118px，如图 1-57 所示。设置背景图片为 "header-bg.jpg"（该图片存储在 images 文件夹中），如图 1-58 所示。

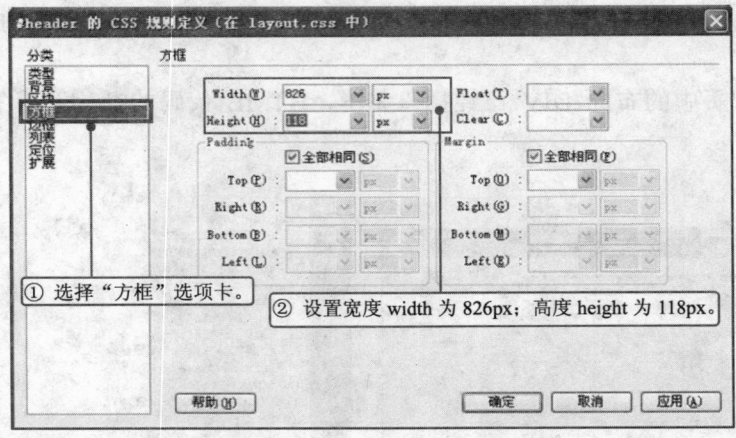

图 1-57　设置 DIV 的宽度和高度

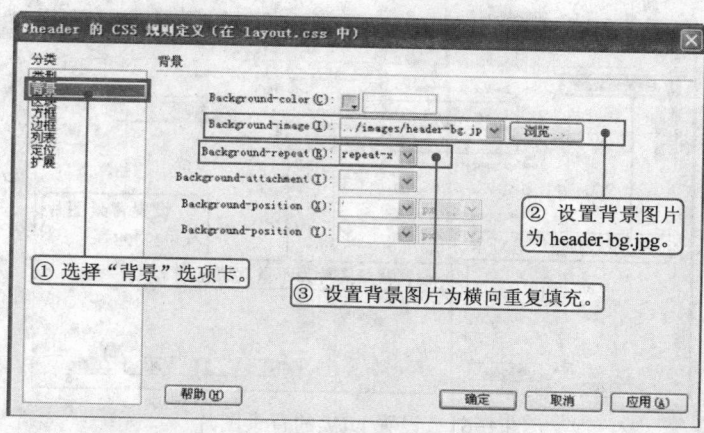

图 1-58　设置 DIV 的背景图片

15）定义"logo"布局样式。单击 CSS 样式面板下方的"新建 CSS 规则"按钮，在弹出的"新建 CSS 规则"对话框中做如图 1-59 所示的设置，设置完成后单击"确定"按钮。

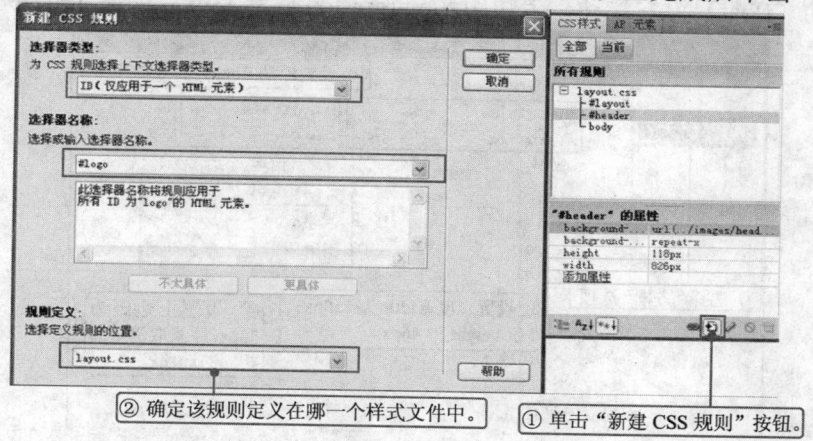

图 1-59　新建 CSS 规则

单击"确定"按钮后，弹出"#logo 的 CSS 规则定义"对话框，我们设它的宽度（width）为 321px，高度（height）为 79px，浮动（float）为左浮动，如图 1-60 所示。设置背景图片为"logo.jpg"（该图片存储在 images 文件夹中），如图 1-61 所示。

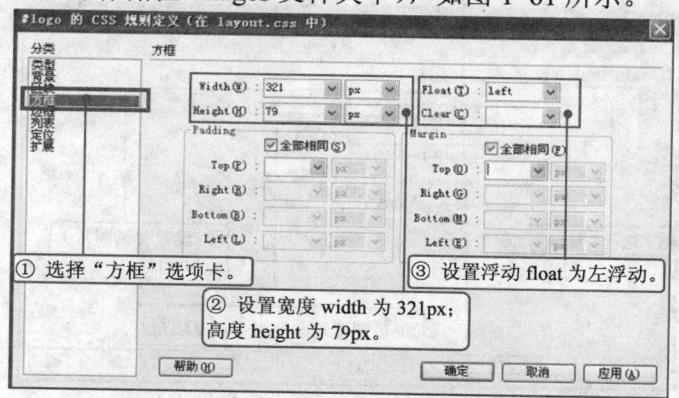

图 1-60　设置 DIV 的宽度、高度及浮动参数

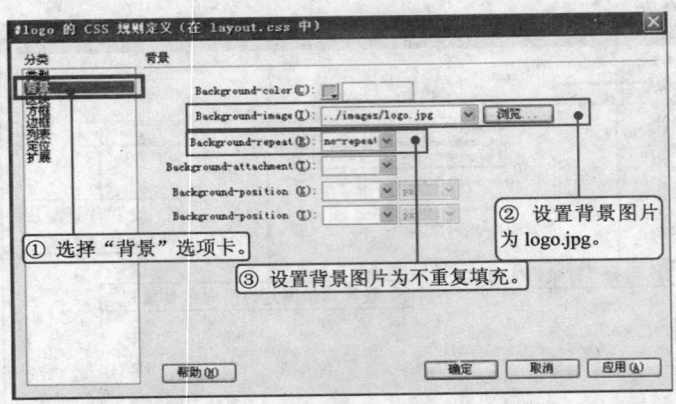

图 1-61　设置 DIV 的背景图片

16）按照同样的方法，我们直接给出其他 DIV 的样式定义。定义"top-bar"布局样式。设置选择器名称为"#top-bar"。定义它的 CSS 样式宽度（width）为 150px，高度（height）为 46px，浮动（float）为右浮动，上边距（margin-top）为 33px，如图 1-62 所示。

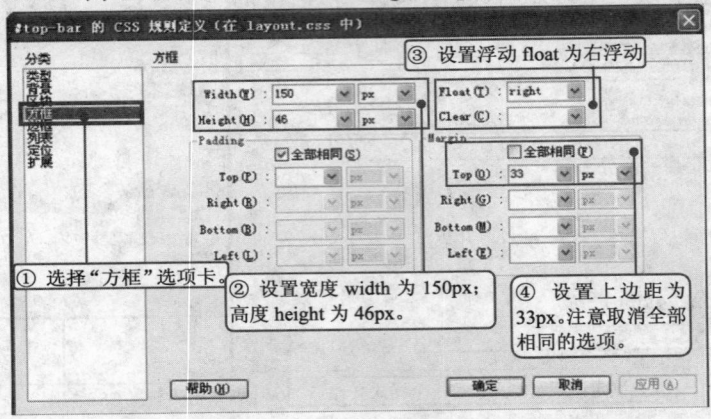

图 1-62　设置 DIV 的宽度、高度、浮动以及上边距

17）定义"nav"布局样式。设置选择器名称为"#nav"。定义它的 CSS 样式背景图片为"nav-bg"，不重复，如图 1-63 所示。设置它的宽度（width）为 790px，高度（height）为 40px，浮动（float）为清除浮动，左边距（margin-left）为 15px，如图 1-64 所示。

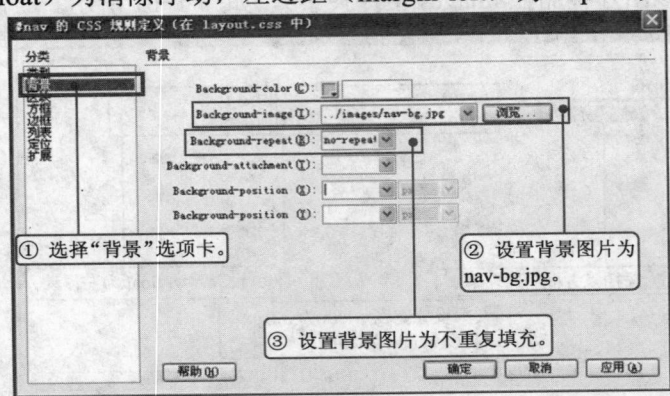

图 1-63　设置 DIV 的背景图

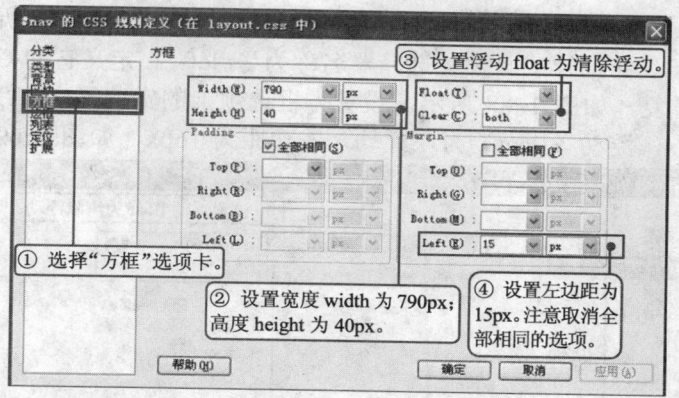

图 1-64 设置 DIV 的宽度、高度、浮动以及左边距

18）定义"banner"布局样式。设置选择器名称为"#banner"。定义它的 CSS 样式背景图片为"banner-bg"，横向重复，如图 1-65 所示。设置它的宽度（width）为 790px，高度（height）为 211px，浮动（float）为清除浮动，左边距（margin-left）为 16px，如图 1-66 所示。

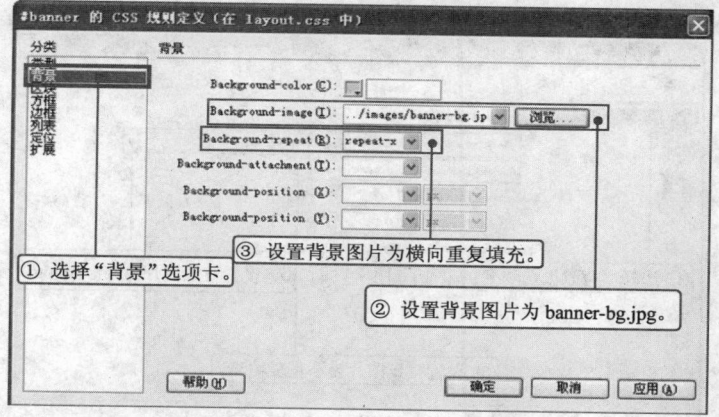

图 1-65 设置 DIV 的背景图

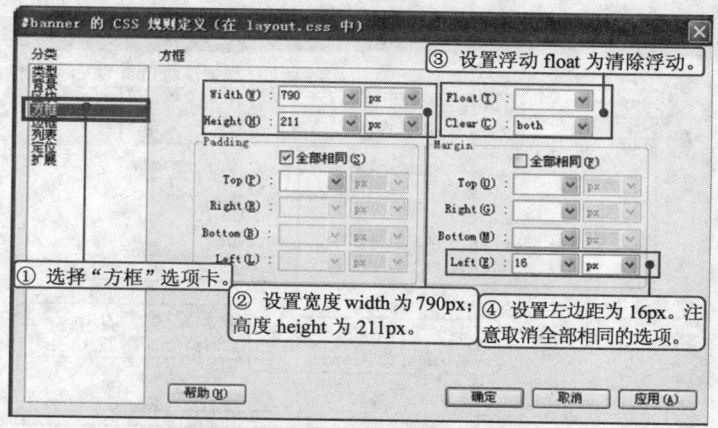

图 1-66 设置 DIV 的宽度、高度、浮动以及左边距

19）定义"main"布局样式。设置选择器名称为"#main"。定义它的 CSS 样式宽度（width）

为 826px，高度（height）为 auto，浮动（float）为清除浮动，如图 1-67 所示。

20）定义"left"布局样式。设置选择器名称为"#left"。定义它的 CSS 样式背景图片为"left-bg"，不重复，如图 1-68 所示。设置方框选项卡的宽度（width）为 213px，高度（height）为 436px，浮动（float）为左浮动，左边距为 16px，如图 1-69 所示。

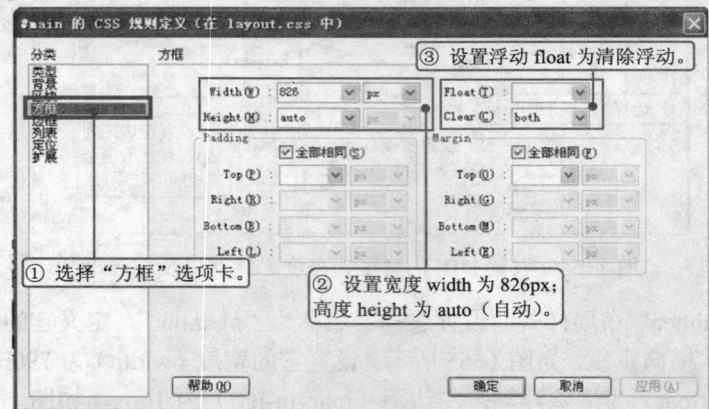

图 1-67　设置 DIV 的宽度、高度、浮动以及左边距

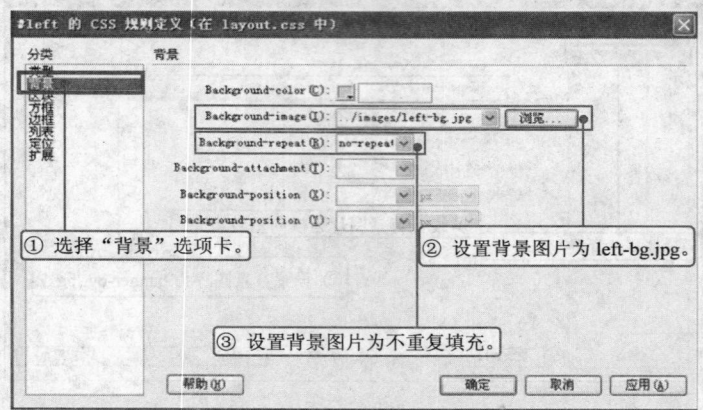

图 1-68　设置 DIV 的背景图

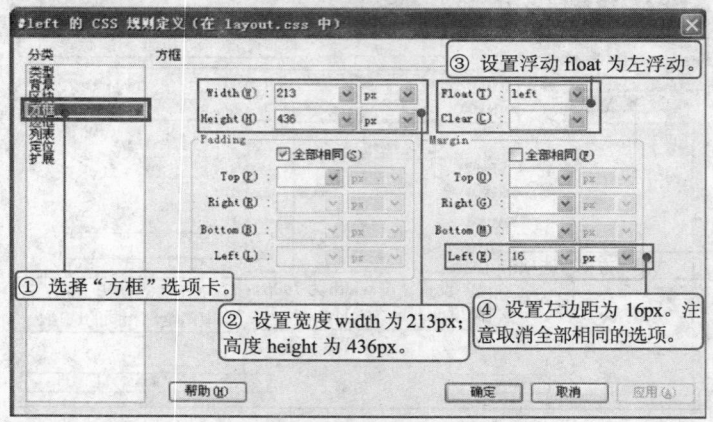

图 1-69　设置 DIV 的宽度、高度、浮动

21）定义"right"布局样式。设置选择器名称为"#right"。定义它的 CSS 样式背景图

片为"right-bg",不重复,如图1-70所示。设置它的方框选项卡的宽度(width)为573px,高度(height)为436px,浮动(float)为右浮动,右边距为16px,如图1-71所示。

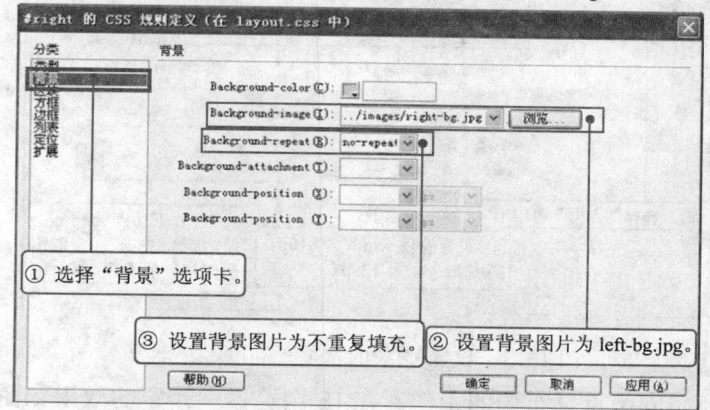

图1-70　设置DIV的背景图

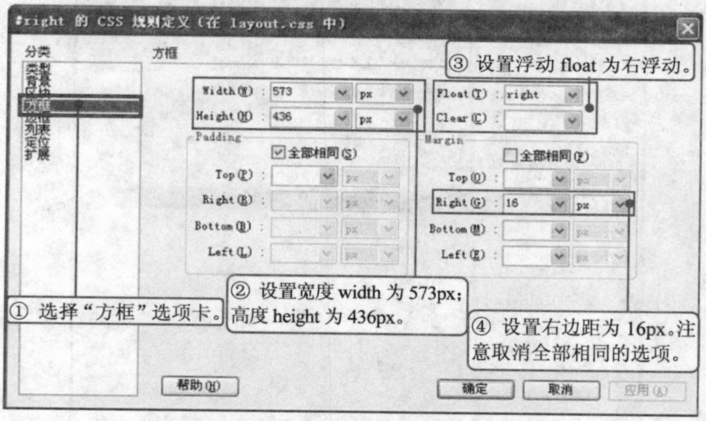

图1-71　设置DIV的宽度、高度、浮动

22)定义"news"布局样式。设置选择器名称为"#news"。定义它的CSS样式背景颜色为#cbdda7,如图1-72所示。设置方框选项卡的宽度(width)为816px,高度(height)为129px,浮动(float)为清除浮动,如图1-73所示。

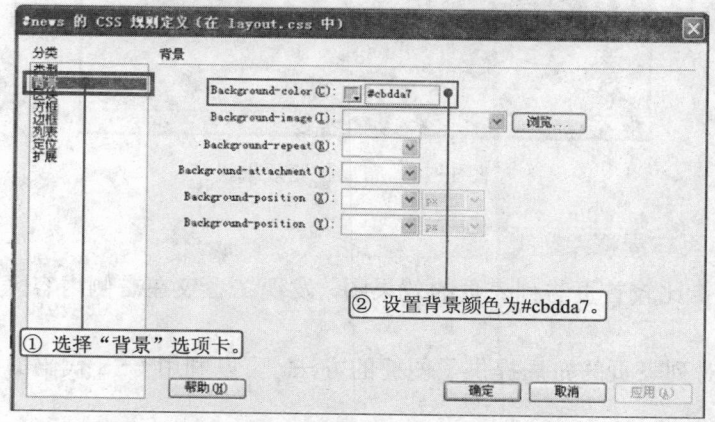

图1-72　设置DIV的背景图

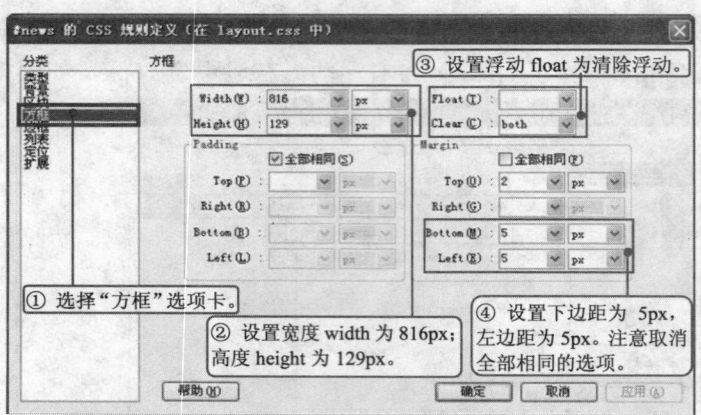

图 1-73　设置 DIV 的宽度、高度、浮动

23）现在已经完成了首页布局的工作。在 IE 浏览器中预览的效果如图 1-74 所示。

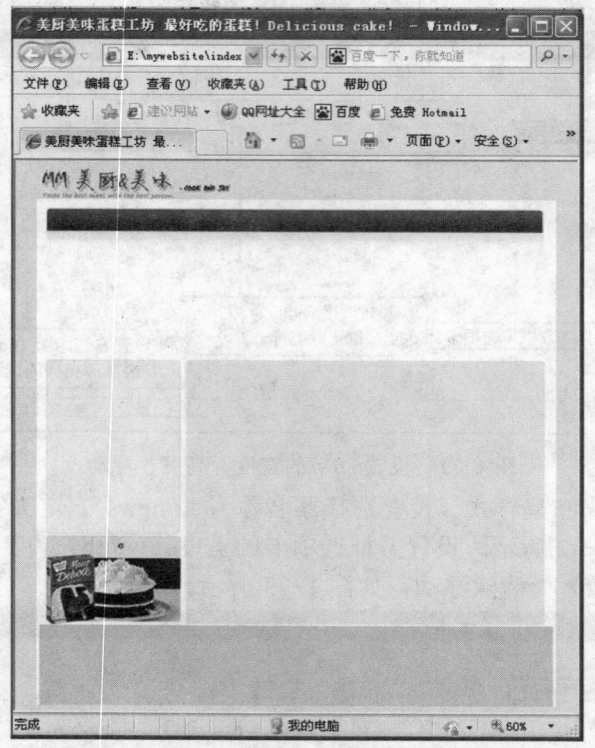

图 1-74　布局预览效果

4．搭建列表页布局框架

1）分析页面。比较首页与列表页的效果图，发现二者仅在右侧内容区有所差别，如图 1-75 所示。

这就为我们对列表页的布局提供了便捷的方法。可以利用 CSS 代码的重用性来快速对列表页进行布局。

2）选择"文件"→"新建"命令，或按<Ctrl+N>快捷键，新建一个名称为"birthday-cake.html"的 HTML 页面，并保存在"birthday-cake"文件夹中。

图 1-75　首页与列表页布局的差别

3）链接 CSS 文件。打开 CSS 面板，选择面板下方的"附加样式表"按钮并在弹出的"链接外部样式表"对话框中进行设置，如图 1-76 所示。链接后，可以看到，我们在首页设定的 CSS 样式被导入到"birthday-cake.html"中，如图 1-77 所示为可以直接利用已定义的样式来规范 DIV。

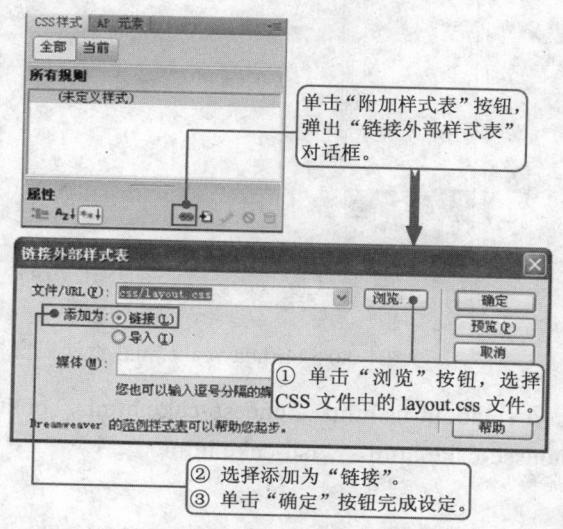

图 1-76　链接外部 CSS 样式文件

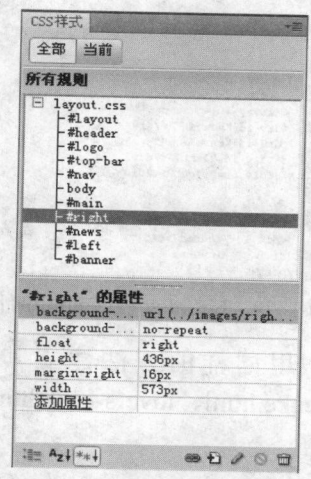

图 1-77　CSS 样式列表

4）想要应用 CSS ID 选择器定义的样式，如#layout{background-color:#FFF;width:826px;}，必须要在页面定义一个 ID 为"layout"的 DIV，这样就能做到这个 DIV 拥有"#layout"定义的属性。一旦这个 CSS 文件中的属性更改了，那么所有使用了这个属性的 DIV 的样式都会随之改变。由于列表页和主页大部分的样式都一样，所以我们可以直接复制首页中对 DIV 的定义代码，大家会惊奇地发现，只需一个步骤，这个子页面就建立起来了。

5）打开 index.html 文件，转到代码模式。复制建立布局 DIV 的代码，如图 1-78 所示。

6）打开 birthday-cake.html 文件，转到代码模式，把这段代码复制到<body></body>标签之间。复制后的代码如图 1-79 所示。

转到设计模式，可以看到界面与首页完全一致，如图 1-80 所示。

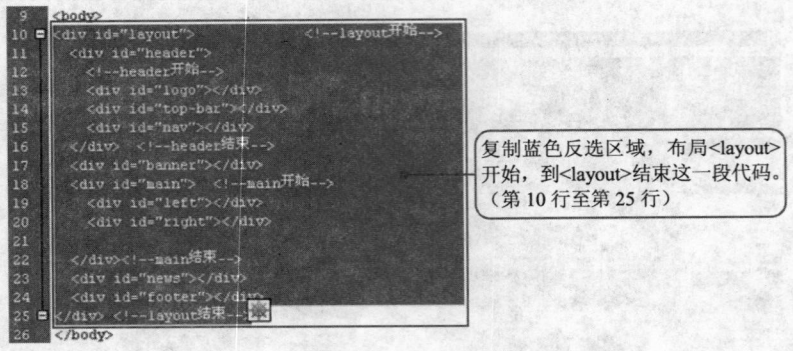

图 1-78　index.html 的代码

图 1-79　birthday-cake.html 的代码

图 1-80　birthday-cake.html 设计视窗

7）用同样的方法建立其他几页：about-us.html、cheese-cake.html、ontact-us、europe-cake.html、lovers-cake.html、mousse-cake.html、wish-cake.html。

任务评价

本任务主要完成网站框架的搭建，这是整个网站的基础。对该任务的评价主要有以下几个方面。

1）需求分析：框架的搭建是否符合效果图的要求，是否利于切图。

2）框架的嵌套：分析嵌套关系是否合理，是否简洁。

3）DIV 命名：检查 DIV 命名是否符合规范，同一个页面中是否出现了重复的 DIV 定义。

4）CSS 命名：检查 DIV 命名是否符合规范，同一个页面中是否出现了重复的 CSS 定义。

5）搭建框架的速度：对于给定的框架，可以使用设计视图搭建。在规划好的前提下，一个静态页面（如首页）应该在 30 分钟以内完成，其余页面（如详情页）应该在 15min 以内完成。

触类旁通

各位读者是否也想尝试自己制作一些网页的框架呢？请参见配套资源包中项目 1 中的素材文件夹中的练习文件夹，其中提供了几个这类的习题，通过不断的练习提高速度成为高手。

任务 4——利用 CSS 美化网页

知识要点：输入文本操作；输入空格操作；插入图片操作；插入并编辑表格操作；输入并编辑表单操作；插入 Flash 操作；文字超链接；ul、dl 列表的编辑；iframe 及其应用；利用 CSS 美化文字、链接、图片、表格、表单、列表等网页元素；相关 HTML 标记的使用。

任务情境

在任务 3 的基础上，利用 CSS 来美化网页。主要实现页面元素的添加，如图片、文字、Flash 等。

任务分析

这一任务主要是要求学生加深 CSS 控制页面的能力，能掌握 CSS 的标准化命名方法，熟练掌握 HTML 标签选择器、ID 选择器、类选择器、伪类选择器的用法。还要求学生会依据实际情况的需要选择合适的选择器定义 CSS 样式。

CSS 的属性很多，一些常见的属性都可以在可视化面板中进行设置。Dreamweaver 中的 CSS 可视化编辑面板共有 8 个选项，分为类型、背景、区块、方框、边框、列表、定位、扩展。下面逐一介绍各个选项的参数，以及对应的 CSS 属性。

（1）类型选项

类型选项实现的文字样式的定义，如图 1-81 所示。

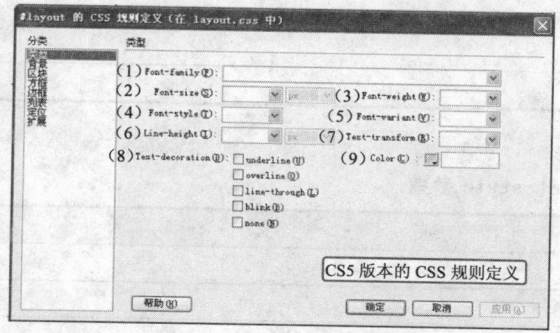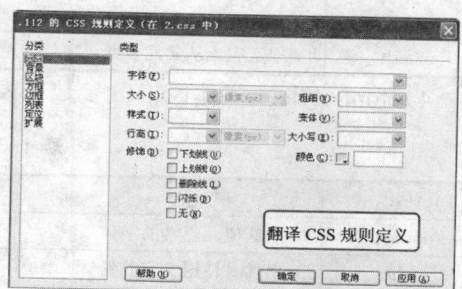

图 1-81　类型选项

1）font-family：name 字体。

name：字体名称，按优先顺序排列并以逗号隔开。如：font-family：宋体，黑体，楷体。

2）font-size：字号，对文字大小的设置，可以直接填写数值，以像素为单位，如 font-size:12px，也可以使用固定参数，具体参数见表 1-1。

表 1-1　font-size 参数

值	描　　述
xx-small	绝对字体尺寸，最小
x-small	绝对字体尺寸，较小
small	绝对字体尺寸，小
medium	默认值。绝对字体尺寸，正常
large	绝对字体尺寸，大
x-large	绝对字体尺寸，较大
xx-large	绝对字体尺寸，最大
larger	相对字体尺寸，相对于父对象中字体尺寸进行相对增大。使用 em 单位计算
smaller	相对字体尺寸。相对于父对象中字体尺寸进行相对减小。使用 em 单位计算
length	百分数。由浮点数字和单位标识符组成的长度值，不可为负值。其百分比取值是基于父对象中字体的尺寸

注："em"表示一种特殊字体的大写字母 M 的高度。在网页上，"em"是网页浏览器的基础文本尺寸的高度，它一般情况下是 16px。如果客户端浏览器设定浏览器的文本大小为 24px 的话，那么该用户的基础文本高度 em 就为 24px。如果在样式里设置了 larger，则会在父对象 24px 的基础上进行按比例放大。

3）font-weight：该属性用于设置显示元素的文本中所用的字体加粗。具体参数见表 1-2。

表 1-2　font-weight 参数

值	描述
normal	默认值。定义标准的字符，相当于 400
bold	定义粗体字符，相当于 700
bolder	定义更粗的字符，比 normal 粗
lighter	定义更细的字符，比 normal 细
• 100 • 200 • 300 • 400 • 500 • 600 • 700 • 800 • 900	定义由粗到细的字符。400 等同于 normal，而 700 等同于 bold
inherit	规定应该从父元素继承字体的粗细

4）font-style：字体风格。参数见表 1-3。

表 1-3　font-style 参数

值	描　　述
normal	默认值。正常的字体
italic	斜体（使用文字的斜体）
oblique	没有斜体属性的文字强制倾斜

5）font-variant：变体。参数见表 1-4。

表 1-4　font-variant 参数

值	描　　述
normal	默认值。正常的字体
small-caps	小型的大写字母字体

6）line-height：行高。可以直接填写数值，以像素、百分比等为单位，如 line-height:25px;，也可以使用固定参数，参数见表 1-5。

表 1-5　line-height 参数

值	描　　述
normal	默认值。默认行高

7）text-transform：英文大小写设定。参数见表 1-6。

表 1-6　text-transform 参数

值	描　　述
none	默认值。无转换发生
capitalize	将每个单词的第一个字母转换成大写，其余无转换
uppercase	转换成大写
lowercase	转换成小写

8）text-decoration：文字修饰，参数见表 1-7。

表 1-7　text-decoration 参数

值	描　　述
none	默认值。无装饰
blink	闪烁（部分浏览器不支持此属性）
underline	下划线
line-through	贯穿线
overline	上划线

注：有 href 特性的<a>标签，默认值为 underline

9）color：字体颜色。可以直接填写颜色值，如 color:#1C1A4D;。

（2）背景选项

背景选项如图 1-82 所示。

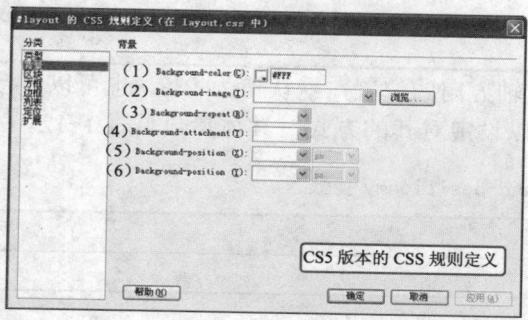
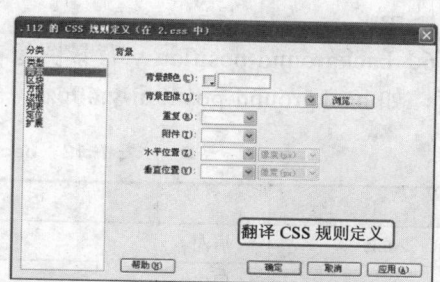

图 1-82　背景选项

1）background-color:不填写时，为无背景色效果，也可以直接填写颜色值，如 background-color:#1C1A4D;

当背景颜色与背景图像（background-image）都被设定时，背景图片将覆盖在背景颜色上。

2）background-image：背景图片，参数见表 1-8。

表 1-8　background-image 参数

值	描　　述
none	默认值。无背景图
url（url）	使用绝对或相对 url 地址指定背景图像

3）background-repeat：背景图片的重复方式，参数见表 1-9。

表 1-9　background-repeat 参数

值	描　　述
repeat	默认值，背景图像在纵向和横向上平铺
no-repeat	背景图像不平铺
repeat-x	背景图像仅在横向上平铺
repeat-y	背景图像仅在纵向上平铺

4）background-attachment：属性设置背景图像是否固定或者随着页面的其余部分滚动。参数见表 1-10。

表 1-10　background-attachment 参数

值	描　　述
scroll	默认值。背景图像会随着页面其余部分的滚动而移动
fixed	当页面的其余部分滚动时，背景图像不会移动

5）background-position-x：背景图像在 X 轴方向的位置，默认值为 0%，也可以直接填写值，如 background-position-x:40px;，也可以设定对其的方式，具体参数见表 1-11。

表 1-11　background-position-x 参数

值	描　　述
left	居左
center	居中
right	居右

6）background-position-y:背景图像在 Y 轴方向的位置，默认值为 0%，也可以直接填写值，如 background-position-y:40px;，也可以设定对其的方式，具体参数见表 1-12。

表 1-12　background-position-y 参数

值	描　　述
left	居左
center	居中
right	居右

（3）区块选项

区块选项的参数设置如图 1-83 所示。

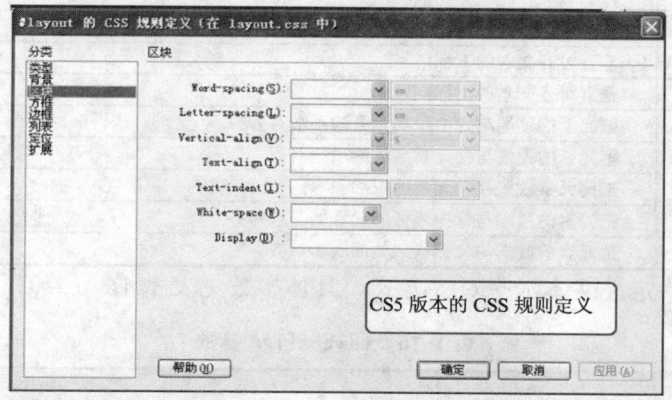

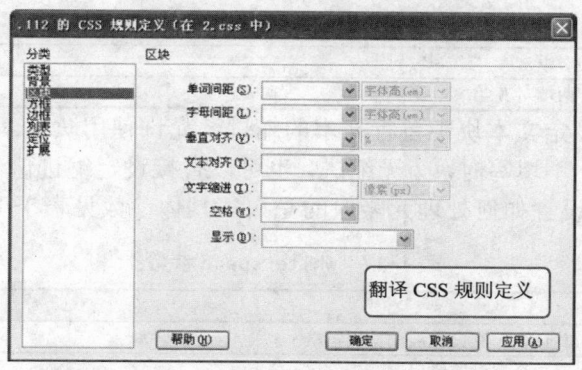

图 1-83 区块选项

1）word-spacing：单词间距。可以直接填写值（允许负值），如 word-spacing:5px;，也可以选择默认值，具体参数见表 1-13。

表 1-13 word-spacing 参数

值	描 述
normal	默认值。默认间隔，相当于值为 0

2）letter-spacing：字符间距，增加或减少字符间的空白。可以直接填写值（允许负值），如 letter-spacing:2px;，也可以选择默认值，具体参数见表 1-14。

表 1-14 letter-spacing 参数

值	描 述
normal	默认值。默认间隔，相当于值为 0

3）vertical-align：定义行内元素的基线相对于该元素所在行的基线的垂直对齐，允许指定负长度值和百分比值。可以直接填写值，如 vertical-align:2px;，具体参数见表 1-15。

表 1-15 `vertical-align` 参数

值	描 述
auto	自动
baseline	默认值，元素放置在父元素的基线上
sub	垂直对齐文本的下标
super	垂直对齐文本的上标
top	把元素的顶端与行中最高元素的顶端对齐
text-top	把元素的顶端与父元素字体的顶端对齐
middle	把此元素放置在父元素的中部
bottom	把元素的顶端与行中最低的元素的顶端对齐
text-bottom	把元素的底端与父元素字体的底端对齐

4）text-align：定义文本水平对齐方式。具体参数见表 1-16。

表 1-16 `text-align` 参数

值	描 述
left	默认值。左对齐
right	右对齐
center	居中对齐
justify	两端对齐

5）text-indent：设定文本块中首行文本的缩进。允许使用负值。如果使用负值，那么首行会被缩进到左边。不填写时，为无缩进，也可以直接设定缩进值，如 text-indent:50px;。

6）white-space：设置如何处理元素内的空白。具体参数见表 1-17。

表 1-17 `white-space` 参数

值	描 述
normal	默认值，空白会被浏览器忽略
pre	空白会被浏览器保留
nowrap	文本不会换行，文本会在同一行上继续，直到遇到 标签为止

7）display：元素应该生成的框的类型，具体参数见表 1-18。

表 1-18 `display` 参数

值	描 述
none	此元素不会被显示
block	此元素将显示为块级元素，此元素前后会带有换行符
inline	默认。此元素会被显示为内联元素，元素前后没有换行符。即多个内联元素可同行显示
inline-block	行内块元素。（CSS 2.1 新增的值）
list-item	此元素会作为列表显示
run-in	此元素会根据上下文件为块级元素或内联元素显示
compact	CSS 中有值 compact，不过由于缺乏广泛支持，已经从 CSS2.1 中删除
marker	CSS 中有值 marker，不过由于缺乏广泛支持，已经从 CSS2.1 中删除
table	此元素会作为块级表格来显示（类似<table>），表格前后带有换行符
inline-table	此元素会作为内联表格来显示（类似<table>），表格前后没有换行符
table-row-group	此元素会作为一个或多个行的分组来显示（类似<tbody>）
table-header-group	此元素会作为一个或多个行的分组来显示（类似<thead>）
table-footer-group	此元素会作为一个或多个行的分组来显示（类似<tfoot>）
table-row	此元素会作为一个表格行显示（类似<tr>）

（续）

值	描　述
table-column-group	此元素会作为一个或多个列的分组来显示（类似<colgroup>）
table-column	此元素会作为一个单元格列显示（类似<col>）
table-cell	此元素会作为一个表格单元格显示（类似<td>和<th>）
table-caption	此元素会作为一个表格标题显示（类似<caption>）
inherit	规定应该从父元素继承 display 属性的值

（4）方框选项

方框选项如图 1-84 所示。

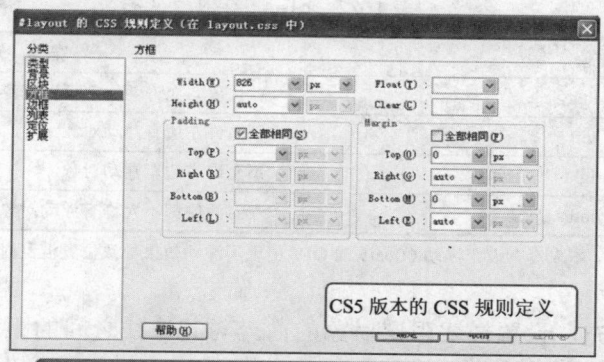

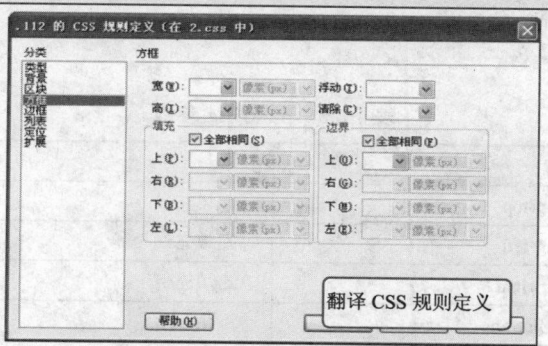

图 1-84　方框选项

1）width：宽度。可以直接填写值（允许负值），如 width:500px;，也可以选择默认值，具体参数见表 1-19。

表 1-19　width 参数

值	描　述
auto	默认值。无特殊定位，根据 HTML 定位规则分配

注：直接填写值时，百分数是基于父对象的宽度。不可为负数。

2）height：高度。可以直接填写值（允许负值），如 height:500px;，也可以选择默认值，具体参数见表 1-20。

表 1-20　height 参数

值	描　述
auto	默认值。无特殊定位，根据 HTML 定位规则分配

注：直接填写值时，百分数是基于父对象的高度。不可为负数。

3）float：定义元素在哪个方向浮动。具体参数见表1-21。

表1-21　float 参数

值	描　　述
none	默认值。对象不浮动
left	左浮动
right	右浮动

4）clear：清除浮动。该属性定义了元素在哪边上不允许出现浮动元素。具体参数见表1-22。

表1-22　clear 参数

值	描　　述
none	默认值。允许两边都可以有浮动对象
left	不允许左边有浮动对象
right	不允许右边有浮动对象
both	左右两侧都不允许有浮动对象

注：当进行页面布局时，本来没有设定浮动（float）的DIV出现了浮动效果导致位置混乱时，可以设定clear值为"both"使DIV归位。

5）padding：填充。设置样式限定对象的内容与其边线之间的距离。不允许设定负边距值。可直接定义填充的值，如padding:10px 5px 15px 20px;，也可以分别设定各个方向的填充值，见表1-23。

表1-23　padding 参数

值	描　　述
padding-top	上填充
padding-left	左填充
padding-right	右填充
padding-bottom	下填充

注：直接写值时，如果提供全部四个参数值，将按上－右－下－左的顺序作用于四边。如果只提供一个，将用于全部的四边。如果提供两个，第一个用于上－下，第二个用于左－右。如果提供三个，第一个用于上，第二个用于左－右，第三个用于下。

6）margin：边界。设置样式限定对象的边界与网页其他对象之间的距离。不允许设定负边距值。可直接定义边界的值，如margin:10px 5px 15px 20px;，也可以分别设定各个方向的边界值，见表1-24。

表1-24　margin 参数

值	描　　述
margin-top	上边界
margin-left	左边界
margin-right	右边界
margin-bottom	下边界

注：直接写值时，如果提供全部四个参数值，将按上－右－下－左的顺序作用于四边。如果只提供一个，将用于全部的四边。如果提供两个，第一个用于上－下，第二个用于左－右。如果提供三个，第一个用于上，第二个用于左－右，第三个用于下。

（5）边框选项

边框选项如图 1-85 所示。

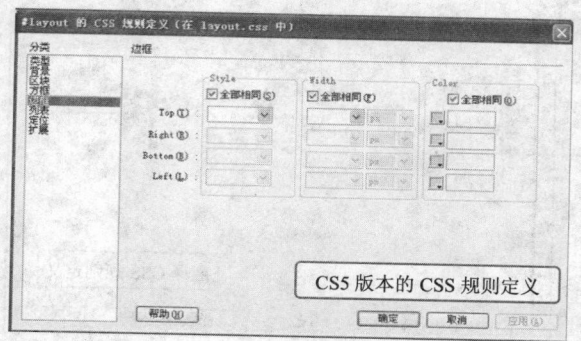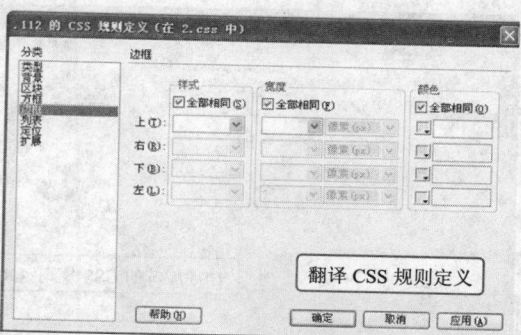

图 1-85　边框选项

1）border-style：设置对象边框的样式，可分别定义上、下、左、右 4 条边的样式。具体参数见表 1-25。

表 1-25　border-style 参数

值	描　述
none	默认值，无边框
dotted	在 MAC 平台上 IE4+与 Windows 和 UNIX 平台上 IE5.5 以上版本为点线。否则为实线
dashed	在 MAC 平台上 IE4+与 Windows 和 UNIX 平台上 IE5.5 以上版本为虚线。否则为实线
solid	定义实线
double	定义双线。双线的宽度等于 border-width 的值
groove	定义 3D 凹槽边框。其效果取决于 border-color 的值
ridge	定义 3D 垄状边框。其效果取决于 border-color 的值
inset	定义 3D inset 边框。其效果取决于 border-color 的值
outset	定义 3D outset 边框。其效果取决于 border-color 的值

2）border-width：定义元素的所有边框设置宽度，或单独地为各边边框设置宽度。可直接写值，如 border-width:10px 5px 15px 20px;，或设定固定值，具体参数见表 1-26。

表 1-26　border-width 参数

值	描　述
medium	默认值。默认宽度
thin	定义细的边框，小于默认宽度
thick	定义粗的边框，大于默认宽度

3）border-color：设置对象边框的颜色。可直接设定边框的颜色，或分别设定颜色，如 border-color: #C06;，如果提供全部 4 个参数值，将按上－右－下－左的顺序作用于四个边框。如果只提供一个，将用于全部的 4 条边。如果提供两个，第一个用于上－下，第二个用于左－右。如果提供 3 个，第一个用于上，第二个用于左－右，第三个用于下。如果 border-style 设置为 none 或 border-width 设置为 0，则本属性将失去作用。

（6）列表选项

列表选项如图 1-86 所示。

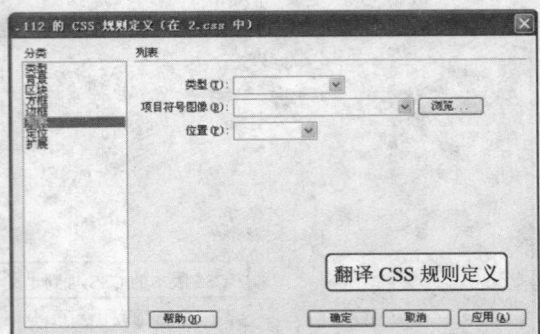

图 1-86　列表选项

1）list-style-type：设置列表项所使用的预设标记。具体参数见表 1-27。

表 1-27　list-style-type 参数

值	描　述
disc	默认值。实心圆
circle	空心圆
square	实心方块
decimal	阿拉伯数字
lower-roman	小写罗马数字
upper-roman	大写罗马数字
lower-alpha	小写英文字母
upper-alpha	大写英文字母
none	不使用项目符号

注：一般在制作网页时不使用原有列表所自带的实心圆点作为项目符号，因此常利用此属性设置参数值为"none"以取消项目符号的显示。

2）list-style-image：设置或检索作为对象的列表项标记的图像。具体参数见表 1-28。

表 1-28　list-style-image 参数

值	描　述
none	默认值。不指定图像
url	使用绝对或相对 url 地址指定图像

注：若此属性值为 none 或指定 url 地址的图片不能被显示时，list-style-type 属性将发生作用。

3）list-style-position：设置列表标志与列表项内容之间的位置。具体参数见表 1-29。

表 1-29　list-style-position 参数

值	描述
outside	默认值，列表项目标记放置在文本以外，且环绕文本不根据标记对齐
inside	列表项目标记放置在文本以内，且环绕文本根据标记对齐

（7）定位选项

定位选项如图 1-87 所示。

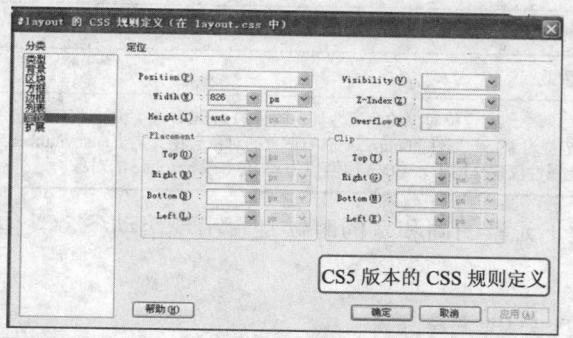

CS5 版本的 CSS 规则定义

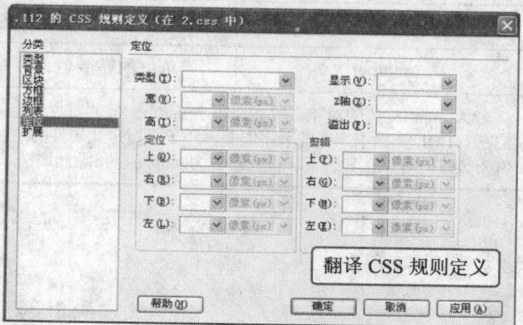

翻译 CSS 规则定义

图 1-87 定位选项

1）position：对象的定位方式。具体参数见表 1-30。

表 1-30 position 参数

值	描 述
static	默认值。无特殊定位，对象遵循 HTML 定位规则
absolute	绝对定位。此属性值会将对象拖离出正常的文档而不考虑它周围内容的布局。假如其他具有不同 z-index 属性的对象已经占据了给定的位置，则它们之间不会相互影响，而会在同一位置层叠。此时对象没有外补丁（margin），但仍有内补丁（padding）和边框（border）
fixed	固定。对象定位遵从绝对（absolute）方式。但是要遵守一些规范
relative	相对定位。设置此属性值为 relative 会保持对象在正常的 HTML 流中，但是它的位置可以根据它的前一个对象进行偏移

注：要激活对象的绝对（absolute）定位，必须指定 left，right，top，bottom 属性中的至少一个，并且设置此属性值为 absolute。否则上述属性会使用他们的默认值 auto，这将导致对象遵从正常的 HTML 布局规则，在前一个对象之后立即被呈递。

在相对（relative）定位对象之后的文本或对象占有它们自己的空间而不会覆盖被定位对象的自然空间。与此不同的是，在绝对（absolute）定位对象之后的文本或对象在被定位对象被拖离正常文档流之前会占有它的自然空间。放置绝对（absolute）定位对象在可视区域之外会导致滚动条出现。而放置相对（relative）定位对象在可视区域之外，滚动条则不会出现。内容的尺寸会根据布局确定对象的尺寸。例如，设置一个 div 对象的 height 和 position 属性，则 div 对象的内容将决定它的宽度（width）。对于其他对象而言是可读写的。对应的脚本特性为 position。

2）visibility：设置或检索是否显示对象。具体参数见表 1-31。

表 1-31 visibility 参数

值	描 述
inherit	默认值。继承父对象的可见性
visible	对象可视
collapse	未支持。主要用来隐藏表格的行或列。隐藏的行或列能够被其他内容使用。对于表格外的其他对象，其作用等同于 hidden
hidden	对象隐藏

注：与 display 属性不同，此属性为隐藏的对象保留其占据的物理空间。

3）z-index：检索或设置对象的层叠顺序。具体参数见表 1-32。

表 1-32   z-index 参数

值	描　述
auto	默认值。遵从其父对象的定位
number	无单位的整数值。可为负数

较大 number 值的对象会覆盖在较小 number 值的对象之上。如两个绝对定位对象的此属性具有同样的 number 值，那么将依据它们在 HTML 文档中声明的顺序层叠。对于未指定此属性的绝对定位对象，此属性的 number 值为正数的对象会在其之上，而 number 值为负数的对象在其之下。设置参数为 null 可以移除此属性。此属性仅仅作用于 position 属性值为 relative 或 absolute 的对象。

4）overflow：溢出，设定当元素内容大于元素的高和宽的时候是否出现滚动条。具体参数见表 1-33。

表 1-33   overflow 参数

值	描　述
visible	默认值。不剪切内容也不添加滚动条。
auto	在必需时对象内容才会被裁切或显示滚动条
hidden	不显示超过对象尺寸的内容
scroll	总是显示滚动条

5）clip：检索或设置对象的可视区域，可视区域外的部分是透明的。可直接设定参数的值，如 clip: rect(30px,50px,15px,30px);，也可以设定具体参数见表 1-34。

表 1-34   clip 参数

值	描　述
auto	默认值。对象无剪切

注：1. 这个属性用于定义一个剪裁矩形。对于一个绝对定义（position 属性为 absolute）元素，在这个矩形内的内容才可见。出了这个剪裁区域的内容会根据 overflow 的值来处理。剪裁区域可能比元素的内容区大，也可能比内容区小。
　　2. 当直接填写 4 个参数时，依据上-右-下-左的顺序提供自对象左上角为（0，0）坐标计算的 4 个偏移数值，auto 替换，即此边不剪切。

（8）扩展选项

扩展选项如图 1-88 所示。

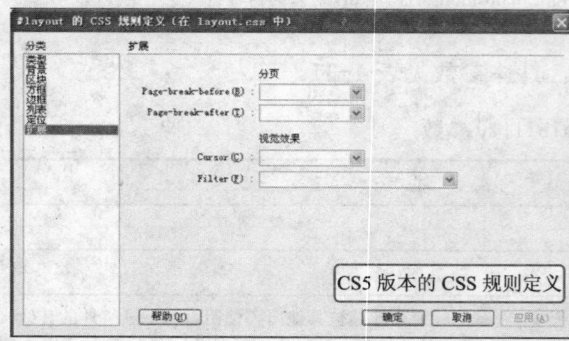
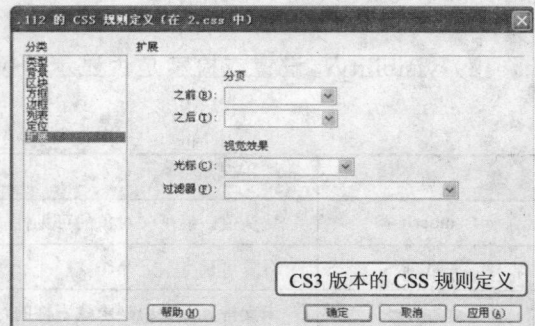

图 1-88   扩展选项

1）page-break-before：检索或设置对象前出现的页分割符。此属性在打印文档时发生作用。具体参数见表 1-35。

表 1-35　page-break-before 参数

值	描　述
auto	假如需要在对象之前插入页分割符
always	始终在对象之前插入页分割符
avoid	避免在对象之前插入页分割符
left	在对象之前插入页分割符直到它到达一个空白的左页边
right	在对象之前插入页分割符直到它到达一个空白的右页边
null	空白字符串。取消页分割符设置

2）page-break-after：设置对象后出现的页分割符。此属性在打印文档时发生作用。具体参数见表 1-36。

表 1-36　page-break-after 参数

值	描　述
auto	假如需要在对象之后插入页分割符
always	始终在对象之后插入页分割符
avoid	避免在对象后面插入页分割符
left	在对象后面插入页分割符直到它到达一个空白的左页边
right	在对象后面插入页分割符直到它到达一个空白的右页边
null	空白字符串。取消页分割符设置

3）cursor：设置移动的鼠标指针采用的光标形状。具体参数见表 1-37。

表 1-37　cursor 参数

值	描　述
auto	默认值。浏览器根据当前情况自动确定鼠标光标类型
crosshair	简单的十字线光标
default	客户端平台的默认光标，通常是一个箭头
hand	竖起一只手指的手形光标。就像通常用户将光标移到超链接上时那样
move	十字箭头光标。用于标示对象可被移动
help	带有问号标记的箭头。用于标示有帮助信息存在
text	用于标示可编辑的水平文本的光标。通常是大写字母 I 的形状
vertical-text	用于标示可编辑的垂直文本的光标。通常是大写字母 I 旋转 90°的形状
wait	用于标示程序忙用户需要等待的光标。通常是沙漏或手表的形状
e-resize	此光标指示矩形框的边缘可被向右移动
ne-resize	此光标指示矩形框的边缘可被向上及向右移动
nw-resize	此光标指示矩形框的边缘可被向上及向左移动
n-resize	此光标指示矩形框的边缘可被向上移动
se-resize	此光标指示矩形框的边缘可被向下及向右移动
sw-resize	此光标指示矩形框的边缘可被向下及向左移动
s-resize	此光标指示矩形框的边缘可被向下移动
w-resize	此光标指示矩形框的边缘可被向左移动
text	此光标指示文本

4）filter 设置对象所应用的滤镜或滤镜集合，要使用的滤镜效果。多个滤镜之间用空格隔开。此属性仅作用于有布局的对象，如块对象。如果内联要素要使用该属性，则必须先设定对象的 height 或 width 属性，或者设定 position 属性为 absolute，或者设定 display 属性为 block。常见的滤镜参数见表 1-38。

表 1-38　filter 参数

值	描　　述
Alpha	设置透明度
Blur	模糊效果
Chroma	把指定的颜色设置为透明
Dropshadw	创建对象的固定影子
FlipH	水平翻转
FlipV	垂直翻转
Glow	外发光
Gray	去色，使图片变为灰度图
Invert	反转，将图片的色彩、饱和度，以及亮度值完全翻转，出现底片的效果
Light	发光，在对象上创建光源
Mask	为一个对象建立透明膜
Shadow	阴影效果
Wave	波纹效果
Xray	只显示对象的轮廓

任务实施

在任务实施阶段，我们将以首页为例对网站进行美化。

1．首页美化——添加导航

导航栏是一个网站的大纲，可以引导浏览者快速到达所要访问的页面。在大多数的网站导航中都使用纵向列表来制作。这样做有两点好处。

① 列表式导航条代码简洁有序，且易于编排。

② 用文字做导航会更容易被搜索引擎搜索到，有利于网站排名。

接下来我们首先制作首页的导航栏，所有页面的样式都将定义在 style.css 文件中。

1）首先打开 index.html 文件，导入 style.css 文件，并把光标定位在 ID 为"nav"的 DIV 内，可以直接在设计窗口定位光标，但有时会出现定位不准的现象，推荐到代码窗口定位，如图 1-89 所示。

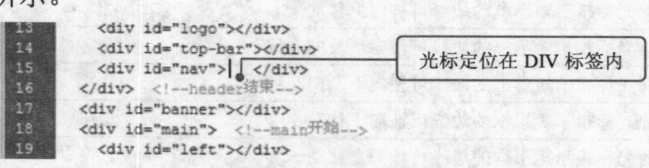

图 1-89　代码窗口定位光标

2）插入项目列表。把插入面板切换到"文本"项目，单击面板上的"ul"图标，即会自动插入项目列表。直接输入项目内容，每输入完一个菜单，单击"回车"输入下一个菜单，直到输入完成。效果如图 1-90 所示。

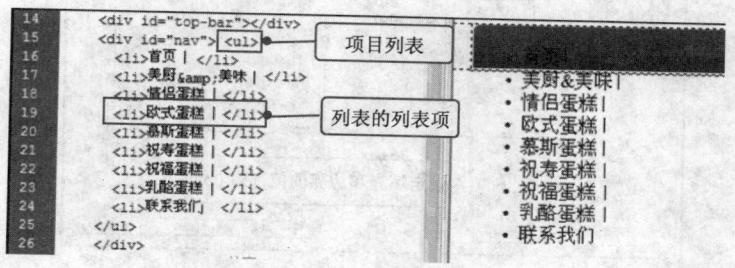

图 1-90　插入项目列表

3）清除项目列表默认样式。项目列表的默认样式有边距值，并且有黑色圆点的项目符号，我们利用 CSS 把它们去掉。利用 CSS 对"ul"标签进行设置，如图 1-91 所示。

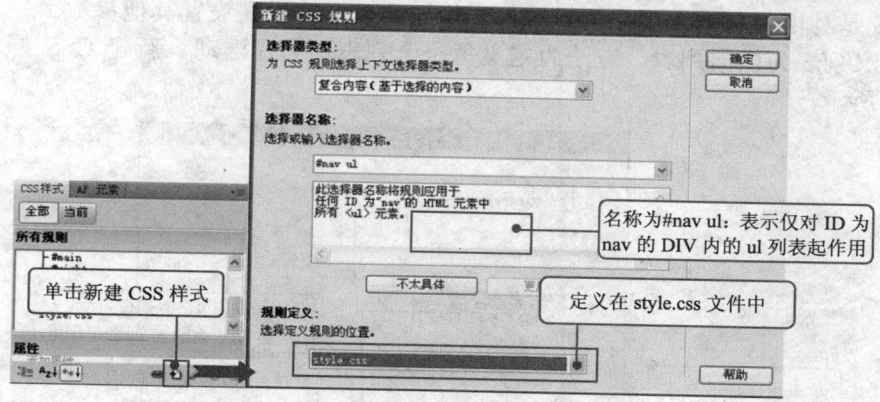

图 1-91　新建 CSS 样式

在打开的 CSS 规则定义对话框中，设置列表选项如图 1-92 所示。设置方框选项如图 1-93 所示。

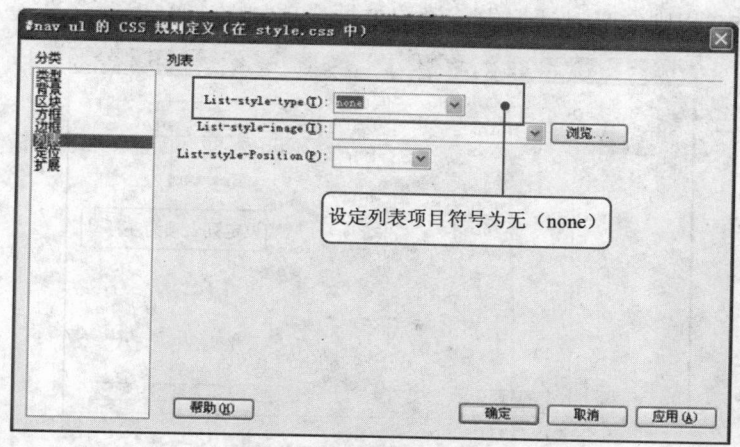

图 1-92　列表选项

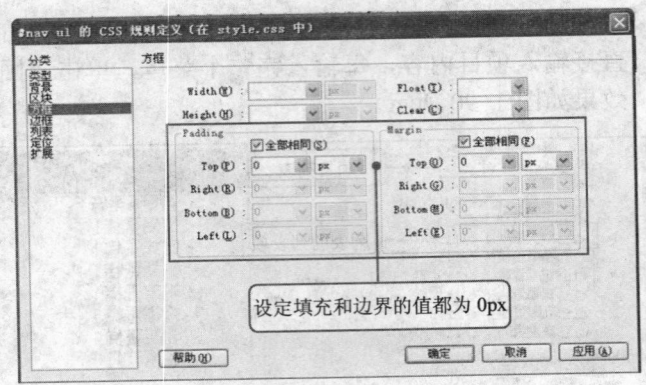

图 1-93　方框选项

生成如下 CSS 代码。

```
#nav ul {   margin: 0px;    padding: 0px;   list-style-type: none;   }
```

注：凡是利用项目列表制作的导航栏，均如此设置，不需设置其他参数。

4）定义列表为横向列表。方法为定义每一个列表项为左浮动。新建 CSS 样式规则，如图 1-94 所示。

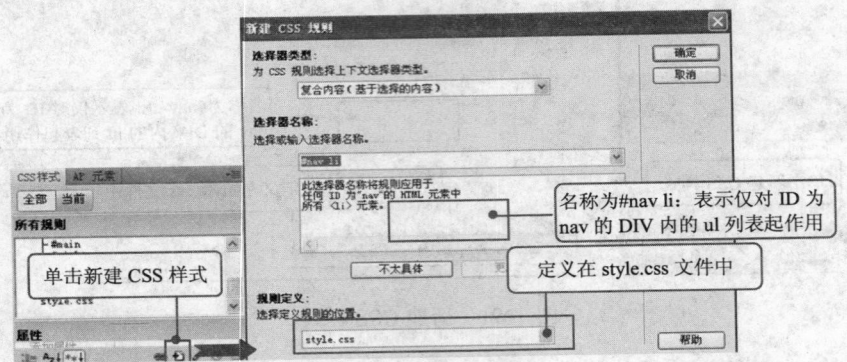

图 1-94　新建 CSS 样式

在打开的 CSS 规则定义对话框中，设置方框选项如图 1-95 所示。

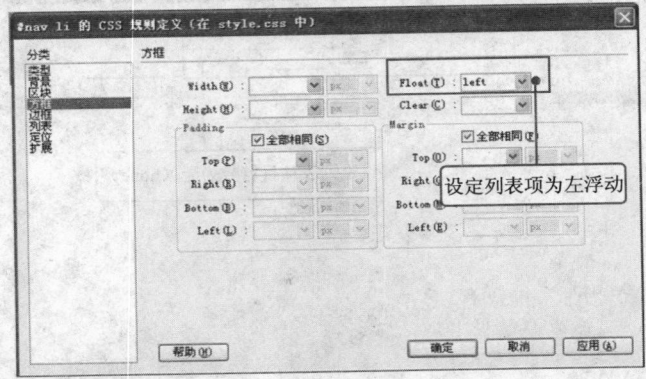

图 1-95　对 li 列表项的设置

生成如下 CSS 代码。

```
#nav li {      float: left; }
```

5）添加导航链接。每个导航都要能链接到相应的二级页面。选中链接文字，在下方属性栏中添加超级链接，如图 1-96 所示。

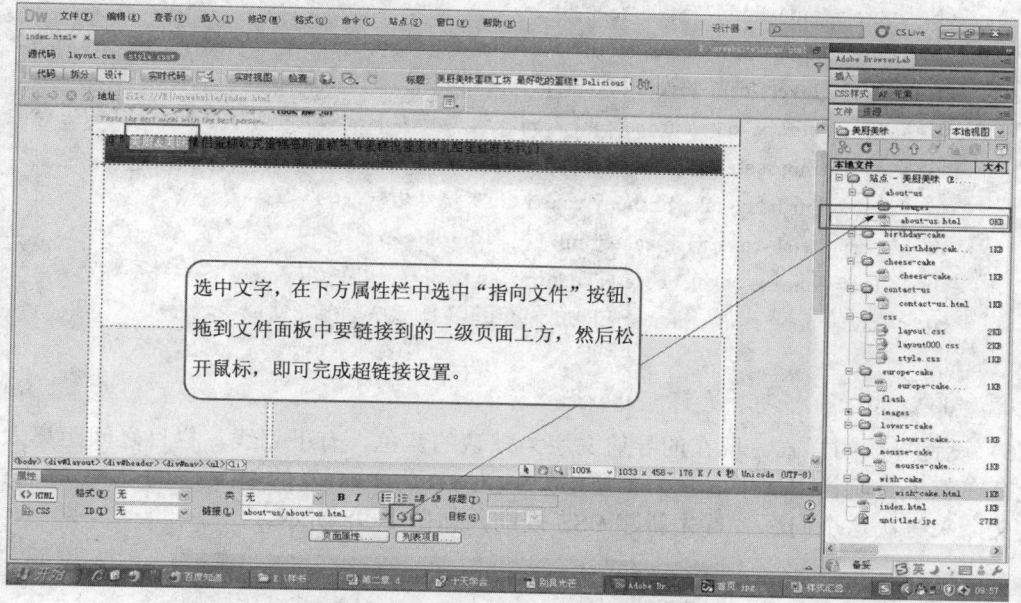

图 1-96　采用"指向文件"的方法设置超链接

也可以单击属性面板"链接"后面的文件夹图标，直接选择要链接的文件路径，如图 1-97 所示。

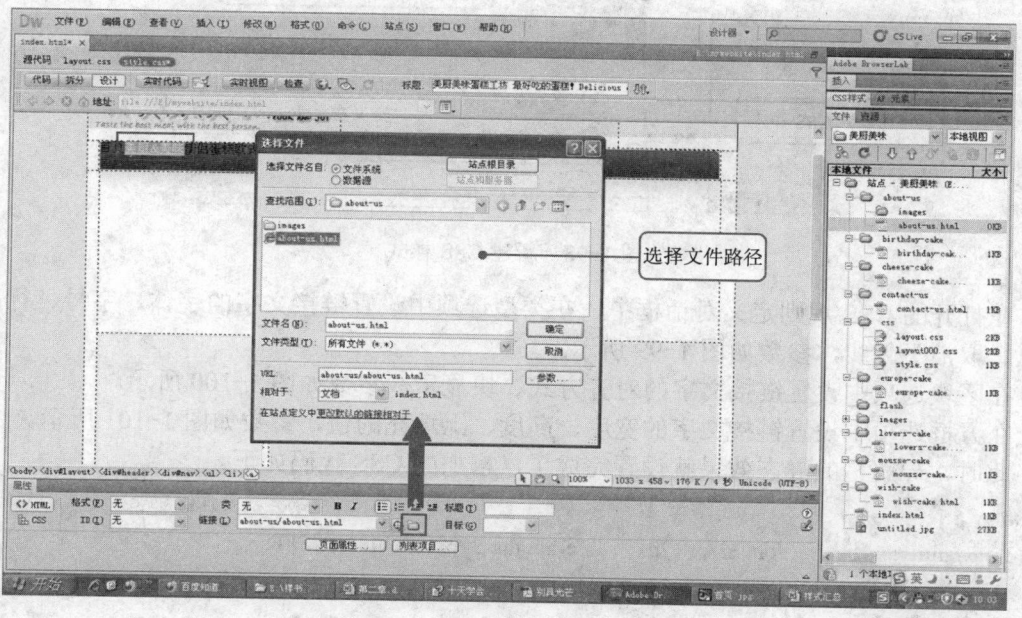

图 1-97　设置超链接

依照此法，所有导航菜单都添加超链接。

注：首页链接到自身，即链接到 index.html。

生成的 HTML 代码如下。

```
<div id="nav"> <ul>
    <li><a href="index.html">首页</a></li>
    <li><a href="about-us/about-us.html">美厨&amp;美味 |</a></li>
    <li><a href="lovers-cake/lovers-cake.html">情侣蛋糕 |</a></li>
    <li><a href="europe-cake/europe-cake.html">欧式蛋糕 |</a></li>
    <li><a href="mousse-cake/mousse-cake.html">慕斯蛋糕 |</a></li>
    <li><a href="birthday-cake/birthday-cake.html">祝寿蛋糕 |</a></li>
    <li><a href="wish-cake/wish-cake.html">祝福蛋糕 |</a></li>
    <li><a href="cheese-cake/cheese-cake.html">乳酪蛋糕 |</a></li>
    <li><a href="contact-us/contact-us.html">联系我们 |</a></li>
  </ul>
  </div>
```

6）设置导航的样式。现在的导航文字为默认的蓝色，有下划线，栏目之间距离太近，且没有在整个导航栏中居中，我们要通过 CSS 对 ID 为"nav"的 DIV 中的<a>标签进行样式定义，来解决这个问题。首先新建 CSS 规则，如图 1-98 所示。

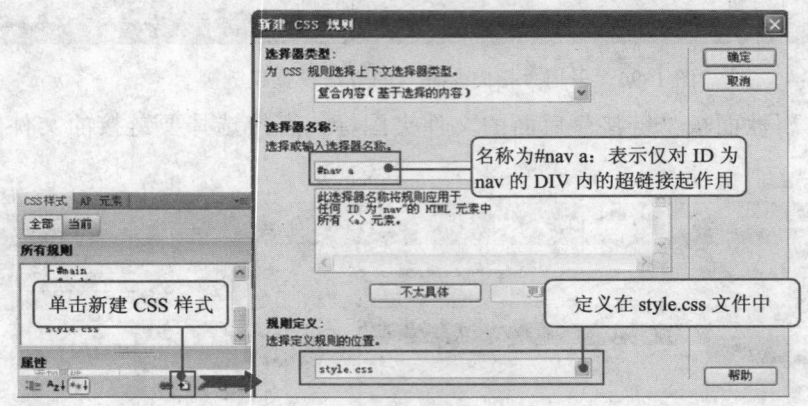

图 1-98　新建 CSS 样式

在打开的 CSS 规则定义对话框中，在类型选项中设置链接文字的字体、字号、行高、颜色、取消下划线，参数如图 1-99 所示。

在区块选项中设置链接文字的对齐方式、块显示，参数如图 1-100 所示。

在方框选项中设置链接文字的宽度、高度、上填充的值，参数如图 1-101 所示。

此时，导航栏的静态效果就设置完成了，增加的 CSS 代码如下。

```
#nav a {
font-family: "黑体";   font-size: 12px;   line-height: 39px;      color: #FFF;
text-decoration: none; height: 39px;    width: 80px;
display: block;   text-align: center;    }
```

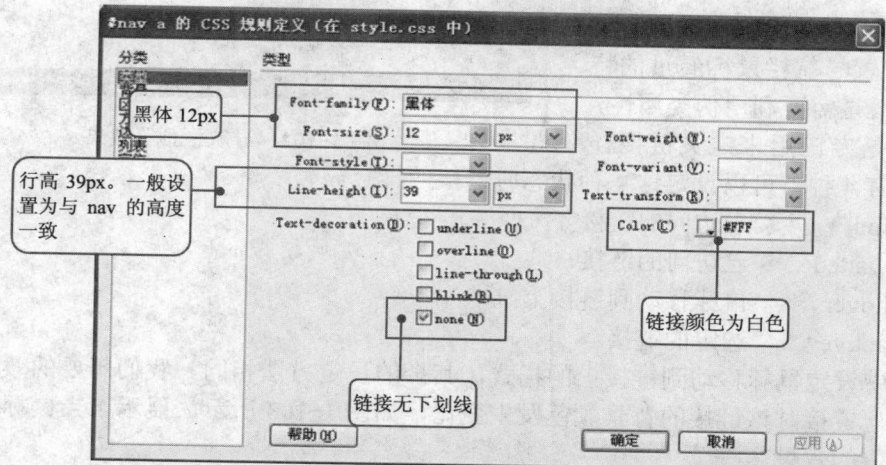

图 1-99 类型选项参数设置

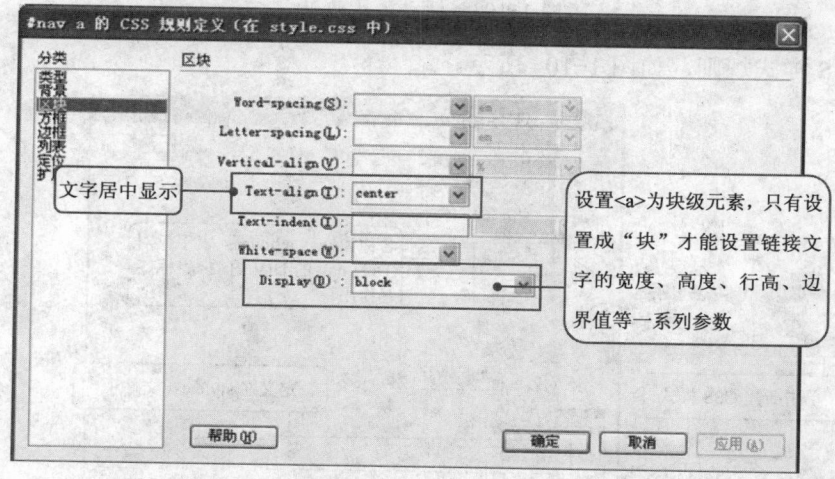

图 1-100 区块选项参数设置

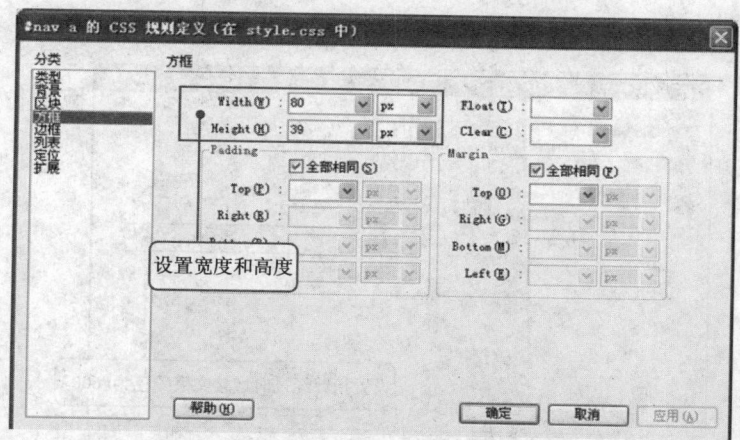

图 1-101 方框选项参数设置

预览的效果如图 1-102 所示。

7）设置导航栏鼠标经过的特效。指针经过需要利用伪类属性，伪类属性是专门用来定义链接样式的，共有 4 种，可以设定这 4 种状态时链接的样式。

图 1-102　导航栏预览效果

① a:link　　　　未访问的链接

② a:visited　　　已访问的链接

③ a:hover　　　　鼠标移动到链接上

④ a:active　　　　选定的链接

本例中设定鼠标移动到链接上的样式，其余的设定方法相同。我们想要的效果是当鼠标经过某一链接时该链接的背景颜色发生变化，如图 1-103 所示，展示了当鼠标指针经过首页时发生的效果。

图 1-103　活动链接效果

新建 CSS 样式规则，如图 1-104 所示。

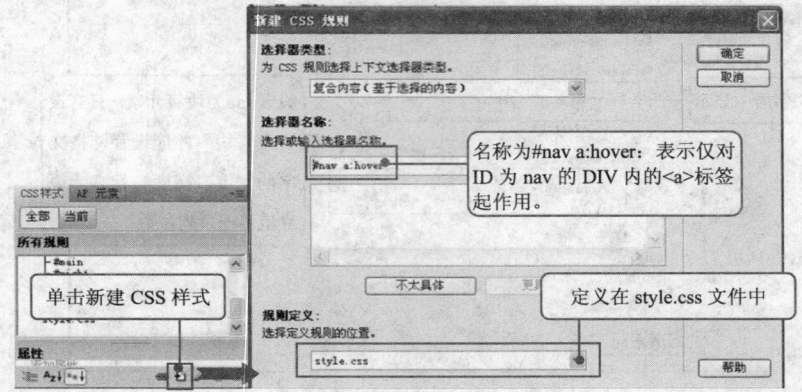

图 1-104　新建 CSS 样式

在类型选项中设置指针经过链接时文字的颜色，参数如图 1-105 所示。

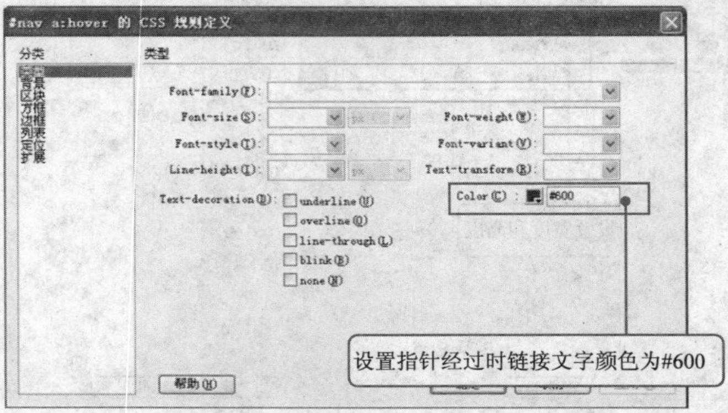

图 1-105　类型选项

在背景选项中设置指针经过链接时该链接的背景图片，参数如图 1-106 所示。

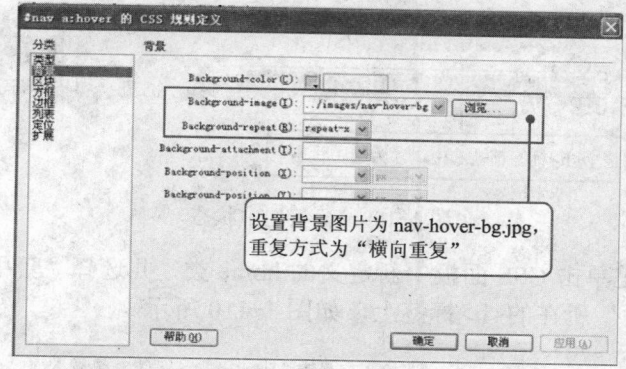

图 1-106　背景选项

8）修改首页的指针经过时的链接样式。在预览时可以发现，"首页"链接添加指针经过样式后，没有了圆角的效果，为了解决这个缺陷，我们为"首页"单独定义一个样式。
① 新建 CSS 样式规则，如图 1-107 所示。

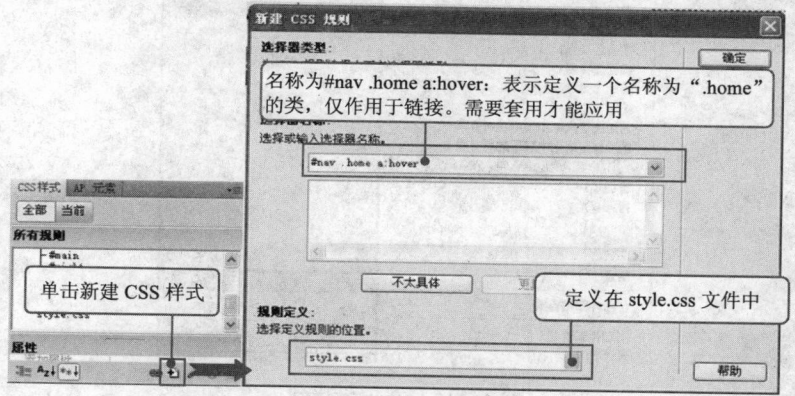

图 1-107　新建 CSS 样式

在打开的 CSS 规则定义面板中，背景选项做如图 1-108 所示的设置。

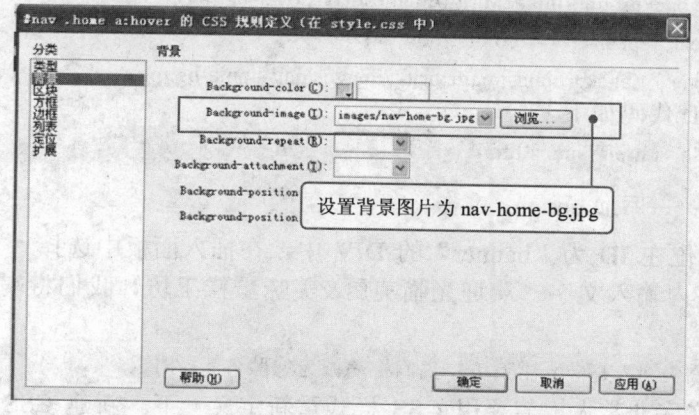

图 1-108　背景选项参数设置

② 返回界面后，选中"首页"链接所在的<li>标签，如图 1-109 所示。

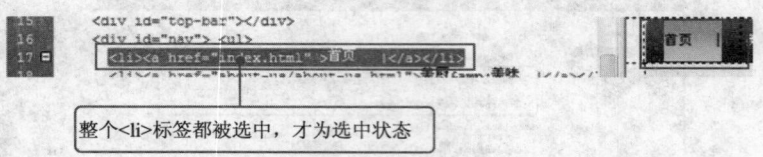

图 1-109　标签选中状态

③ 使用鼠标右键单击 CSS 面板中新定义的.home 类，并选择"套用"选项。定义的类即应用在链接"首页"所在的<li>标签上，如图 1-110 所示。

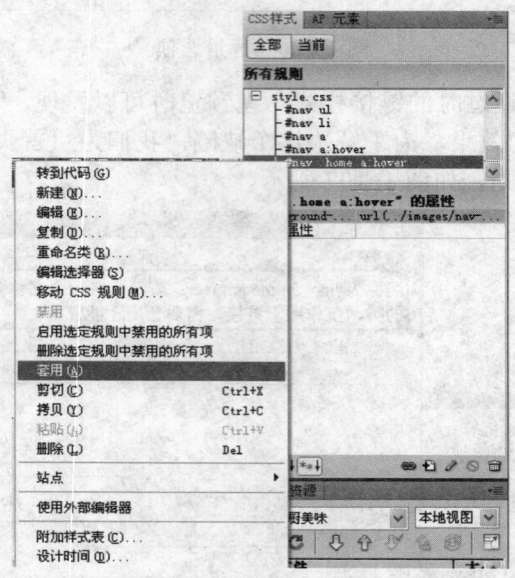

图 1-110　套用类样式

这一步骤生成的 CSS 代码如下。

```
#nav a:hover {    background-image: url(../images/nav-hover-bg.jpg);
background-repeat: repeat-x;    color: #600;   }
#nav .home a:hover{    background-image:url(../images/nav-home-bg.jpg);   }
```

生成的 HTML 代码如下。

```
<li class="home"><a href="index.html" >首页    |</a></li>
```

2．首页美化——添加 banner 广告

1）把光标定位在 ID 为"banner"的 DIV 中，在插入面板中选择"文本"→"h1"，在<h1></h1>标签内输入文字"欢迎光临美厨&美味蛋糕工坊！我们将竭诚为您服务！"。HTML 代码如下。

```
<h1>欢迎光临美厨&美味蛋糕工坊！我们将竭诚为您服务！</h1>
```

2）h1 标题文字非常大，需要用 CSS 样式重新定义一下。新建 CSS 样式规则，如图 1-111 所示。

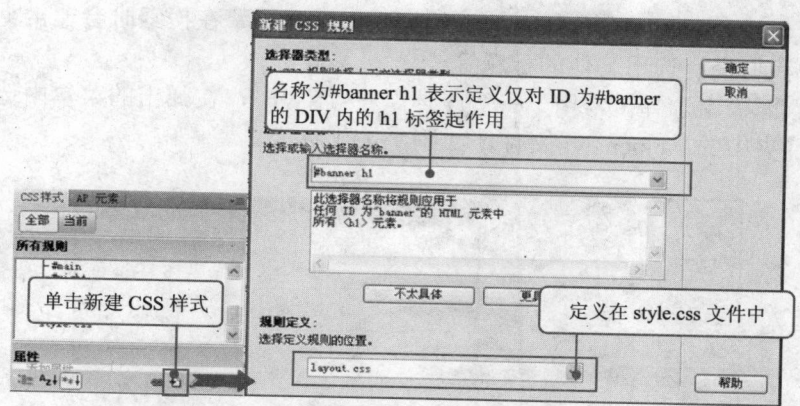

图 1-111　新建 CSS 样式规则

在打开的 CSS 规则定义面板中，类型选项做如图 1-112 所示的设置。

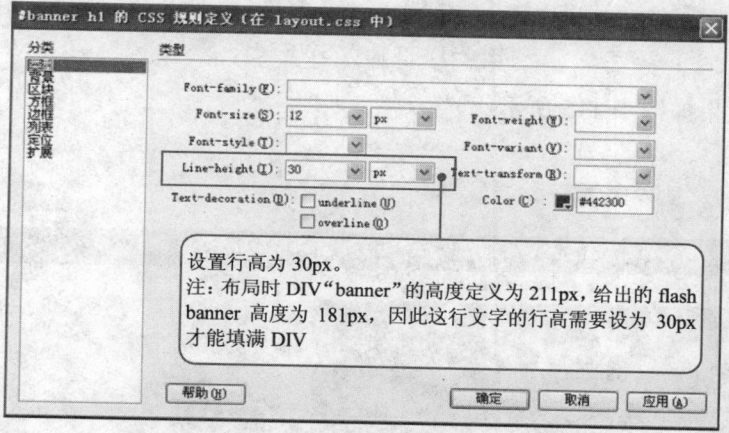

图 1-112　类型选项参数设置

在打开的 CSS 规则定义面板中，方框选项做如图 1-113 所示的设置。

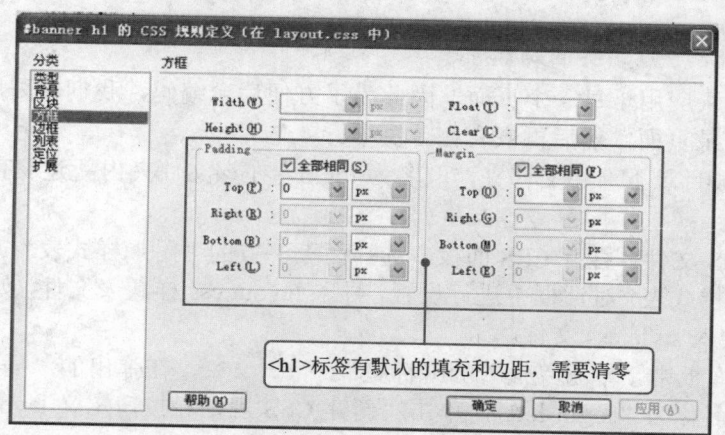

图 1-113　方框选项参数设置

注：由于 h1 标题是 HTML 默认的一级标题，搜索引擎在搜索时会非常重视这一级别的标题，因此我们没有选用其他的标题等级。

3）在插入面板中选择"常用"→"媒体"→"SWF"，在弹出的菜单中选择网站根目录下 flash 文件夹中的 banner.swf 文件，如图 1-114 所示。

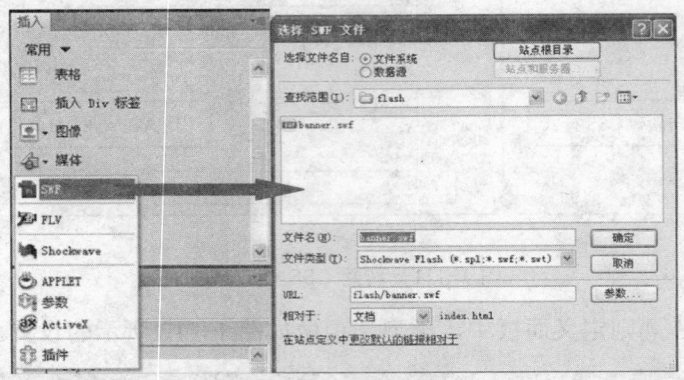

图 1-114　插入 SWF 文件

网页预览效果如图 1-115 所示。

图 1-115　网页插入 banner 后的预览效果

3. 首页美化——登录界面制作

由于登录模块应用于每一个页面，因此为了方便后台编码，我们将采用 ifram 结构制作。首先制作登录页面，然后再嵌套在首页中。

1）在网站根目录下新建文件夹，取名为 login，在该文件夹内新建 HTML 文件，取名为 login.html。

2）链接 CSS 文件。打开 CSS 面板，选择面板下方的"附加样式表" 📼 图标，并在弹出的"链接外部样式表"对话框中进行设置，导入 layout.css 样式表文件，如图 1-116 所示。用同样的方法导入 style.css 文件。

3）在插入面板中，单击"插入 Div 标签" 🔲 插入 Div 标签 ，在弹出的"插入 Div 标签"对话框中填写 ID 名称为"login-left"。单击"新建 CSS 规则"按钮定义 layout 的 CSS 样式，定义完成后，单击"确定"按钮，如图 1-117 所示。

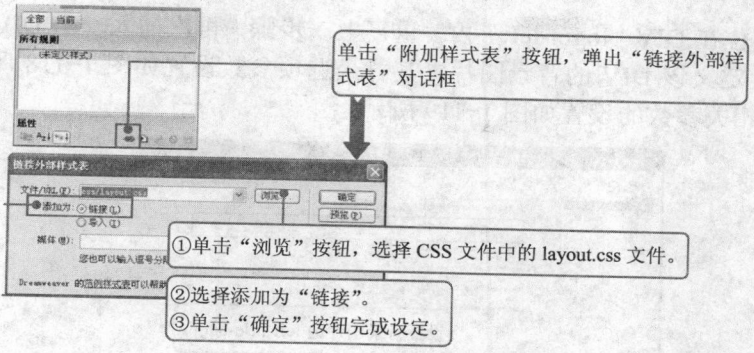

单击"附加样式表"按钮,弹出"链接外部样式表"对话框

①单击"浏览"按钮,选择 CSS 文件中的 layout.css 文件。

②选择添加为"链接"。

③单击"确定"按钮完成设定。

图 1-116　链接外部 CSS 样式文件

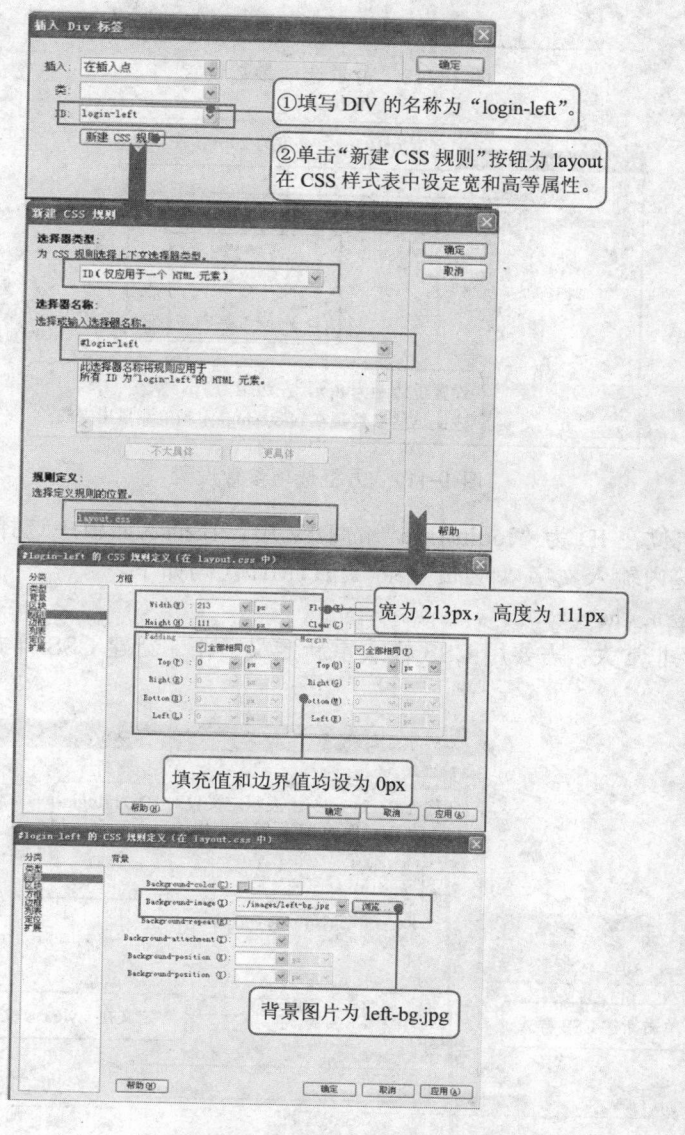

①填写 DIV 的名称为"login-left"。

②单击"新建 CSS 规则"按钮为 layout 在 CSS 样式表中设定宽和高等属性。

宽为 213px,高度为 111px

填充值和边界值均设为 0px

背景图片为 left-bg.jpg

图 1-117　设置 DIV "login-left"

4）把光标定位在 DIV "login-left" 内，重复上一步骤，再次插入一个 DIV，DIV 的 ID 为 "login-title"。定义该 DIV 的背景图片，其背景选项参数设置如图 1-118 所示。该 DIV 的宽度和高度等相关参数的设置如图 1-119 所示。

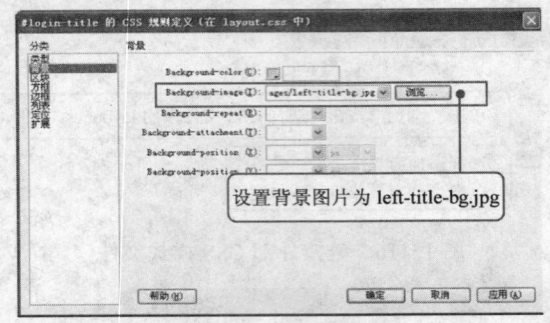

图 1-118　背景选项参数设置

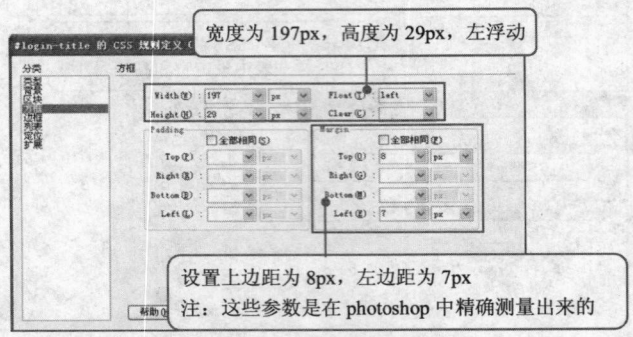

图 1-119　方框选项参数设置

5）把光标定位在 ID 为 "login-title" 的 DIV 中，在插入面板中选择 "文本" → "h1"，在<h1></h1>标签内输入文字 "|会员登录"。HTML 代码如下。

```
<h1>| 会员登录</h1>
```

h1 标题文字非常大，需要用 CSS 样式重新定义一下。新建 CSS 样式规则，如图 1-120 所示。

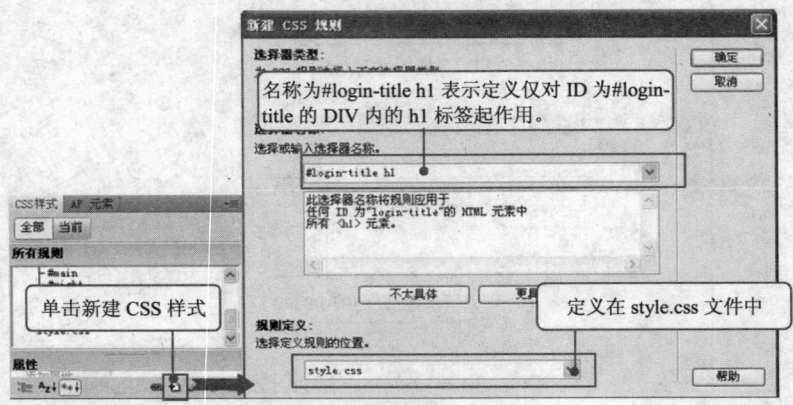

图 1-120　新建 CSS 样式

在打开的 CSS 规则定义面板中，类型选项做如图 1-121 所示的设置。

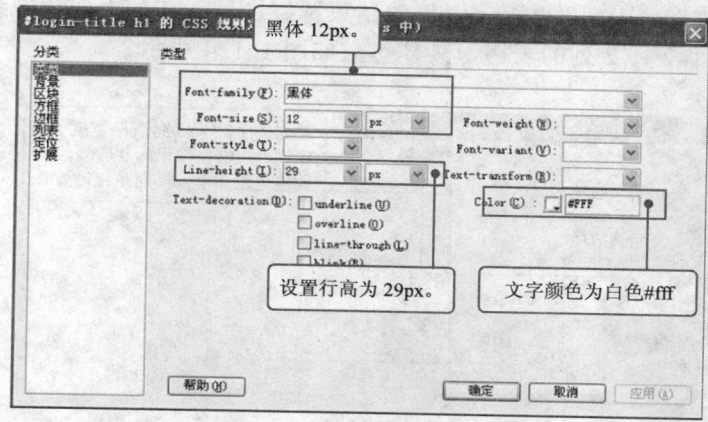

图 1-121　类型选项参数设置

在打开的 CSS 规则定义面板中，方框选项做如图 1-122 所示的设置。

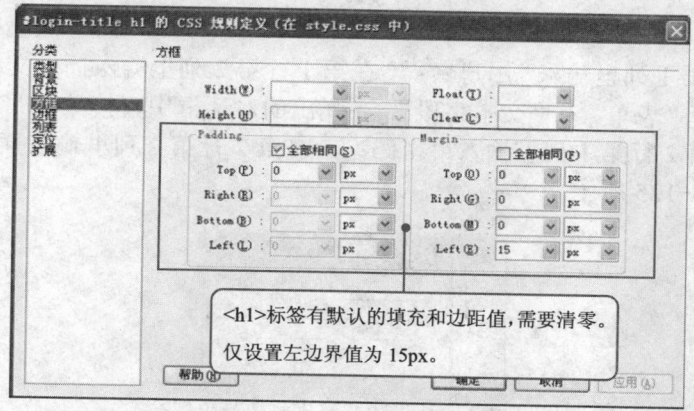

图 1-122　方框选项参数设置

注： 在 Dreamweaver 中添加空格有两种常用方法。

① 在中文输入法状态下，按快捷键<Shift>+ "空格" 切换到全角状态，就可以连续按出空格。

② 在插入面板中选择 "文本" → "字符" → "不换行空格"，也可以连续插入空格。

6）利用表格制作登录用户名和密码区域。一般在制作注册页面时都会利用表格来对齐各个项目，否则会容易出现错位的情况。图 1-123 所示为利用 ul 项目列表制作登录的用户名和密码区，在 Dreamweaver 编辑状态下能正常显示，但是在 IE 浏览器中预览就出现了错位的情况。

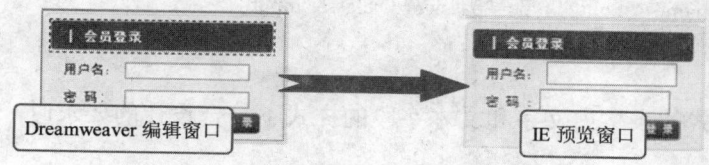

图 1-123　未用表格出现错位的效果

下面我们就利用表格对登录用户名和密码区域进行布局。

① 把光标定位在 DIV "login-title" 的结束标签之后。在插入面板中选择"布局"→"表格",插入一个 2 行 2 列的表格,具体参数如图 1-124 所示。

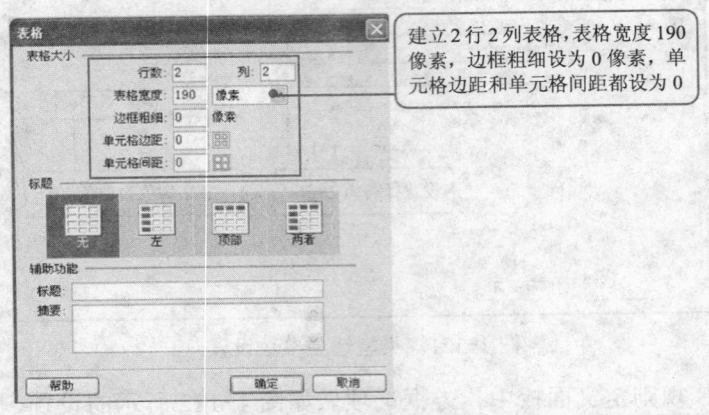

建立 2 行 2 列表格,表格宽度 190 像素,边框粗细设为 0 像素,单元格边距和单元格间距都设为 0

图 1-124　新建表格

② 在第 1 行第 1 列里输入"用户名:",在第 1 行第 2 列里输入插入文本字段。方法是:在插入面板中选择"表单"→"文本字段",在弹出的对话框中直接单击"确定"按钮即可。用同样的方法在第 2 行第 1 列里输入"密码:",在第 2 行第 2 列里输入插入文本字段。插入后的效果如图 1-125 所示。

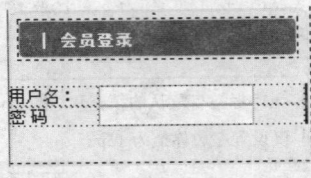

图 1-125　插入表格后的效果

生成的 HTML 代码如下。

```
<table width="209" border="0" cellspacing="0" cellpadding="0"> <!--布局表格开始-->
<tr> <!--行标签-->
    <td>用户名: </td> <!--列标签-->
    <td><input name="input" type="text" class="input" /></td>
</tr>
<tr>
    <td>密　码: </td>
    <td><input name="input2" type="password" class="input" /></td>
</tr>
</table>
```

③ 当默认样式的表格内文字和文本字段的样式不符合设计的要求时,我们用 CSS 来重新定义样式。

首先定义表格内文字的样式。如图 1-126 所示,新建 CSS 样式。

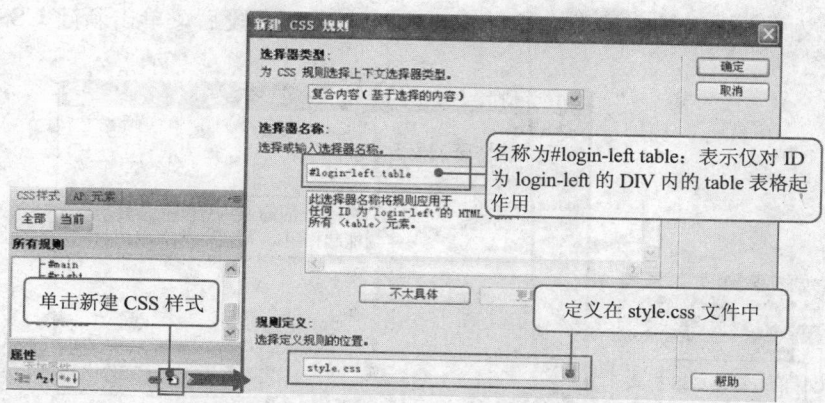

图 1-126　新建 CSS 样式

在打开的 CSS 规则定义对话框中，设置类型选项如图 1-127 所示，设置方框选项如图 1-128 所示。

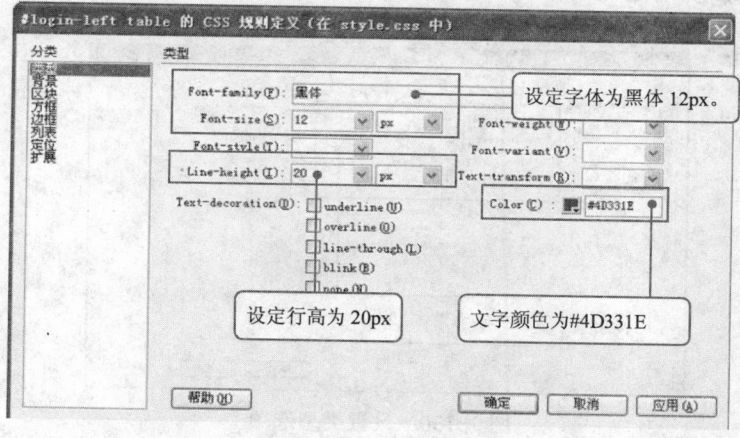

图 1-127　类型选项

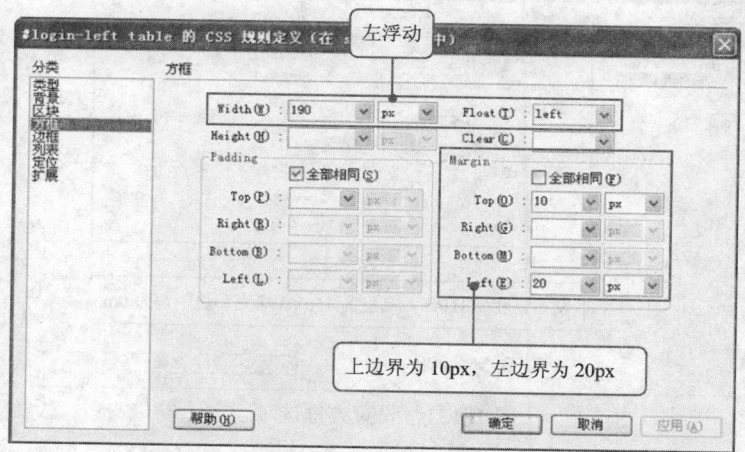

图 1-128　方框选项

其次，定义文本字段的样式。在设计窗口中选中文本字段后，单击新建 CSS 样式，如图 1-129 所示。

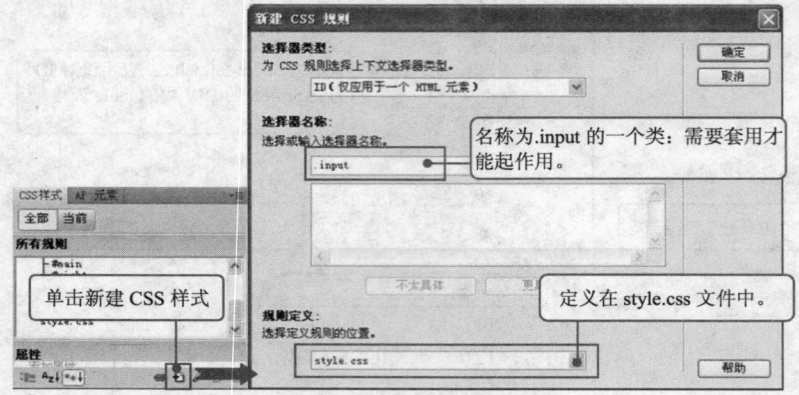

图 1-129　新建 CSS 样式

在打开的 CSS 规则定义对话框中，设置类型选项如图 1-130 所示，设置方框选项如图 1-131 所示。

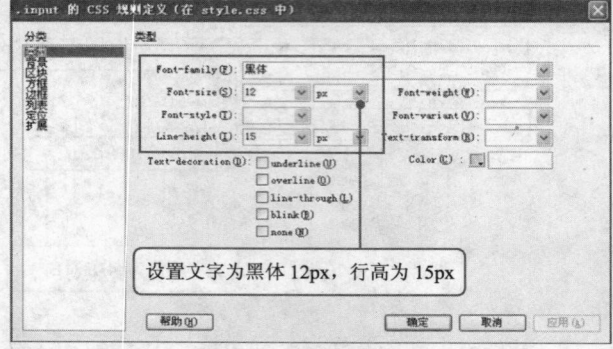

图 1-130　设置类型选项

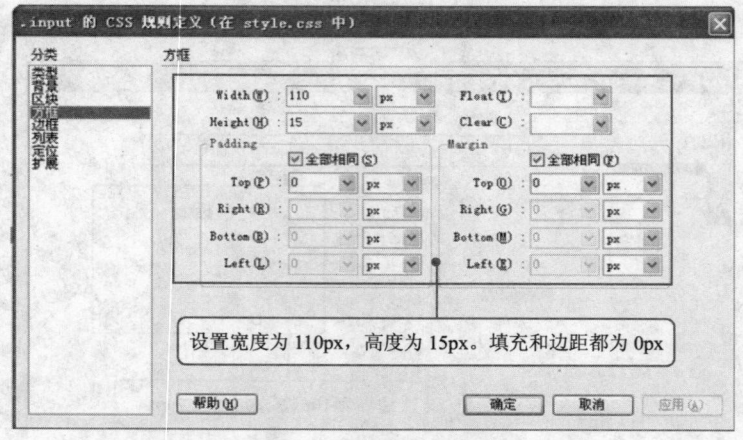

图 1-131　设置方框选项

设置边框选项如图 1-132 所示。

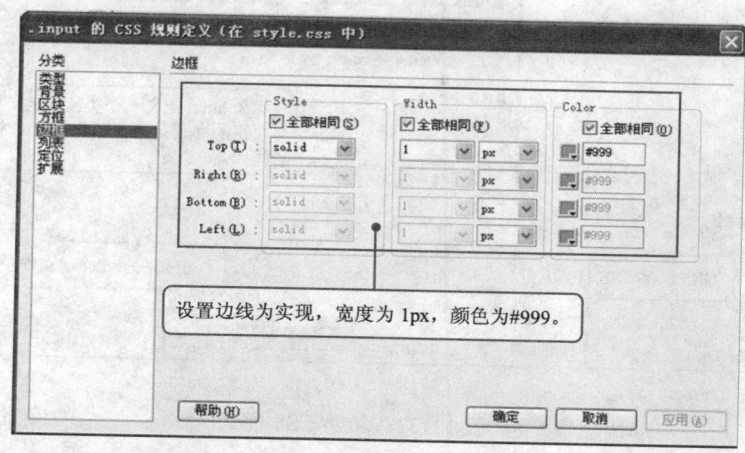

图 1-132   设置边框选项

生成的 CSS 代码如下：

```
.input    {
  height: 15px;
  width: 110px;
  font-family: "黑体";
  font-size: 12px;
  line-height: 15px;
  margin: 0px;
  padding: 0px;
  border: 1px solid #999;
}
```

分别选中两个文本框，在 CSS 样式面板中找到.imput 样式，使用鼠标右键单击并选择"套用"应用样式。生成的 HTML 代码如下。

```
<input name="input" type="text" class="input" />
<input name="input2" type="text" class="input" />
```

套用成功后，代码增加类的名称

7）添加提交按钮。在 DIV "login-left" 内，<table>结束标签之后，插入"提交按钮"。方法是在面板中选择"表单"→"按钮"，插入一个按钮。为这个按钮重新定义 CSS 样式。这里设定一个单独针对按钮样式的类，如图 1-133 所示。

在打开的 CSS 规则定义对话框中，设置方框选项如图 1-134 所示。

选中提交按钮，在 CSS 样式面板中找到 ".btn" 样式，使用鼠标右键单击并选择"套用"应用样式。生成的 HTML 代码如下。

```
<input name="btn" type="submit" class="btn" id="btn" value="" />
```

至此，登录页面 login.html 就制作完成了。效果如图 1-135 所示。

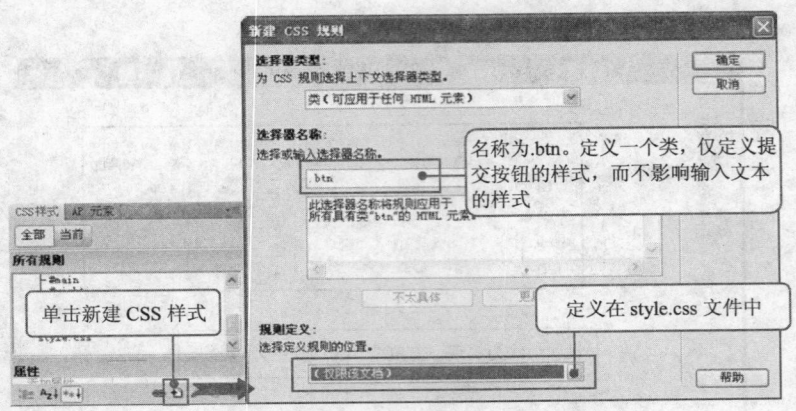

图 1-133　新建 CSS 样式

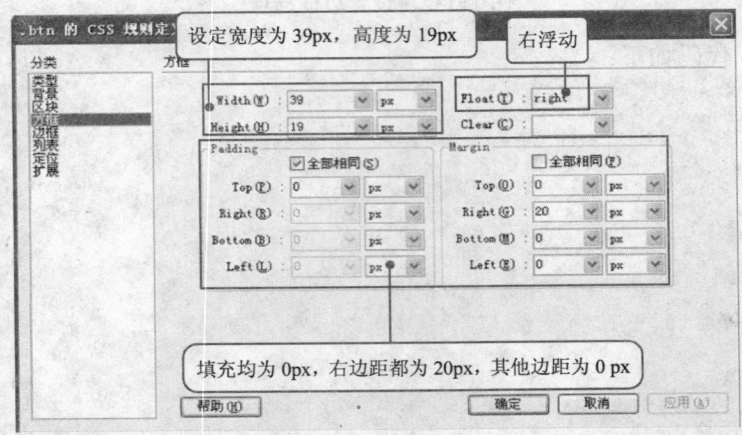

图 1-134　设置方框选项

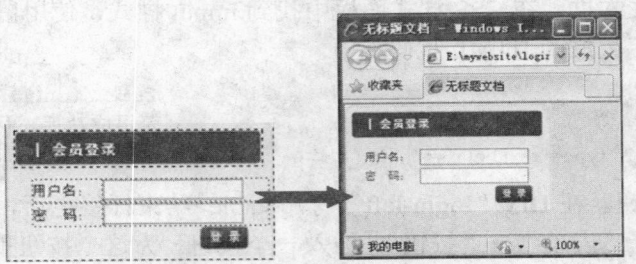

图 1-135　login.html 页面效果

定义 CSS 样式生成的 CSS 代码如下。

```
.btn   {
background-image: url(../images/login-btn.jpg);
float: right;
```

```
        height: 19px;
        width: 39px;
        margin-right: 20px;
        padding: 0px;
        margin-top: 0px;
        margin-bottom: 0px;
        margin-left: 0px;
        border-style: none;
        display: inline;
    }
```

注：在测试过程中，发现在某些浏览器中预览时会出现样式不能显示的现象，如图 1-136 所示。

图 1-136　按钮 CSS 样式加载失败

解决的办法是在".btn"中定义背景颜色为透明，代码如下。

```
background-color:transparent;
```

这段代码需要在代码窗口直接编辑，不能再在 CSS 规则定义中进行添加，因为 CSS 规则定义窗口只提供常用属性的添加。

8）在主页中插入 login.html 页面。

① 打开 index.html。在 DIV"left"的开始标签之后，插入一个 DIV，ID 为"login-iframe"，并设置这个 DIV 为左浮动。这是为了插入 iframe 做准备。生成的 HTML 代码如下。

```
<div id="login-iframe"> </div>
```

生成的 CSS 代码如下。

```
#login-iframe {
    float: left;
    }
```

② 在 DIV "login-iframe" 中插入一个 iframe。方法如下：在插入面板中选择"布局"→"iframe"。转到代码视窗，可以看到在 DIV "left"中插入了一对"<iframe> </iframe>"标签。在 HTML 代码中对标签做如下修改。

```
<iframe  align="left"  height="114px"  width="213px"  src="login/login.html"  frameborder="0px">
</iframe> <!--设置 iframe 左对齐，高度 114px，宽度 213px，链接的网页路径为"login/login.html"，框架的
边框宽度为 0px-->
```

在编辑窗口中出现了一块灰色的区域，预览时就能显示链接的网页内容了，如图 1-137 所示。

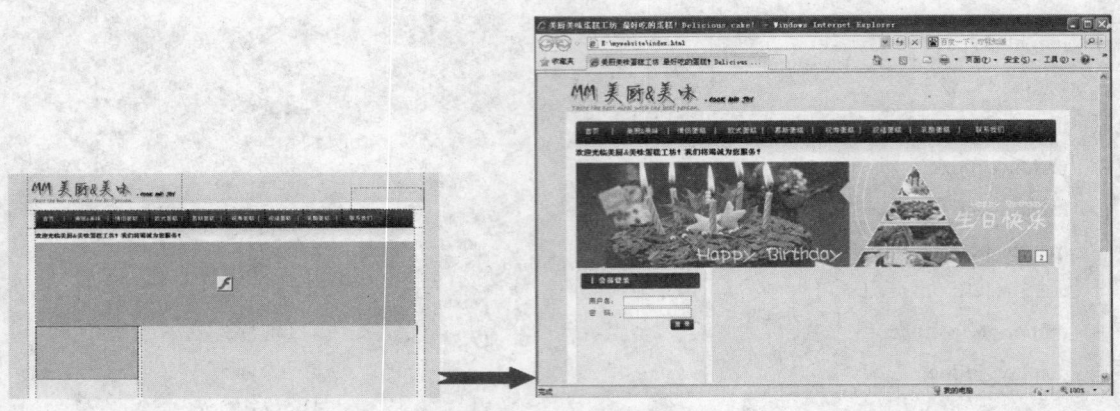

图 1-137　iframe 显示效果

注：iframe 介绍

iframe 标记，又叫浮动帧标记，它能实现将一个 HTML 文档嵌入在另一个 HTML 中显示。这样做的好处如下。

1）可以多次在一个页面内显示同一内容，而不必重复写内容。

2）可以在不同的页面中嵌入同一个内容，如广告、导航、登录等界面，当修改的时候仅修改一个页面即可。

3）浏览者在浏览网页时，对 iframe 中嵌入的内容无论加载到几个页面，都只需下载一次。否则如果不适用 iframe 而是直接把内容分别做在每一个 HTML 页的话会需要多次重复加载，增加浏览者的负担。

iframe 标记的使用格式如下。

<iframe　属性="值"属性="值"……></iframe>

具体的属性见表 1-39。

表 1-39　iframe 属性

属　　性	值	描　　述
align	<ul><li>left</li><li>right</li><li>top</li><li>middle</li><li>bottom</li></ul>	规定如何根据周围的元素来对齐此框架 不建议使用。请使用样式代替
frameborder	<ul><li>1</li><li>0</li></ul>	规定是否显示框架周围的边框
height	<ul><li>pixels</li><li>%</li></ul>	规定 iframe 的高度
marginheight	pixels	定义 iframe 的顶部和底部的边距
marginwidth	pixels	定义 iframe 的左侧和右侧的边距
name	frame_name	规定 iframe 的名称
scrolling	<ul><li>yes</li><li>no</li><li>auto</li></ul>	规定是否在 iframe 中显示滚动条
src	URL	规定在 iframe 中显示的文档的 URL
width	<ul><li>pixels</li><li>%</li></ul>	定义 iframe 的宽度

4. 首页美化——产品类别栏目制作

产品类别栏目位于登录模块的下方,我们直接在 DIV"left"内,放置登录模块的 iframe 结束标签下方开始制作。

1)在放置登录模块的 iframe 结束标签的下方插入一个 DIV,DIV 的 ID 为"p-class"。并在 CSS 中定义该 DIV 的背景图片如图 1-138 所示,设置其宽度和高度等相关参数如图 1-139 所示。

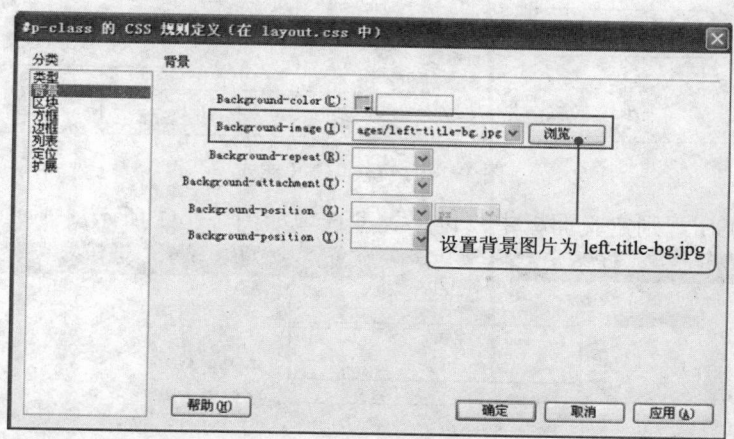

图 1-138　背景选项参数设置

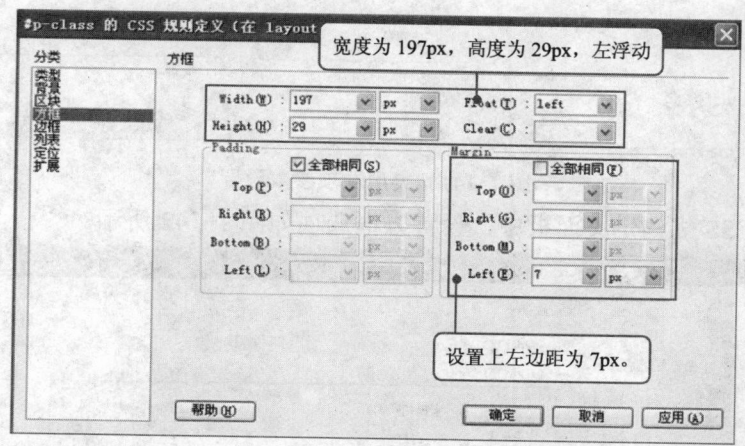

图 1-139　方框选项参数设置

2)把光标定位在 ID 为"p-class"的 DIV 中,在插入面板中选择"文本"→"h1",在<h1></h1>标签内输入文字"|产品类别"。HTML 代码如下。

```
<h1>| 产品类别</h1>
```

h1 标题文字非常大,需要用 CSS 样式重新定义一下。新建 CSS 样式规则,如图 1-140 所示。

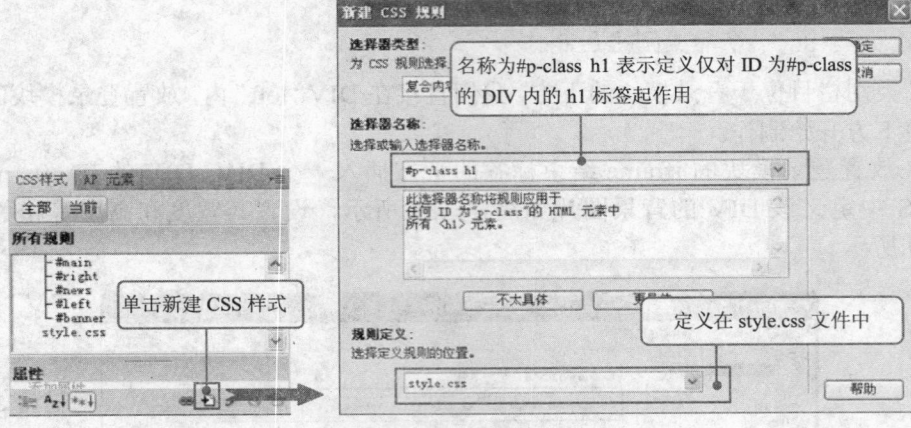

图 1-140　新建 CSS 样式

在打开的 CSS 规则定义面板中，设置类型选项如图 1-141 所示。

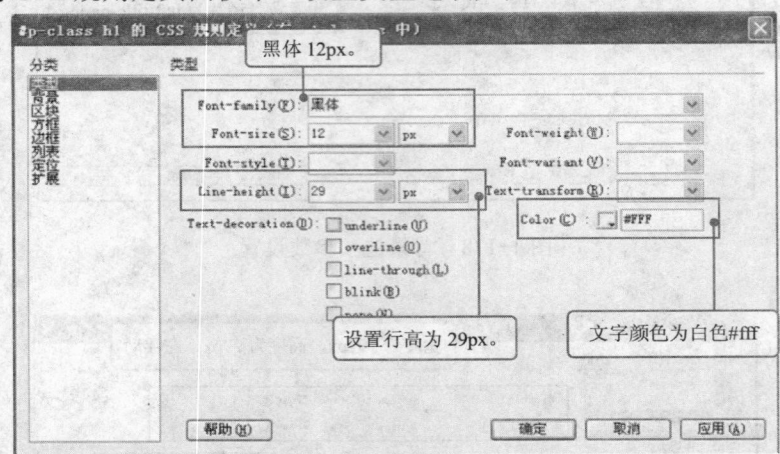

图 1-141　类型选项参数设置

在打开的 CSS 规则定义面板中，设置方框选项如图 1-142 所示。

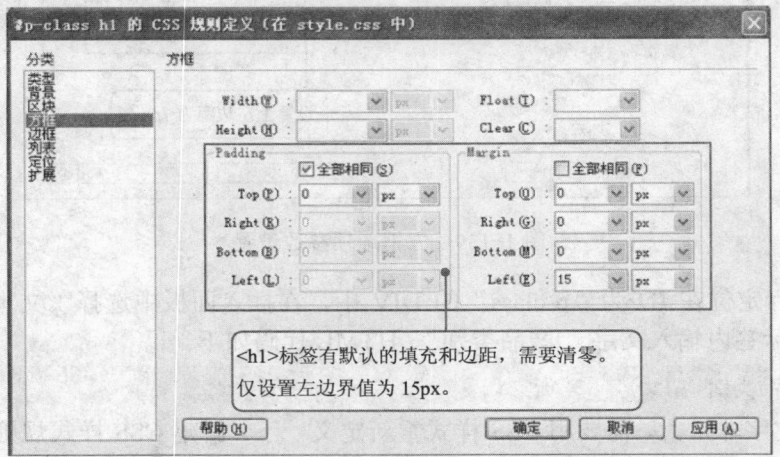

图 1-142　方框选项参数设置

产品类别标题效果如图 1-143 所示。

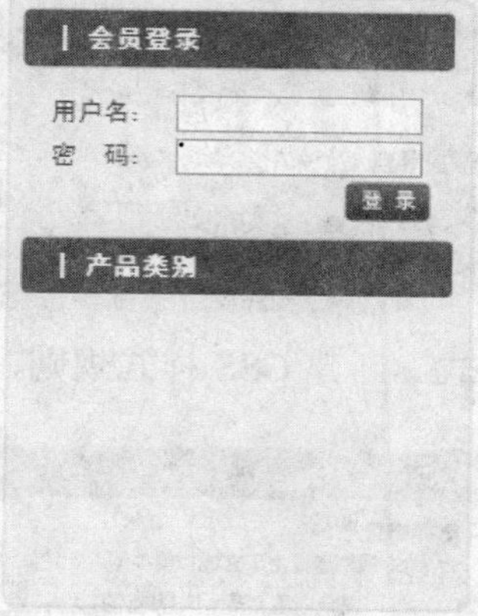

图 1-143　产品类别标题效果

生成的 CSS 代码如下。

```
#p-class {
background-image: url(../images/left-title-bg.jpg);
float: left;
height: 27px;
width: 197px;
margin-left: 7px;
}
```

3）在 ID 为 "p-class" 的 DIV 结束标签之后，插入一个 ul 列表，用来制作产品类别列表。这个产品类别列表的制作方法如下。

① 在插入面板中选择 "文本" → "ul 项目列表"，插入一个列表，并输入列表内容："情侣蛋糕"、"欧式蛋糕"、"慕斯蛋糕"、"祝寿蛋糕"、"祝福蛋糕"、"乳酪蛋糕"，生成的 HTML 代码如下。

```
<ul>
<li>情侣蛋糕</li>
<li>欧式蛋糕</li>
<li>慕斯蛋糕</li>
<li>祝寿蛋糕</li>
<li>祝福蛋糕</li>
<li>乳酪蛋糕</li>
</ul>
```

② 为每一个项目做链接，链接到相应的二级页面。生成如下 HTML 代码。

```
<ul>
<li><a href="lovers-cake/lovers-cake.html">情侣蛋糕</a></li>
```

```
<li><a href="europe-cake/europe-cake.html">欧式蛋糕</a></li>

<li><a href="mousse-cake/mousse-cake.html">慕斯蛋糕</a></li>

<li><a href="birthday-cake/birthday-cake.html">祝寿蛋糕</a></li>

<li><a href="wish-cake/wish-cake.html">祝福蛋糕</a></li>

<li><a href="cheese-cake/cheese-cake.html">乳酪蛋糕</a></li>

</ul>
```

③ 利用 CSS 样式重设 ul 样式。新建 CSS 样式规则，如图 1-144 所示。

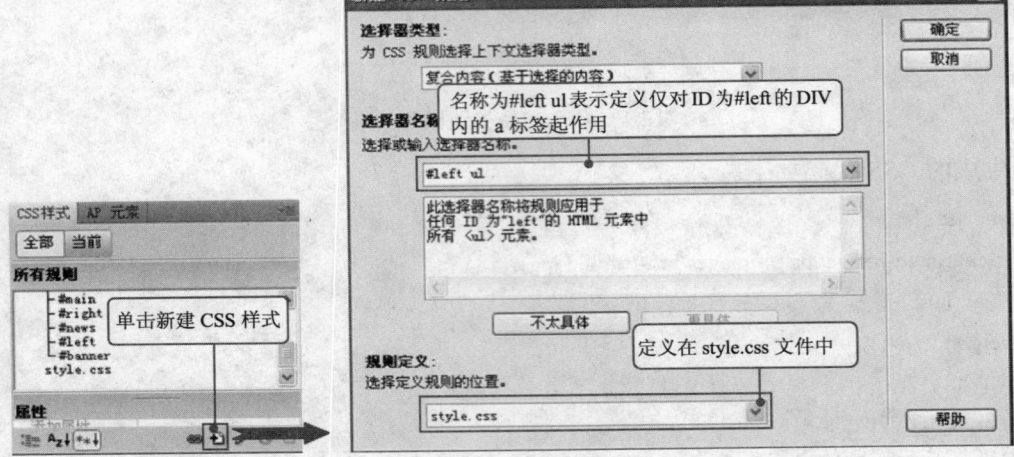

图 1-144　新建 CSS 样式

在打开的 CSS 规则定义面板中，设置区块选项如图 1-145 所示。

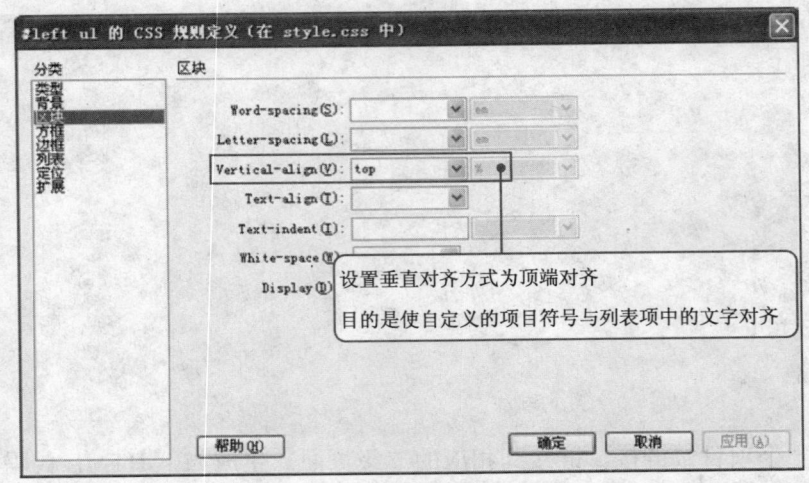

图 1-145　区块选项参数设置

在打开的 CSS 规则定义面板中，设置方框选项如图 1-146 所示。

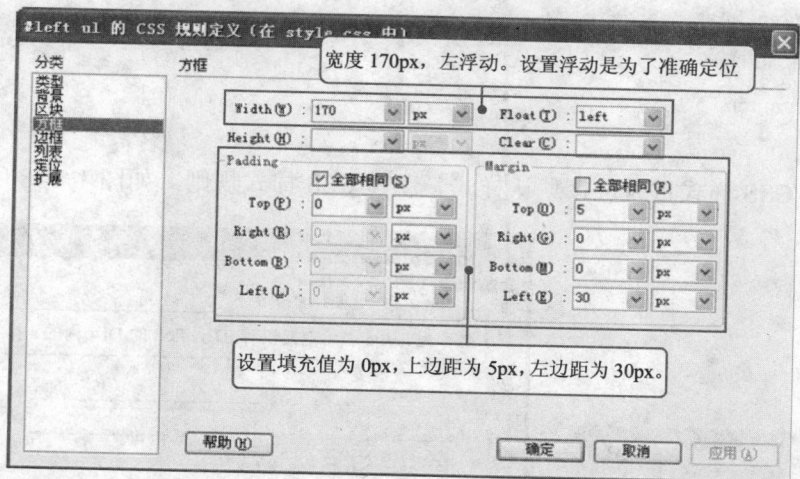

图 1-146　方框选项参数设置

在打开的 CSS 规则定义面板中，设置列表选项如图 1-147 所示。

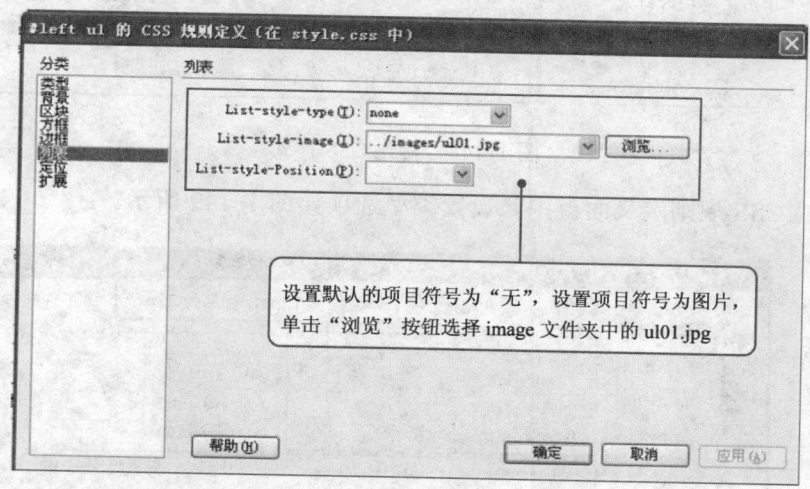

图 1-147　列表选项参数设置

生成的 CSS 代码如下。

```
#left ul {
padding: 0px;
list-style-type: none;
list-style-image: url(../images/ul01.jpg);
float: left;
width: 170px;
margin-top: 5px;
margin-right: 0px;
```

```
margin-bottom: 0px;
margin-left: 30px;
vertical-align: top;
}
```

④ 利用 CSS 样式重设链接默认样式。新建 CSS 样式规则，如图 1-148 所示。

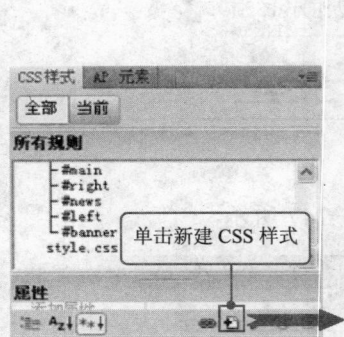
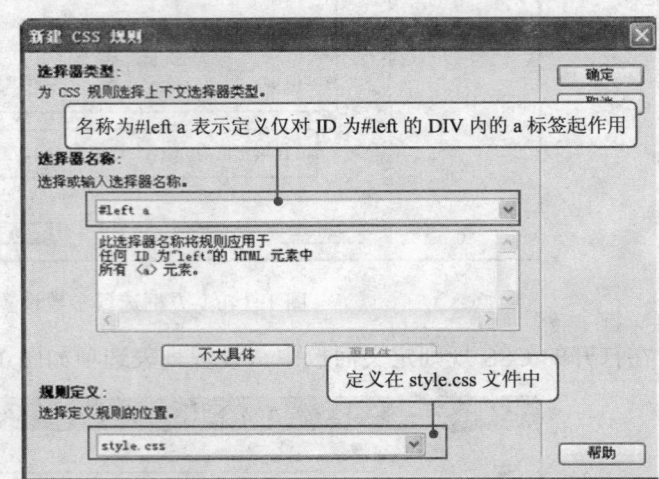

图 1-148　新建 CSS 样式

在打开的 CSS 规则定义面板中，设置类型选项如图 1-149 所示。

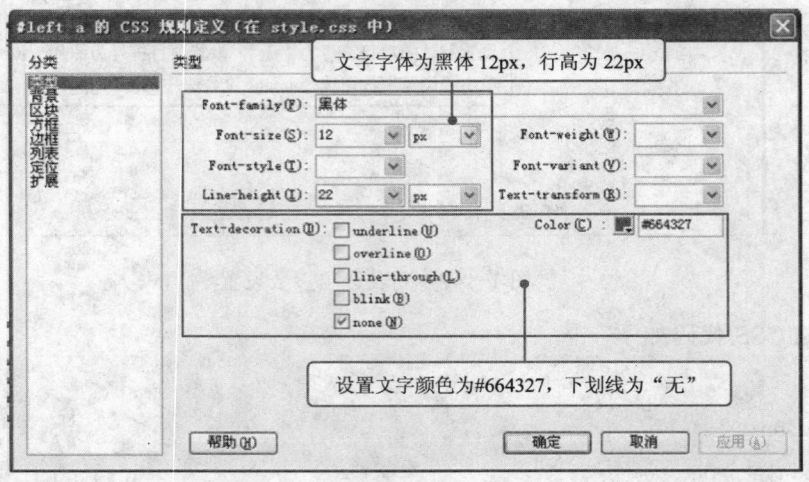

图 1-149　类型选项参数设置

生成的 CSS 代码如下。

```
#left a {
font-family: "黑体";
```

```
font-size: 12px;

color: #664327;

line-height: 22px;

text-decoration: none;

}
```

⑤ 利用 CSS 样式重设链接指针经过样式。新建 CSS 样式规则，如图 1-150 所示。

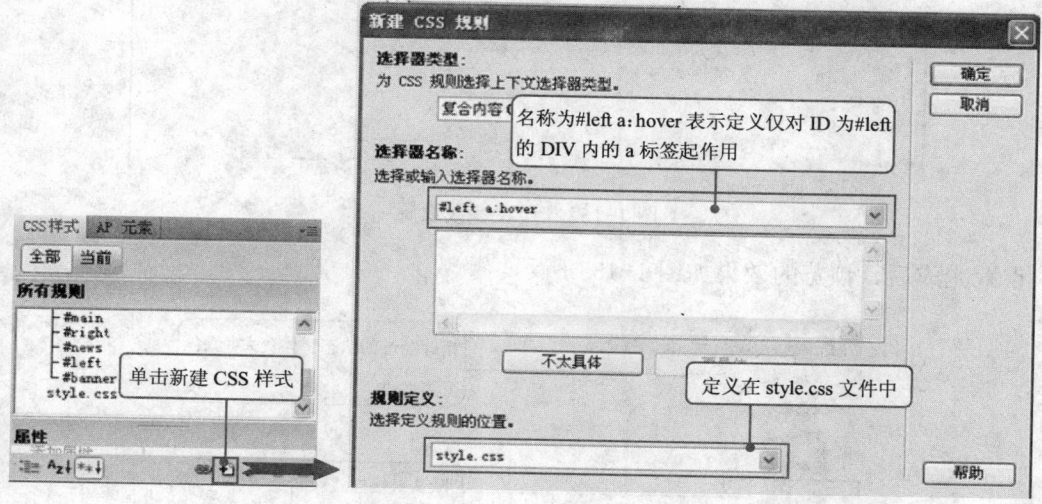

图 1-150　新建 CSS 样式

在打开的 CSS 规则定义面板中，类型选项做如图 1-151 所示的设置。

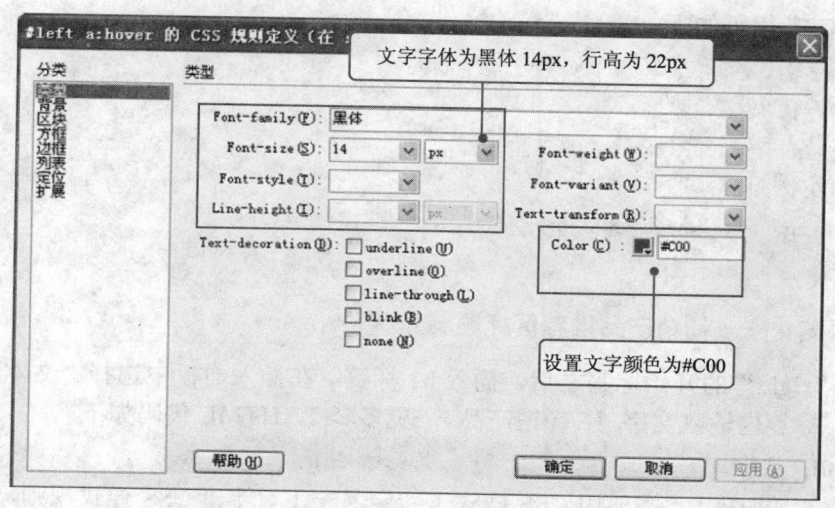

图 1-151　类型选项参数设置

在打开的 CSS 规则定义面板中，列表选项做如图 1-152 所示的设置。

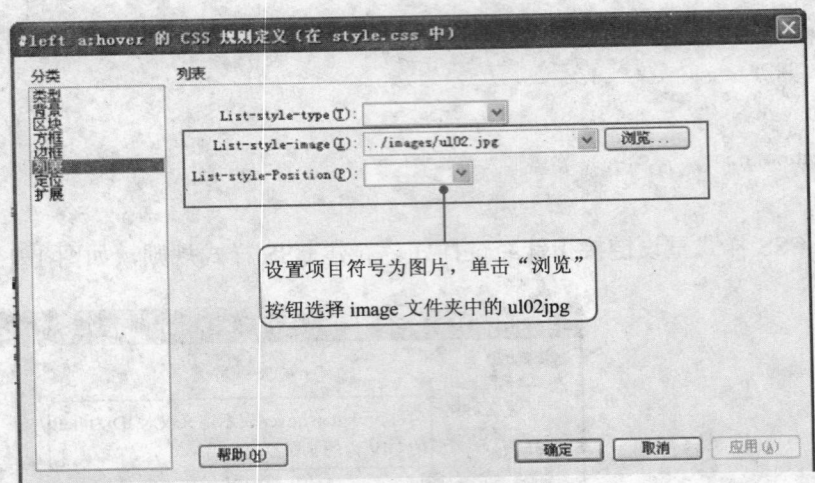

图 1-152　列表参数设置

设置完成后，预览的效果如图 1-153 所示。

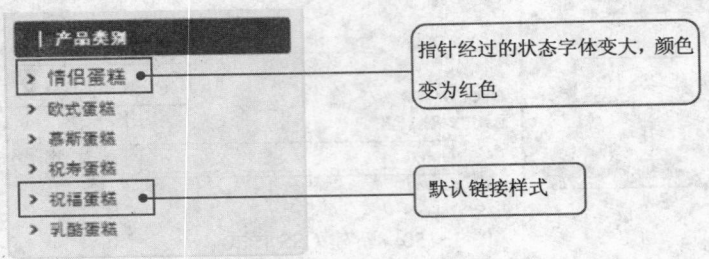

图 1-153　产品列表预览效果

生成的 CSS 代码如下。

```
#left a:hover {
font-family: "黑体";
font-size: 14px;
color: #C00;
list-style-image: url(../images/ul02.jpg);
}
```

5. 首页美化——畅销产品推荐区标题制作

在 DIV "right" 的开始标签之后，插入 h1 标签。在插入面板中选择"文本"→"h1"，在<h1></h1>标签内输入文字"| 畅销产品　更多>>"。HTML 代码如下。

<h1>| 畅销产品	更多>> </h1>

h1 标题文字非常大，需要用 CSS 样式重新定义一下。新建 CSS 样式规则，如图 1-154 所示。

在打开的 CSS 规则定义面板中，类型选项做如图 1-155 所示的参数设置。

在打开的 CSS 规则定义面板中，方框选项做如图 1-156 所示的参数设置。

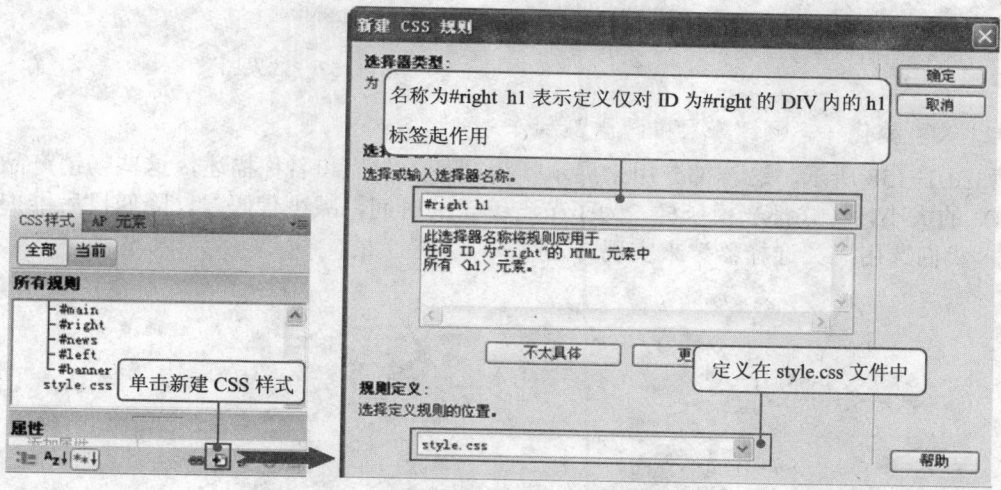

图 1-154　新建 CSS 样式

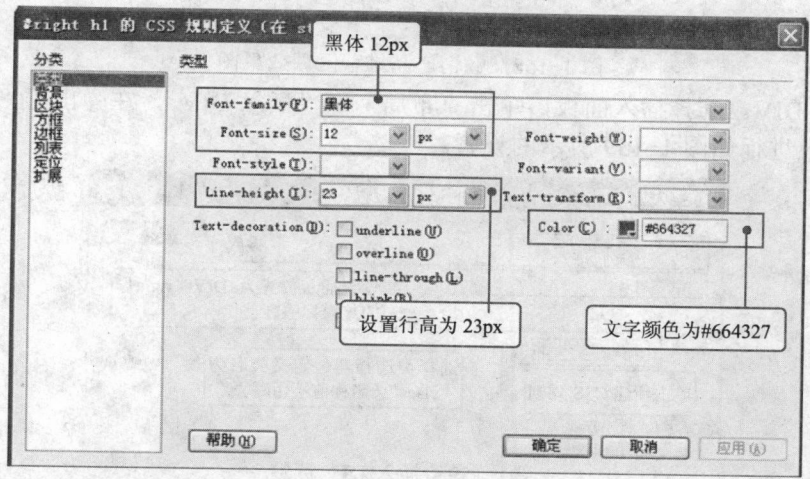

图 1-155　类型选项参数设置

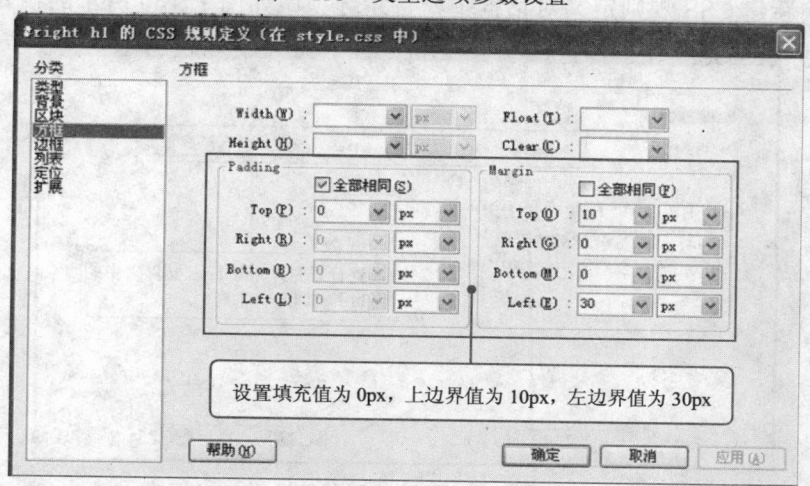

图 1-156　方框选项参数设置

标题文字效果如图 1-157
所示。

图 1-157　效果图

6.　首页美化——畅销产品推荐区域制作

如图 1-158 所示，这一部分用来展示畅销产品的图片和名称描述，这些畅销产品的浮动 DIV 的大小，样式都一模一样，为了节省编辑的时间，减少代码量，降低日后维护的工作量，我们选用"类选择器"来实现。

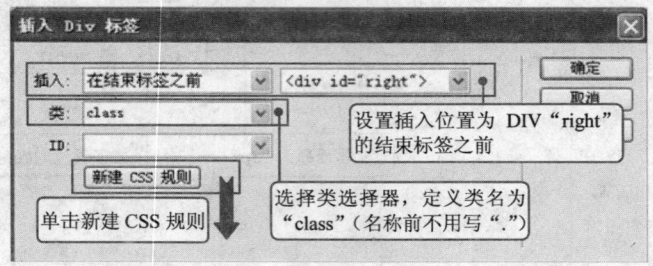

图 1-158　畅销产品推荐区域效果图

1）插入 DIV。选择插入面板，单击"布局"→"插入 DIV"，在弹出的"插入 Div 标签"对话框中进行如图 1-159 所示的设置。

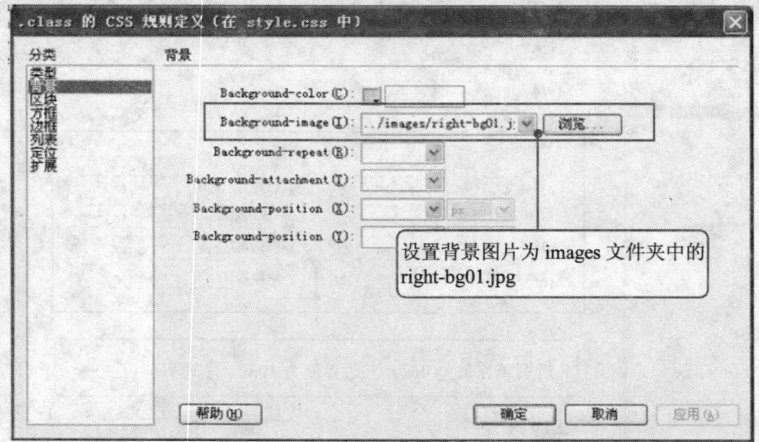

图 1-159　插入 DIV 标签

在弹出的新建 CSS 规则定义对话框中，背景选项做如图 1-160 所示的设置。

图 1-160　背景选项参数设置

方框选项做如图 1-161 所示的设置。

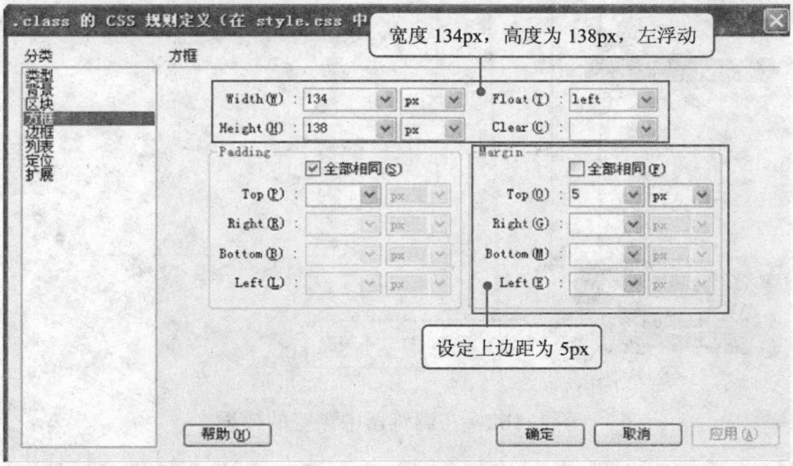

图 1-161 方框选项参数设置

生成如下 CSS 代码。

```
.class {
background-image: url(../images/right-bg01.jpg);
float: left;
height: 138px;
width: 134px;
margin-top: 5px;
}
```

生成 HTML 代码如下。

```
<div class="class"></div>
```

2）类选择器定义的内容可以在同一页面重复使用。重复使用的方法很简单，就是直接复制代码即可。我们一共复制 8 个代码，HTML 代码如下。

```
<div class="class"></div>
<div class="class"></div>
<div class="class"></div>
<div class="class"></div>
<div class="class"></div>
<div class="class"></div>
<div class="class"></div>
<div class="class"></div>
```

在浏览器中的预览效果如图 1-162 所示。

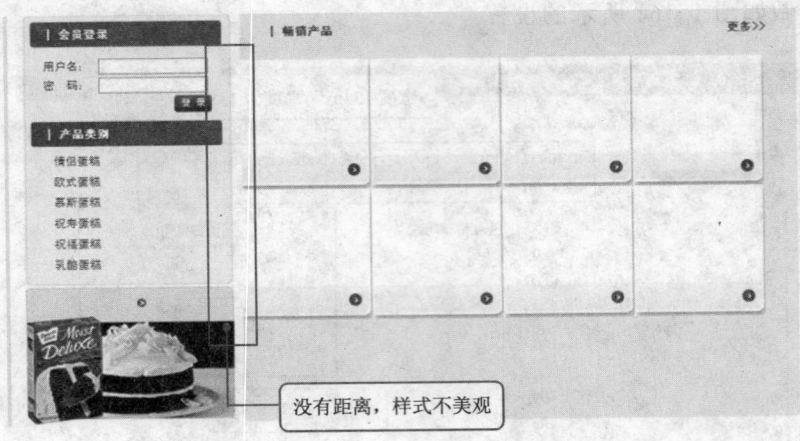

图 1-162　在浏览器中预览的效果

这时在设计窗口我们会发现整个列表没有居中显示，样式不美观。接下来我们将进行一系列的尝试，最终确定解决方案。这将让读者掌握解决问题的思路。

为了解决问题，有的读者会考虑给.class 定义一个边距，比如 16px，其效果如图 1-163 所示。这仅是为每一个共用一个相同样式的产品都增加了一个边距，这显然不是我们想要的效果。

图 1-163　为 ".class" 定义 16px 边距的效果

很显然，这种方法不适合本例。综合各种因素考虑，我们可以给 DIV "right" 设定一个左填充的值，这样就可以把其内部的整个畅销产品列表向右移动而不改变它们的间距。当我们直接设定左边距为测量出的 16px 时，出现了如图 1-164 所示的 "意外"。

这种情况是由于 DIV "right" 是相对定位，它所占的宽度的计算方法是左右填充+左右边距+DIV 的宽度。因此如果我们仅是增加左填充而不调整边距的话，会出现 DIV 被撑大，导致原位置放置不下这个 DIV，而使这个 DIV 被挤到下一行的效果。

为了解决这个问题，必须在增加左填充的同时，减少右边界，这样才能保持该 DIV 所占的宽度不变，如图 1-165 所示。

图 1-164 DIV 错位的效果

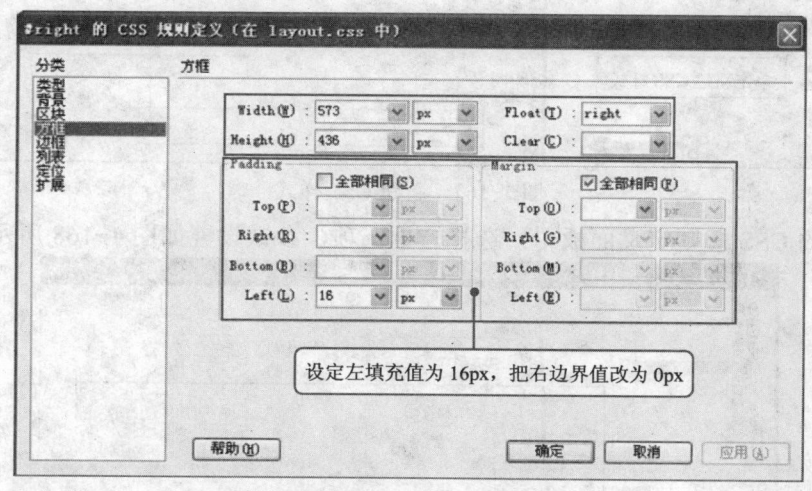

图 1-165 更改 DIV "right" 的参数设置

3）制作畅销产品内容。这部分共有 8 个图，它们的制作方法都一样，我们以第一个为例介绍。

首先插入图片。在 DIV ".class" 的结束标签之前插入图片。方法如下：打开插入面板，选择"常用"→"图像"，在弹出的"选择图像源文件"对话框中，选择"image"文件夹中的"cake01.jpg"，如图 1-166 所示，单击"确定"按钮插入图片。

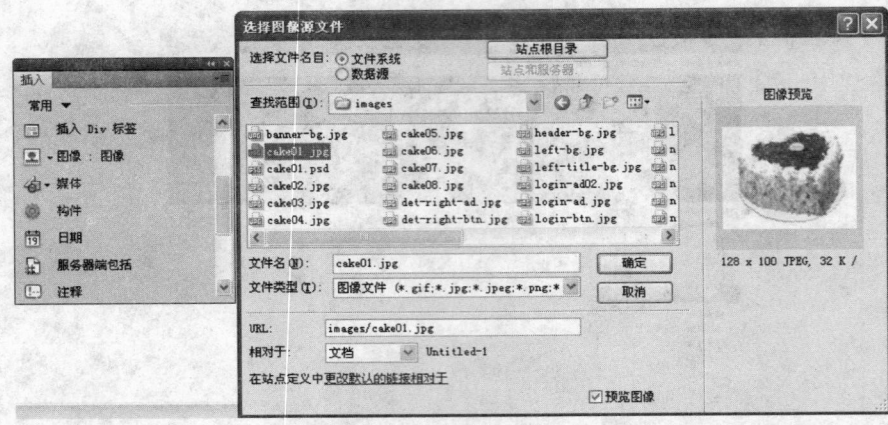

图 1-166　插入图片

　　为这个图片设定一个类样式，这样这 8 个相同的 DIV 就可以不重复定义了。新建 CSS 样式，如图 1-167 所示。

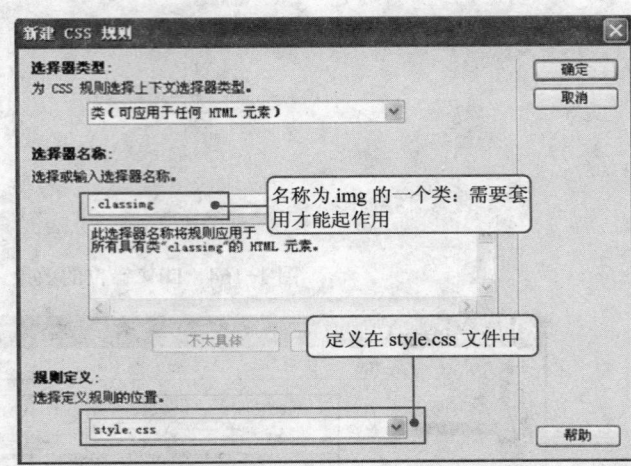

图 1-167　新建 CSS 样式

　　在弹出的 CSS 规则定义面板中，选择方框选项，参数设置如图 1-168 所示。

设定填充值全部为 0px，上边界为 1px，左边界为 2px
注：这些参数可以根据实际情况调整。如自行截图时图片的大小将影响这些参数

图 1-168　方框选项参数设置

100

为了今后增加链接时,图片的样式不发生变化,设置边框选项的参数如图 1-169 所示。

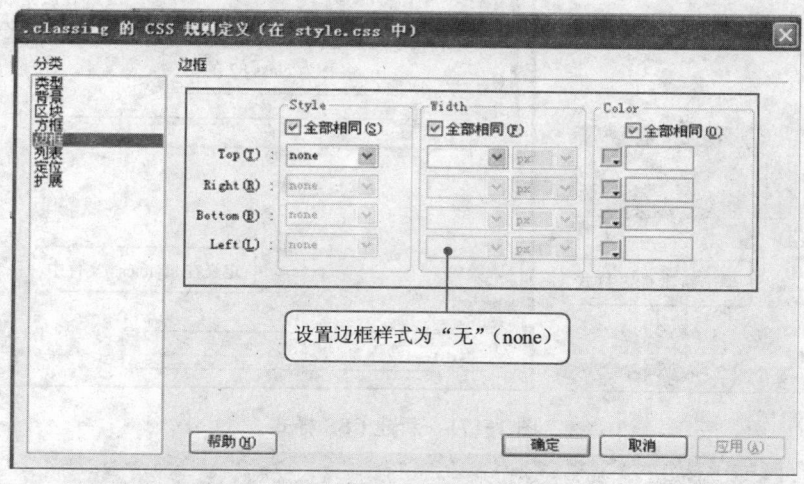

图 1-169 边框选项参数设置

选中图片 cake01.jpg,在下方的属性栏中的"类"选项中选择"classimg",这就完成了样式的套用,如图 1-170 所示。这种方法与在 CSS 面板中使用鼠标右键单击类后选择套用是同样的效果。

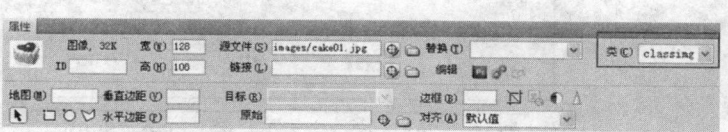

图 1-170 图片套用样式

插入后,生成如下 CSS 代码。

```
.classimg {
margin-top: 1px;
margin-left: 2px;
border-top-style: none;
border-right-style: none;
border-bottom-style: none;
border-left-style: none;
}
```

生成的 HTML 代码如下。

```
<img src="images/cake01.jpg" width="128" height="100" class="classimg" />
```

接下来设置名称,由于 DIV "right"中已经设置了一个 h1 标签,因此这里我们插入一个 h2 标签样式。在插入面板中选择"文本"→"h2",在<h2></h2>标签内输入文字"英格兰 1901"。HTML 代码如下。

```
<h2>英格兰 1901</h2>
```

需要用 CSS 样式重新定义一下。新建 CSS 样式规则,如图 1-171 所示。

在打开的 CSS 规则定义对话框中,方框选项进行如图 1-172 所示的设置。

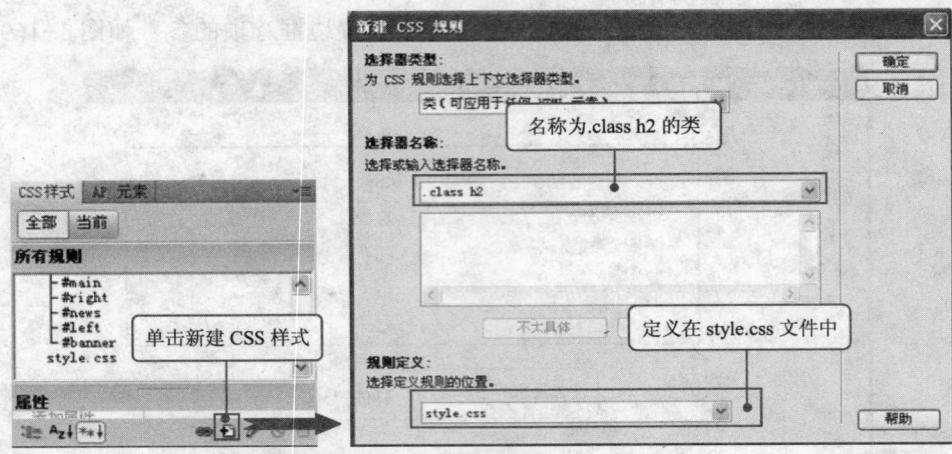

图 1-171　新建 CSS 样式

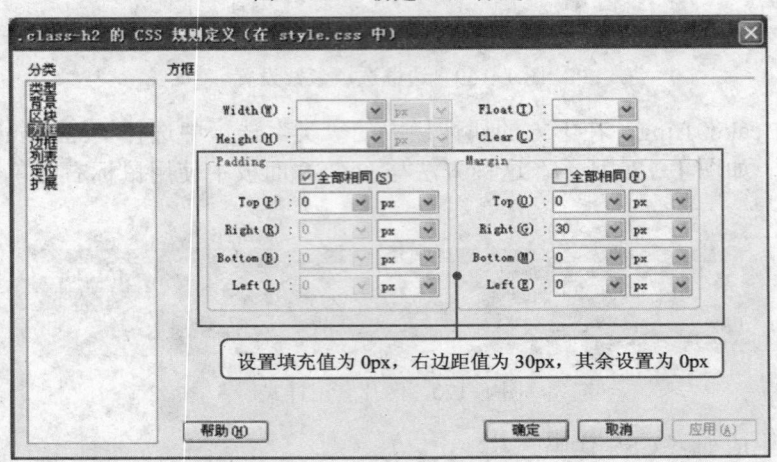

图 1-172　方框选项的参数设置

在类型选项中做如图 1-173 所示的参数设置。

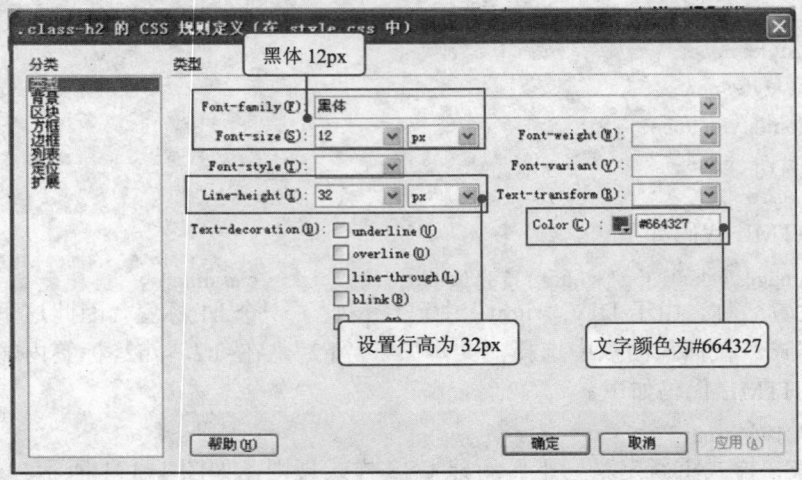

图 1-173　方框选项的参数设置

在区块选项中做如图 1-174 所示的参数设置。

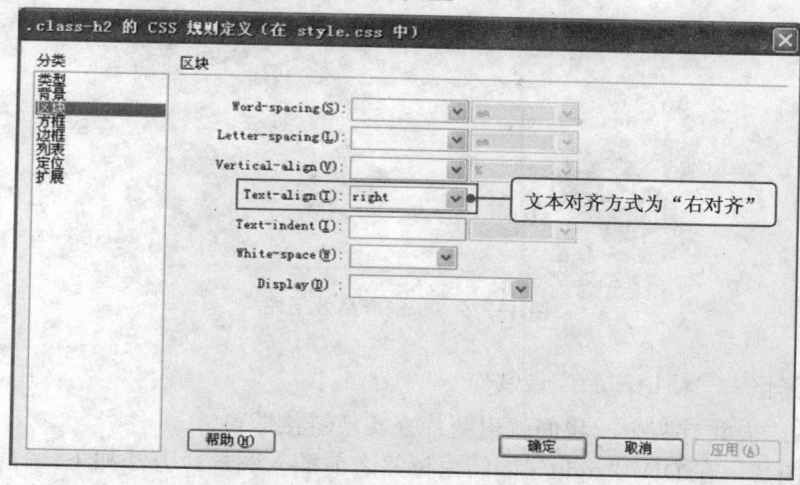

图 1-174　区块选项的参数设置

选中文字"英格兰 1901",在下方的属性栏中的"类"选项中选择"class-h2"。图片的说明就设置完成了。生成的 CSS 代码如下。

```
.class-h2 {
font-family: "黑体";
font-size: 12px;
color: #664327;
text-align: right;
line-height: 32px;
margin-right: 30px;
margin-top: 0px;
margin-bottom: 0px;
margin-left: 0px;
padding: 0px;
}
```

生成的 HTML 代码如下:

```
<h2 class="class-h2">英格兰 1901</h2>
```

效果如图 1-175 所示。

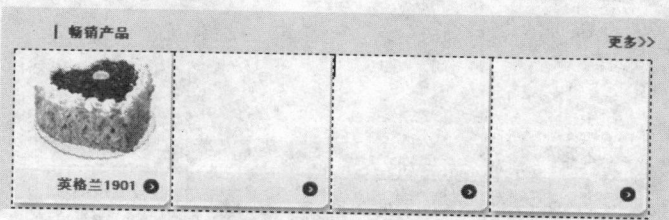

图 1-175　畅销产品效果图

采用相同的方法,填充所有的畅销产品区域,如图 1-176 所示。

图 1-176 畅销产品效果图

7. 首页美化——畅销产品广告制作

畅销产品广告共有两个，我们就用图片来实现链接即可。

1）插入图片。在 DIV "right" 的结束标签之前插入图片。方法如下：打开插入面板，选择"常用"→"图像"，在弹出的"选择图像源文件"对话框中，选择"image"文件夹中的"right-ad01.jpg"，如图 1-177 所示，单击"确定"按钮插入图片。

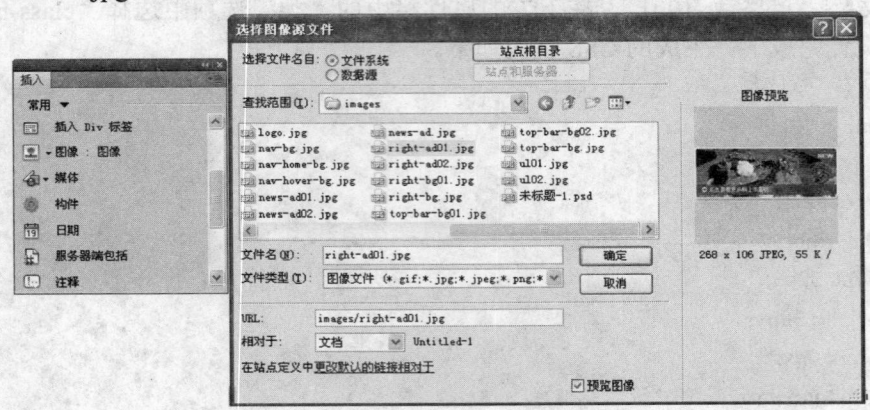

图 1-177 插入图片

2）为图片设置链接。在设计窗口中选中图片，在下方的属性栏中填写要转到的超级链接，如图 1-178 所示。

图 1-178 设置图片超链接

3）用同样的方法，插入第 2 个广告图片 right-ad02.jpg，并设置超链接。

4）图片设置了超链接之后外面会出现一个蓝色的边框，很影响网页的外观，如图 1-179 所示。

图 1-179　图片超链接出现蓝色边框

利用 CSS 样式可以去除。新建一个.img 类，设置边框属性的样式为 none。并为图片套用这个类，如图 1-180 所示。

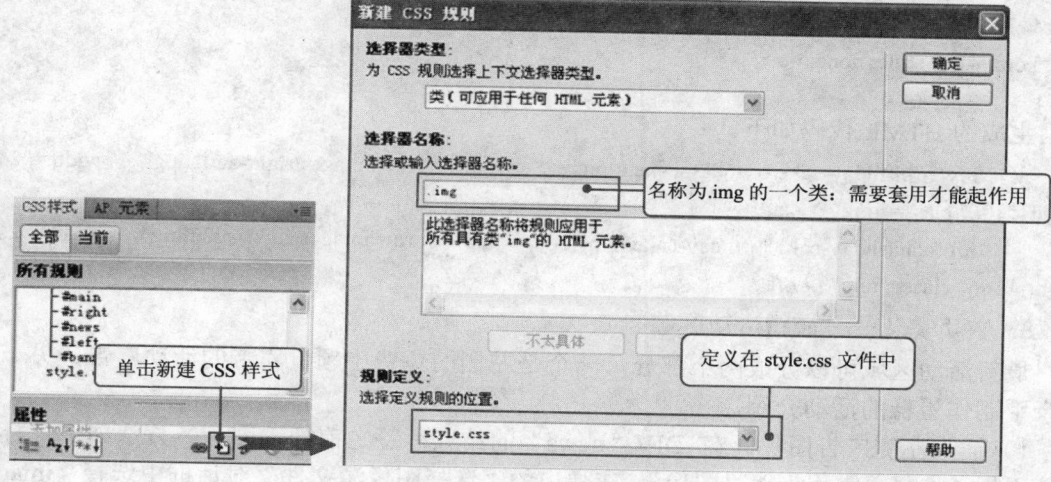

图 1-180　新建 CSS 样式

在弹出的 CSS 规则定义对话框中，选择边框选项，参数设置如图 1-181 所示。

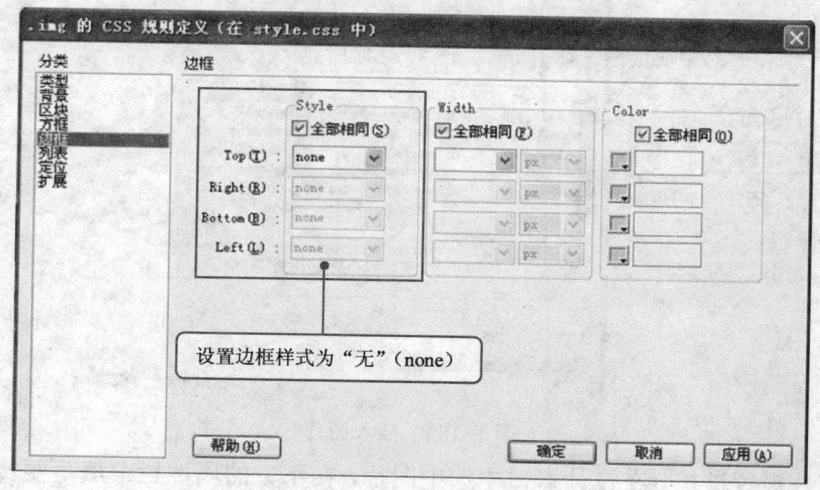

图 1-181　边框选项参数设置

选中图片，在下方的属性栏中的"类"选项中选择"img"，即完成了样式的套用，如图 1-182 所示为插入完成后的效果。这种方法与在 CSS 面板中使用鼠标右键单击类后选择套用是同样的效果。

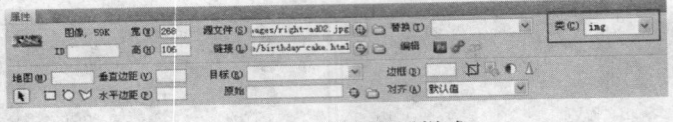

图 1-182　图片套用样式

生成的 CSS 代码如下。

```
.img   {
border-top-style: none;
border-right-style: none;
border-bottom-style: none;
border-left-style: none;
}
```

生成的 HTML 代码如下。

```
<a    href="birthday-cake/birthday-cake.html">    <img    src="images/right-ad01.jpg"    width="268"
height="106" class="img" /></a>
<a    href="birthday-cake/birthday-cake.html">    <img    src="images/right-ad02.jpg"    width="268"
height="106" class="img" /> </a>
```

8. 首页美化——最新活动区域

最新活动区域可以分成两个部分，一个是左侧的免费申领贵宾卡的活动广告，另一个是亲手制作蛋糕的活动介绍。

1）插入左侧广告图片。在 DIV "news" 的结束标签之前插入图片。方法如下：打开插入面板，选择"常用"→"图像"，在弹出的"选择图像源文件"对话框中选择"image"文件夹中的"news-ad01.jpg"，如图 1-183 所示，单击"确定"按钮插入图片。

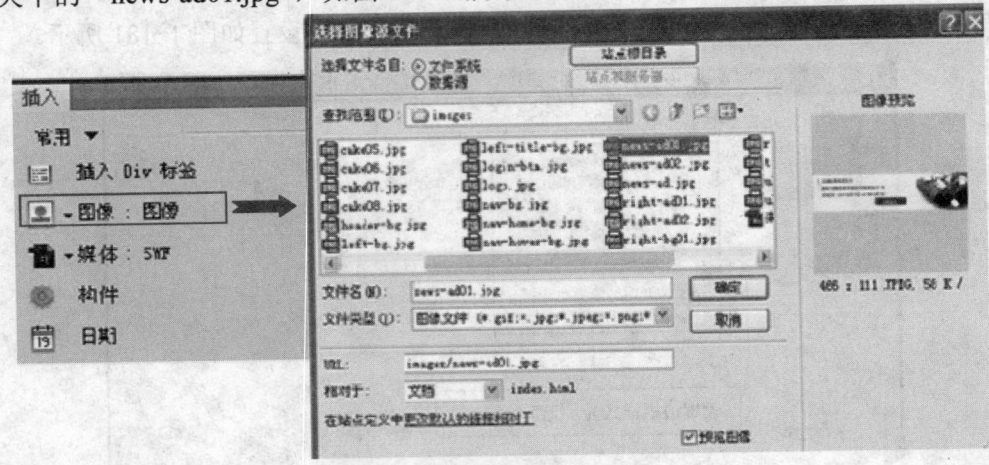

图 1-183　插入图片

2）为图片设置链接。在设计窗口中选中图片，在下方的属性栏中填写要转到的超级链接"login/reg.html"，如图 1-184 所示。

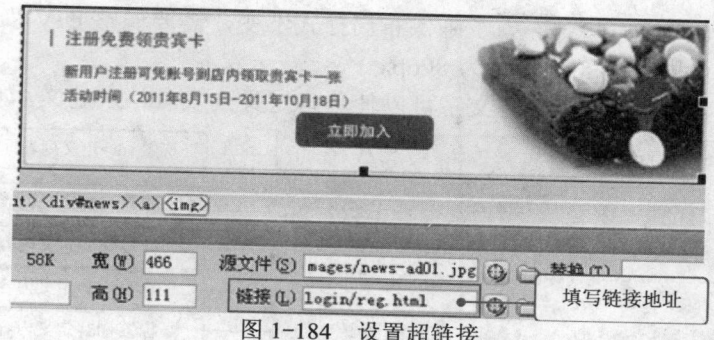

图 1-184　设置超链接

注：由于图片设置了链接，因此就自动增加了一个蓝色的边框，我们使用与第 6 步（即首页美化——畅销产品推荐区域制作）相同的方法进行操作。由于我们在第 6 步中已经定义了一个".img"类来定义图片链接的样式，所以这里就不需要重复定义，直接选择这个类进行套用就可以了。

3）插入右侧广告图片。在 DIV"news"的结束标签之前插入图片。方法如下：打开插入面板，选择"常用"→"图像"，在弹出的"选择图像源文件"对话框中，选择"image"文件夹中的"news-ad02.jpg"，如图 1-185 所示，单击"确定"按钮插入图片。

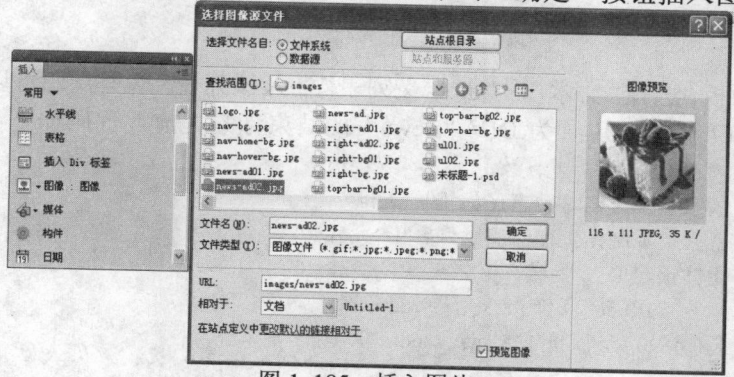

图 1-185　插入图片

4）调整 DIV"news"的填充参数。在 CSS 面板中，选择 layout.css 文件中对 DIV"news"的样式定义，双击打开后进行参数设置如图 1-186 所示。

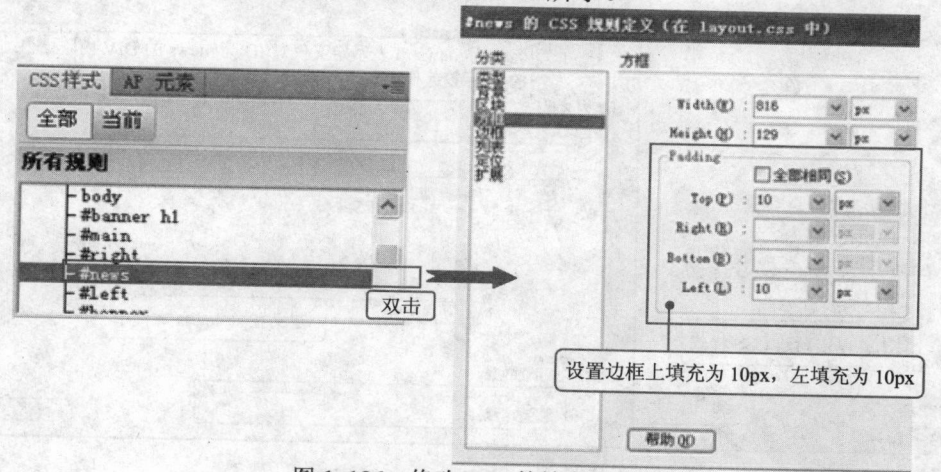

图 1-186　修改 DIV 的填充参数

注意：增加填充值的同时，为了确保布局样式不变，需要调整 DIV "news" 的宽度，使之缩小 10px，由原来的 816px 变为 806px。

5）添加右侧宣传文字。此处的文字可以使用自定义列表<dl>来定义，如图 1-187 所示。

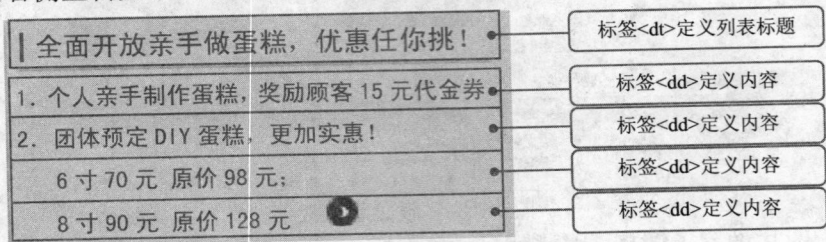

图 1-187　自定义列表说明

注：自定义列表的格式如下。

```
<dl>
    <dt>生日蛋糕</dt>
    <dd>适用于生日聚会 </dd>
    <dt>儿童蛋糕 </dt>
    <dd>材料源于天然，有营养，无添加 </dd>
</dl>
```

打开插入面板，选择"文本"→"dl 定义列表"插入该列表。这里我们可以直接在 HTML 代码窗口输入如下代码。位置为 DIV "news" 的结束标签之前。代码如下。

```
<dl>
    <dt>全面开放亲手做蛋糕，优惠任你挑！</dt>
        <dd>1. 个人亲手制作蛋糕，奖励顾客 15 元代金券。</dd>
        <dd>2. 团体预定 DIY 蛋糕，更加实惠！</dd>
        <dd>      6 寸 70 元  原价 98 元；</dd>
        <dd>      8 寸 90 元  原价 128 元；</dd>
</dl>
```

6）设置自定义列表的样式。先设定<dl>标签。新建 CSS 样式规则，如图 1-188 所示。

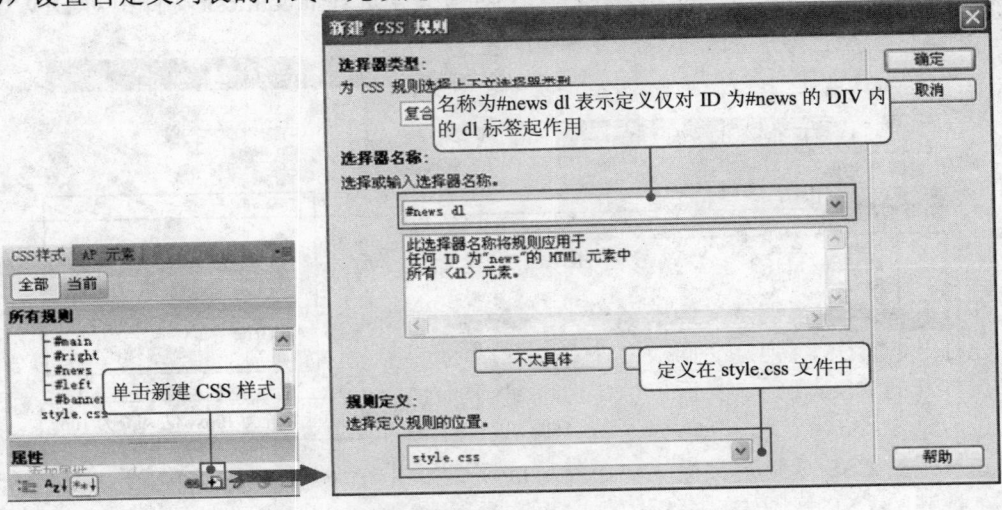

图 1-188　新建 CSS 样式

在打开的 CSS 规则定义面板中，方框选项做如图 1-189 所示的设置。

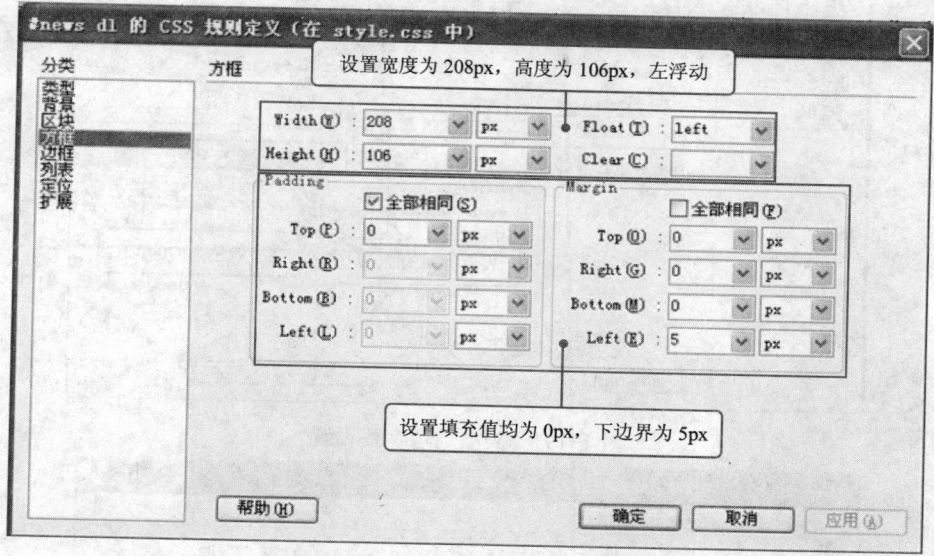

图 1-189　方框选项设置

再设定<dt>标签。新建 CSS 样式规则，如图 1-190 所示。

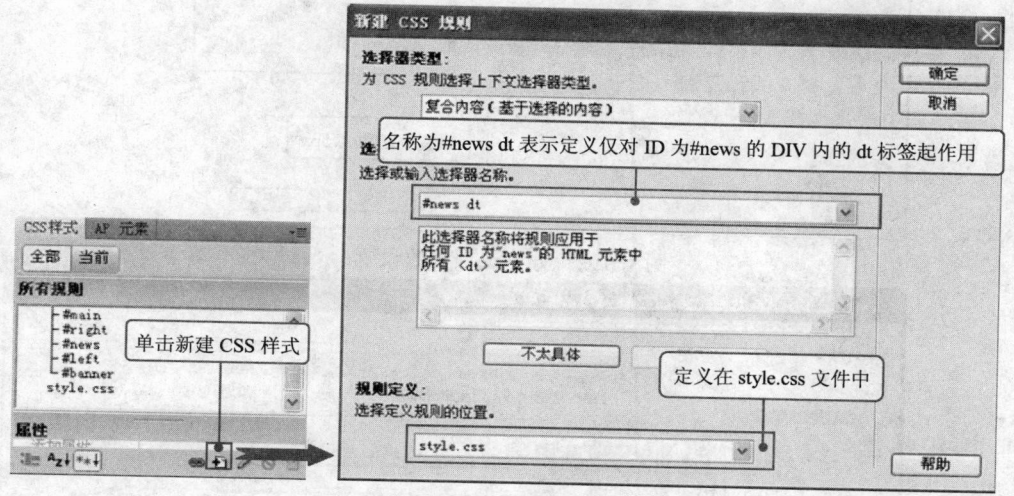

图 1-190　新建 CSS 样式

在打开的 CSS 规则定义面板中，类型选项做如图 1-191 所示的设置。
在打开的 CSS 规则定义面板中，方框选项做如图 1-192 所示的设置。
在打开的 CSS 规则定义面板中，边框选项做如图 1-193 所示的设置。
最后设定<dd>标签。新建 CSS 样式规则，如图 1-194 所示。
在打开的 CSS 规则定义面板中，类型选项做如图 1-195 所示的设置。
在打开的 CSS 规则定义面板中，方框选项做如图 1-196 所示的设置。

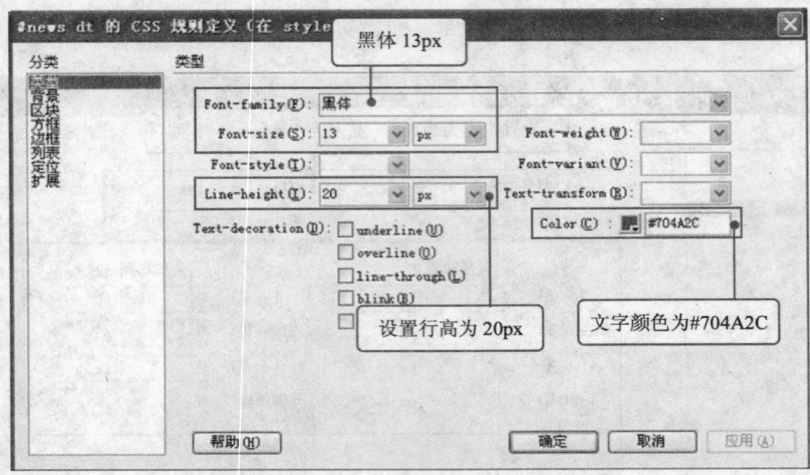

图 1-191　类型选项参数设置

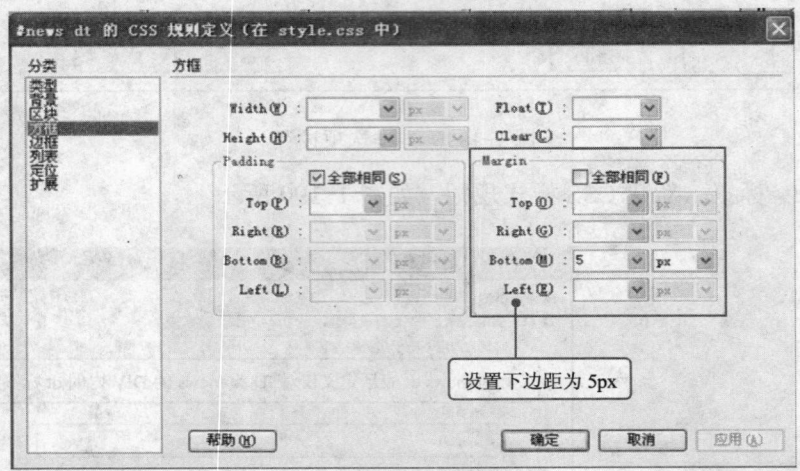

图 1-192　方框选项参数设置

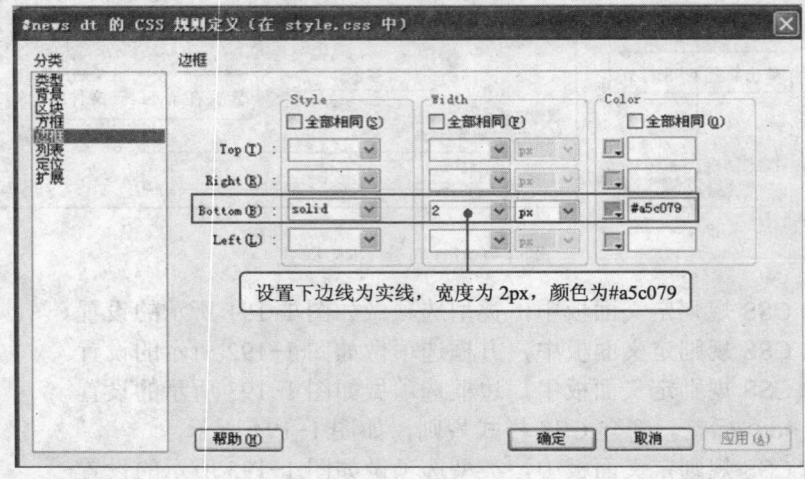

图 1-193　边框选项参数设置

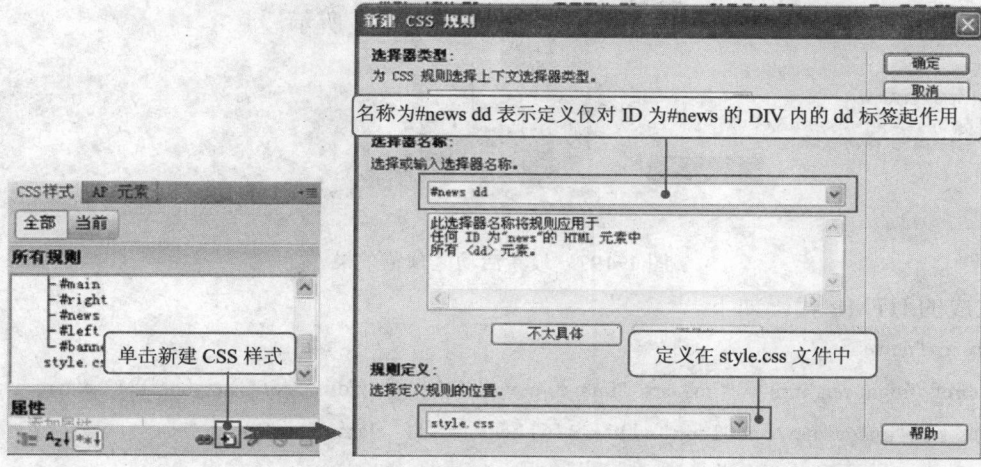

图 1-194　新建 CSS 样式

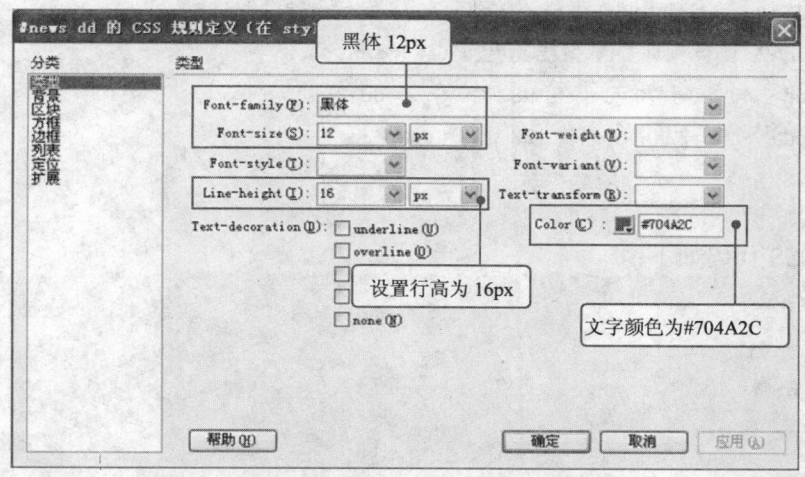

图 1-195　类型选项参数设置

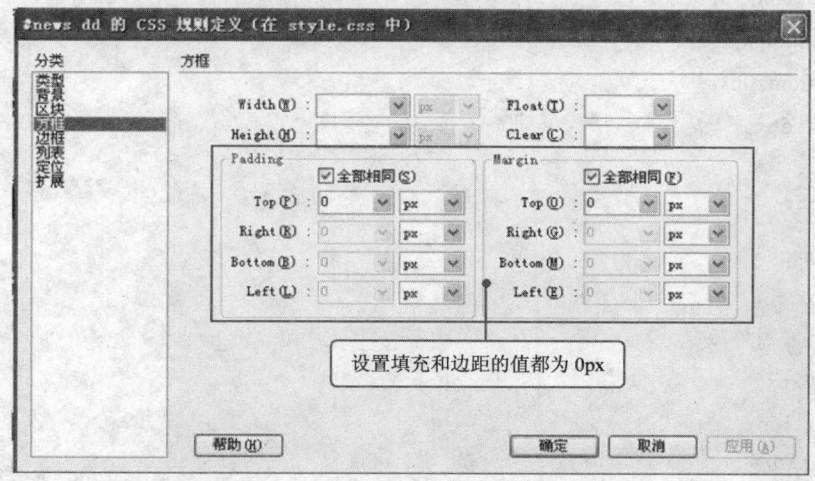

图 1-196　方框选项参数设置

此时，最新活动区域制作完成，预览效果如图 1-197 所示。

图 1-197 最新活动区预览效果

生成的 HTML 代码如下。

```
<div id="news">
<a href="login/reg.html"> <img src="images/news-ad01.jpg" width="466" height="111" class="img" />
</a> <img src="images/news-ad02.jpg" width="116" height="111" class="img" />
    <dl> <dt>全面开放亲手做蛋糕，优惠任你挑！</dt>
        <dd>1. 个人亲手制作蛋糕，奖励顾客 15 元代金券。</dd>
        <dd>2. 团体预订 DIY 蛋糕，更加实惠！</dd>
        <dd>      6 寸 70 元  原价 98 元；       </dd>
        <dd>      8 寸 90 元  原价 128 元；</dd>
    </dl>
</div>
```

生成的 CSS 代码如下：

```
#news dl {
  float: left;
  padding: 0px;
  height: 106px;
  width: 208px;
  margin-top: 0px;
  margin-right: 0px;
  margin-bottom: 0px;
  margin-left: 5px;
}
#news dd {
  padding: 0px;
  margin: 0px;
  font-family: "黑体";
  font-size: 12px;
  line-height: 16px;
  color: #704A2C;
}
```

```
#news dt {.
  border-bottom-width: 2px;
  border-bottom-style: solid;
  border-bottom-color: #a5c079;
  font-family: "黑体";
  font-size: 13px;
  line-height: 20px;
  margin-bottom: 5px;
  color: #704A2C;
}
```

注：在 Dreamweaver 中进行换行，可以直接单击键盘上的<Enter>键，这表示为另起一段，而<Shift+Enter>键为非段落文本换行，表示在本段落内另起一行。

9. 首页美化——版权信息

版权信息部分只需在 DIV "footer"中输入版权信息即可。

1）在 DIV "footer"结束标签之前，插入一对<h1>标签，并在标签内填写版权信息，代码如下。

```
<h1>版权所有：美厨&amp;美味蛋糕工坊    地址：中国沈阳    邮编：10010    总机：024-25463215 传
真：024-56841256 Email：123@163.com</h1>
```

2）重新定义 DIV "footer"内的<h1>标签的样式。新建 CSS 样式规则，如图 1-198 所示。

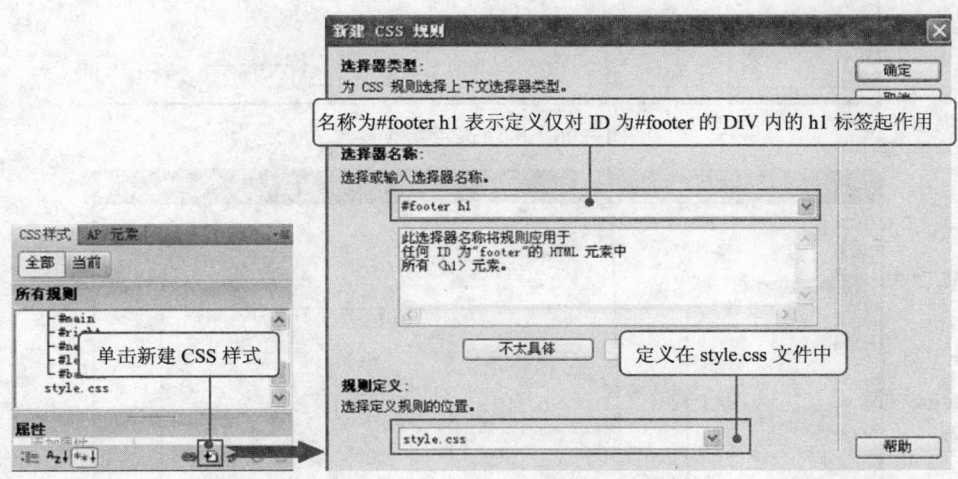

图 1-198 新建 CSS 样式

在打开的 CSS 规则定义面板中，类型选项做如图 1-199 所示的设置。
在打开的 CSS 规则定义面板中，区块选项做如图 1-200 所示的设置。
在打开的 CSS 规则定义面板中，方框选项做如图 1-201 所示的设置。

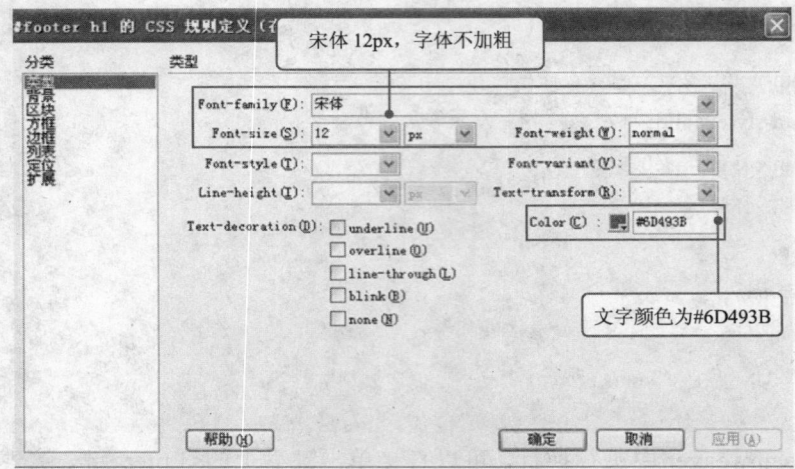

图 1-199　类型选项参数设置

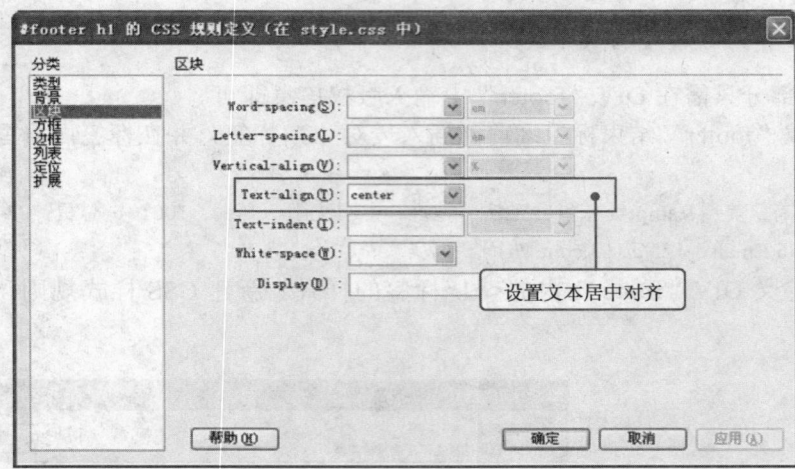

图 1-200　区块选项参数设置

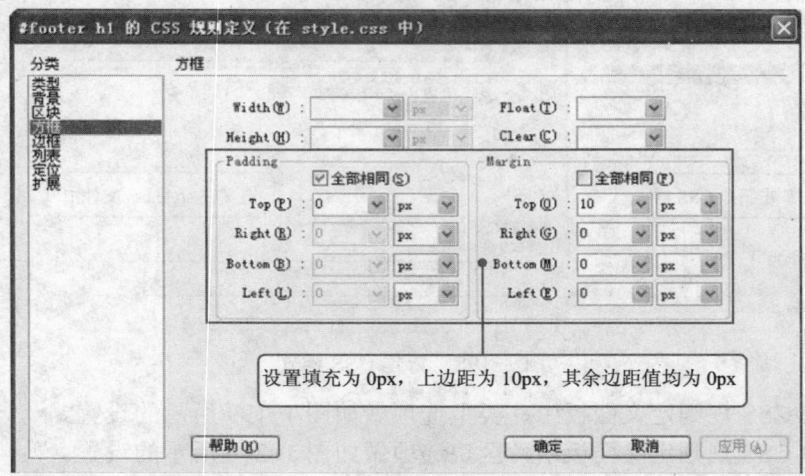

图 1-201　方框选项参数设置

版权信息制作完成后，效果如图 1-202 所示。

图 1-202　版权信息效果图

10. 首页美化——上方子导航制作

1）在 DIV"topbar"中，插入 images 文件夹中的"top-bar-bg01.jpg"和"top-bar-bg02.jpg"图片。

2）切换到代码窗口，这里需要添加代码来实现"设为首页"和"加为收藏"的功能。图片"top-bar-bg01.jpg"对应代码如下。

```
<a            style="cursor:hand"            onclick=this.style.behavior="url(#default#homepage)";
this.setHomePage("http://www.mcmw.com");> <!—设定指针形状为手形，在 HomePage 中添加本网站首页
的地址。-->
    <img src="images/top-bar-bg01.jpg" width="77" height="46" /> <!—插入图片的代码-->
    </a> <!—超链接标签结束-->
```

图片"top-bar-bg02.jpg"对应代码如下。

```
<a onClick="window.external.AddFavorite(location.href,document.title)" style="cursor:hand">  <!—设
定指针形状为手形-->
    <img src="images/top-bar-bg02.jpg" width="73" height="46" />  <!—插入图片的代码-->
    </a> <!—超链接标签结束-->
```

到此为止，首页的效果制作完成。

任务评价

在完成任务 4 之后，读者应具备了独立制作静态页面的能力，仔细比较在 Dreamweaver 中制作的网页和效果图，找到不同点，并对网页进行修整，直至完美无缺。读者可参见素材文件夹中"项目 1"文件夹中的"拓展练习案例"文件夹，其中提供了一个小型网站的效果图，大家可以按照这个效果图制作出网站效果，对自己进行考察。

任务评价参照以下内容。

1. CSS 样式中各种选择器的命名是否规范
2. 是否分类建立了 CSS 样式文件
3. 网站的效果与效果图是否一致
4. 链接无空链接、死链接
5. 链接均为有效链接
6. 所有图片均能正常显示
7. 所有文字的字体、字号、颜色是否正常显示

8．框架有无移位

9．完成时间限制：熟练之后制作首页的样式可以在 3 小时内完成，其余页面能在 1.5 小时内完成

触类旁通

有了制作首页的基础。我们可以快速开展制作子页面的进度。这里以产品详情页为例，讲述如何快速制作子页面。

1）新建文件和文件夹。在根目录下新建文件夹，名称为"detail"，在该文件夹中新建文件，名称为"detail.html"。

2）对比详情页和首页，可以发现，只有右部内容区域有所差别，其他的内容都是一样的。因此我们仅需要制作右侧内容区域即可。如图 1-203 所示。

图 1-203　详情页和首页对比

3）导入 CSS 样式表。以链接的方式添加样式表文件"layout.css"、"style.css"。

4）复制代码。打开"index.html"页面，转到代码窗口，复制如下代码（注意，一定要去掉 DIV "right"的全部内容。），插入到<body>标签之间。

```
<div id="layout">              <!--layout 开始-->
  <div id="header">
    <!--header 开始-->
    <div id="logo"></div>
    <div                        id="top-bar"><a                            style="cursor:hand"
onclick=this.style.behavior="url(#default#homepage)";this.setHomePage("http://www.mcmw.com");><img
src="images/top-bar-bg01.jpg"            width="77"              height="46"              /></a><a
onClick="window.external.AddFavorite(location.href,document.title)"          style="cursor:hand"><img
src="images/top-bar-bg02.jpg" width="73" height="46" /></a></div>
    <div id="nav"> <ul>
      <li class="home"><a href="index.html" >首页      |</a></li>
      <li><a href="about-us/about-us.html">美厨&amp;美味      |</a></li>
      <li><a href="lovers-cake/lovers-cake.html">情侣蛋糕      |</a></li>
```

```
            <li><a href="europe-cake/europe-cake.html">欧式蛋糕  |</a></li>
            <li><a href="mousse-cake/mousse-cake.html">慕斯蛋糕  |</a></li>
            <li><a href="birthday-cake/birthday-cake.html">祝寿蛋糕  |</a></li>
            <li><a href="wish-cake/wish-cake.html">祝福蛋糕  |</a></li>
            <li><a href="cheese-cake/cheese-cake.html">乳酪蛋糕  |</a></li>
            <li><a href="contact-us/contact-us.html">联系我们</a></li>
        </ul>
      </div>
    </div>  <!--header 结束-->
    <div id="banner">
    <h1>欢迎光临美厨&美味蛋糕工坊！我们将竭诚为您服务！</h1>
      <object  id="FlashID"   classid="clsid:D27CDB6E-AE6D-11cf-96B8-444553540000"  width="790"
height="181">
        <param name="movie" value="flash/banner.swf" />
        <param name="quality" value="high" />
        <param name="wmode" value="opaque" />
        <param name="swfversion" value="9.0.45.0" />
        <!-- 此 param 标签提示使用 Flash Player 6.0 r65 和更高版本的用户下载最新版本的 Flash
Player。如果您不想让用户看到该提示，请将其删除。  -->
        <param name="expressinstall" value="Scripts/expressinstall.swf" />
        <!-- 下一个对象标签用于非 IE 浏览器。所以使用 IECC 将其从 IE 隐藏。  -->
        <!--[if !IE]>-->
        <object type="application/x-shockwave-flash" data="flash/banner.swf" width="790" height="181">
          <!--<![endif]-->
          <param name="quality" value="high" />
          <param name="wmode" value="opaque" />
          <param name="swfversion" value="9.0.45.0" />
          <param name="expressinstall" value="Scripts/expressinstall.swf" />
          <!-- 浏览器将以下替代内容显示给使用 Flash Player 6.0 和更低版本的用户。  -->
          <div>
            <h4>此页面上的内容需要较新版本的 Adobe Flash Player。</h4>
            <p><a                                    href="http://www.adobe.com/go/getflashplayer"><img
src="http://www.adobe.com/images/shared/download_buttons/get_flash_player.gif" alt=" 获 取  Adobe  Flash
Player" width="112" height="33" /></a></p>
          </div>
          <!--[if !IE]>-->
        </object>
        <!--<![endif]-->
      </object>
    </div>
```

```
        <div id="main">    <!--main 开始-->


            <div id="left"><!--left 开始-->
            <div id="login-iframe">
            <iframe  align="left"  height="114px"  width="213px"  src="login/login.html"  frameborder="0px">
</iframe><!--设置 iframe 左对齐，高度 114px，宽度 213px，链接的网页路径为"login/login.html"，框架的
边框宽度为 0px-->
            </div>
            <div id="p-class">
                <h1>|  产品类别</h1>
            </div>
            <ul>
            <li><a href="lovers-cake/lovers-cake.html">情侣蛋糕</a></li>
            <li><a href="europe-cake/europe-cake.html">欧式蛋糕</a></li>
            <li><a href="mousse-cake/mousse-cake.html">慕斯蛋糕</a></li>
            <li><a href="birthday-cake/birthday-cake.html">祝寿蛋糕</a></li>
            <li><a href="wish-cake/wish-cake.html">祝福蛋糕</a></li>
            <li><a href="cheese-cake/cheese-cake.html">乳酪蛋糕</a></li>
            </ul>
        </div><!--left 结束-->
    </div><!--main 结束-->
    <div    id="news"><a    href="login/reg.html"><img    src="images/news-ad01.jpg"    width="466"
height="111" class="img" /></a><img src="images/news-ad02.jpg" width="116" height="111" class="img" />
        <dl><dt>全面开放亲手做蛋糕，优惠任你挑！</dt>


        <dd>1. 个人亲手制作蛋糕，奖励顾客 15 元代金券。</dd>


        <dd>2. 团体预订 DIY 蛋糕，更加实惠！</dd>
        <dd>        6 寸 70 元  原价 98 元；        </dd>
        <dd>        8 寸 90 元  原价 128 元；</dd>


        </dl>
        </div>




    </div> <!--layout 结束--><div id="footer">
        <h1>版权所有：美厨&amp;美味蛋糕工坊    地址：中国沈阳    邮编：10010    总机：024-25463215 传
真：024-56841256 Email：123@163.com</h1></div>
```

效果如图 1-204 所示。很多图片都没有正常显示。这是因为我们采用的是相对路径进

行图片链接，是由于 detail.html 的路径和 index.html 的路径发生变化所导致的。我们需要一一重新更新路径。

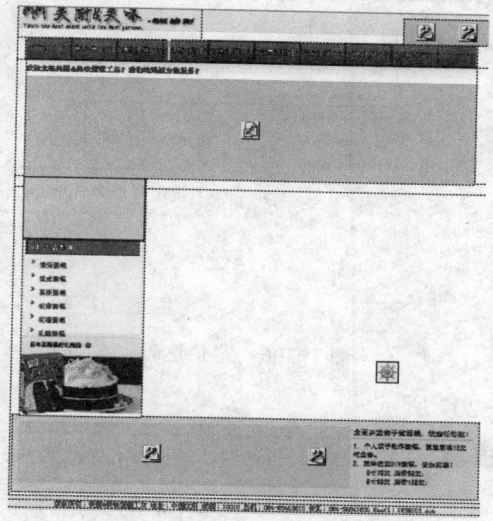

图 1-204　详情页和首页对比

需要更新的路径如下。

● 主导航所有链接
● 左侧内容区的产品列表中的链接
● Flash 的链接
● 加入收藏、设为首页的图片链接
● 最新活动区的两张广告图片
● iframe 框架中与登录页的链接

5）制作右侧内容区域。本页面的右侧内容区域与首页不同，需要单独制作。由于一个页面智能存在一个 ID 选择器命名的 DIV，因此我们在定义右侧区域的时候需要重新命名以示区别，如本例中定义右侧内容区域 DIV 名称为"det-right"。

① 新建 CSS 样式，如图 1-205 所示。

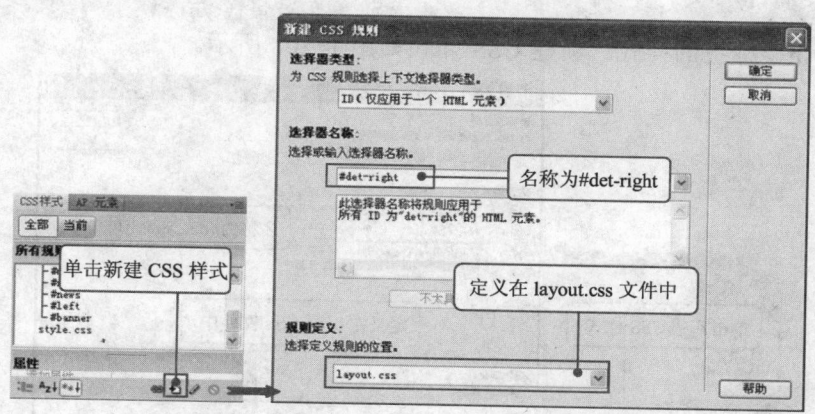

图 1-205　新建 CSS 样式

在打开的 CSS 规则定义对话框中，设置背景选项如图 1-206 所示。

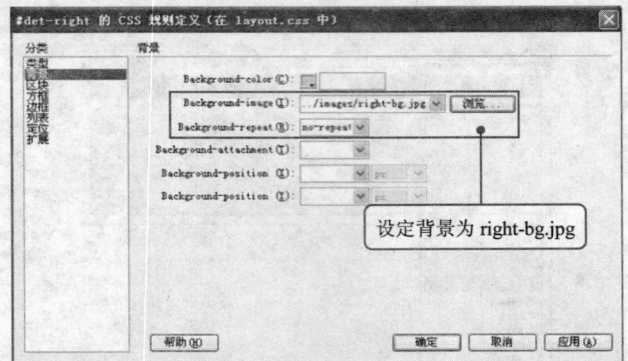

图 1-206　背景选项

设置方框选项如图 1-207 所示。

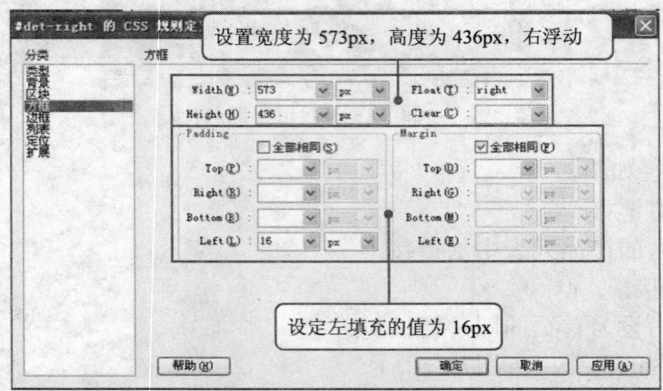

图 1-207　方框选项

注：如果需要重新定义的样式太多，可以为每一个页面都新建 CSS 样式表文件，这样可以方便今后的修改，对于本例，内容较少，可以都写在一个文件中。

② 在 DIV "det-right"开始标签之后，插入 h1 标签，并输入文字。代码如下。

`<h1>`| 欧式蛋糕	首页 > 欧式蛋糕`</h1>`

③ 定义`<h1>`标签的样式。新建 CSS 样式如图 1-208 所示。

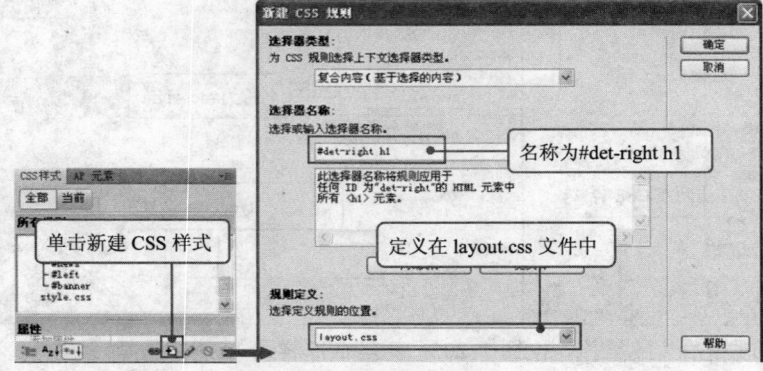

图 1-208　新建 CSS 样式

在打开的 CSS 规则定义对话框中，设置类型选项如图 1-209 所示。

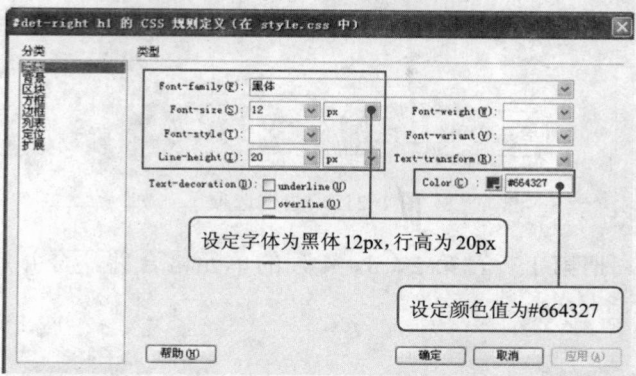

图 1-209   类型选项

设置方框选项如图 1-210 所示。

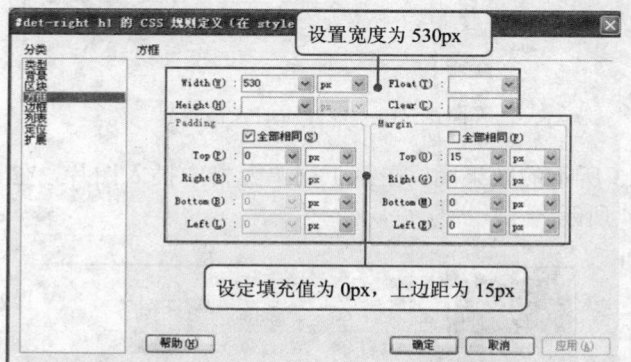

图 1-210   方框选项

设置边框选项如图 1-211 所示。

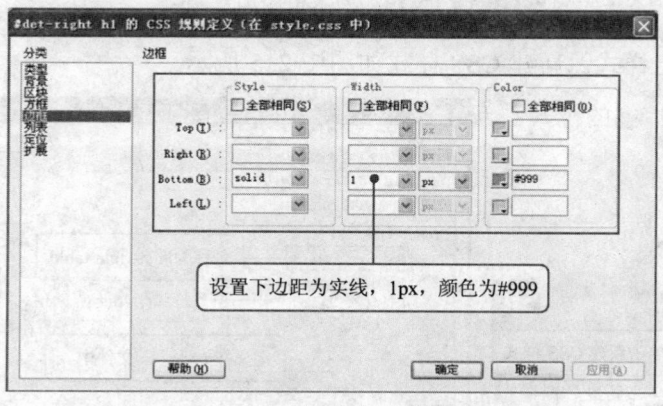

图 1-211   边框选项

④ 产品的规格介绍使用表格进行布局，这种方法可以使内容容易对齐。插入一个 6 行

4 列的表格。插入方法是：选择"插入面板"→"常用"→"表格"，插入表格。

⑤ 鼠标拖拽选中第一列单元格，在下方属性栏中，选择"合并单元格"，如图 1-212 所示。

图 1-212　边框选项

用同样的方法，把第 1 行，第 2、3、4 列的单元格合并，合并后的效果如图 1-213 所示。

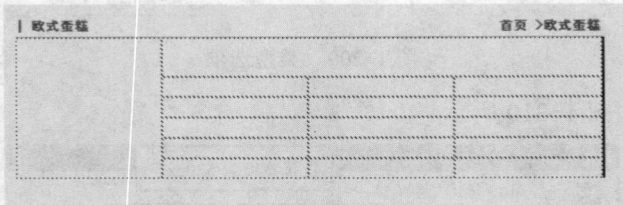

图 1-213　合并后的表格效果

⑥ 按照图 1-213 所示的效果图，在第 1 列单元格中插入图片，在其他单元格中添加文字，效果如图 1-214 所示。

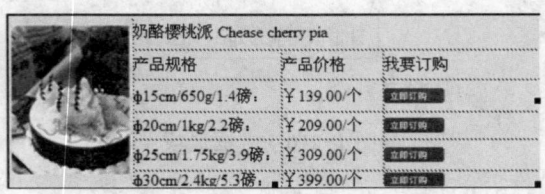

图 1-214　为表格添加效果

⑦ 为表格设定样式。新建 CSS 样式如图 1-215 所示。

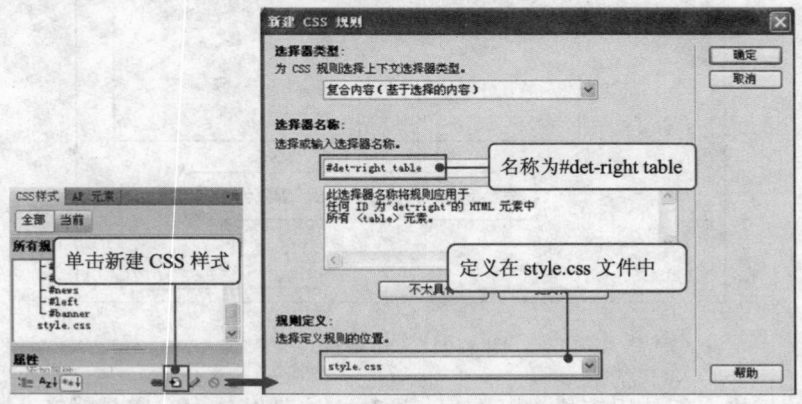

图 1-215　新建 CSS 样式

在打开的 CSS 规则定义对话框中，设置类型选项如图 1-216 所示。

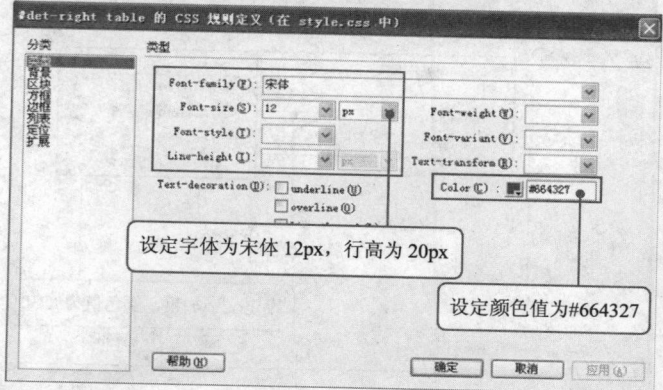

图 1-216　类型选项

设置区块选项如图 1-217 所示。

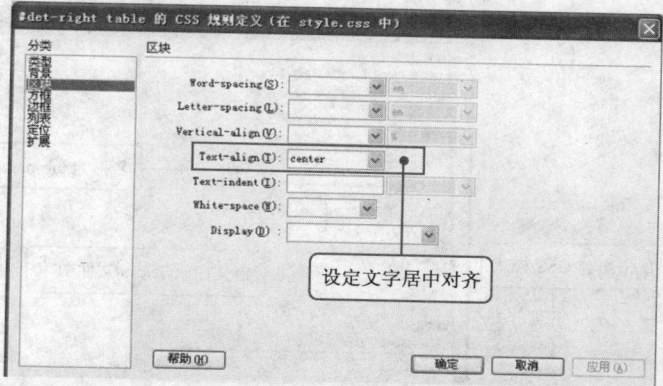

图 1-217　区块选项

⑧ 设置表格内特殊文字样式，定义两个类".tab-title"、".tab-name"，为表格设定样式。新建 CSS 样式如图 1-218 所示。

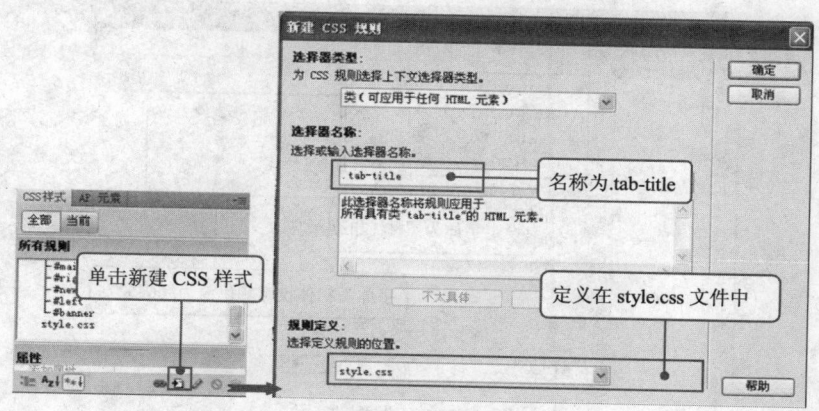

图 1-218　新建 CSS 样式

在打开的 CSS 规则定义对话框中，设置类型选项如图 1-219 所示。

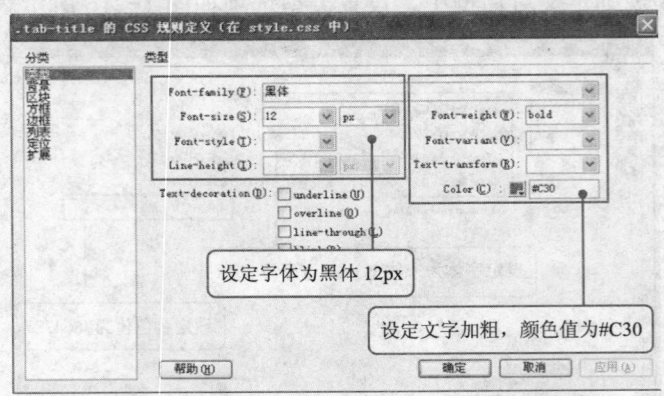

图 1-219 类型选项

新建 CSS 样式如图 1-220 所示。

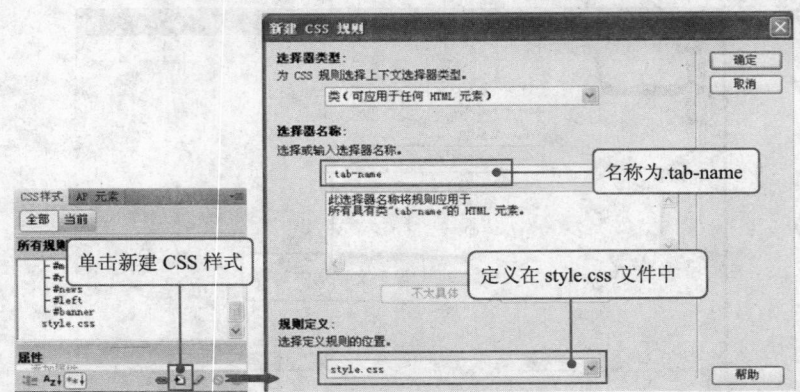

图 1-220 新建 CSS 样式

在打开的 CSS 规则定义对话框中，设置类型选项如图 1-221 所示。

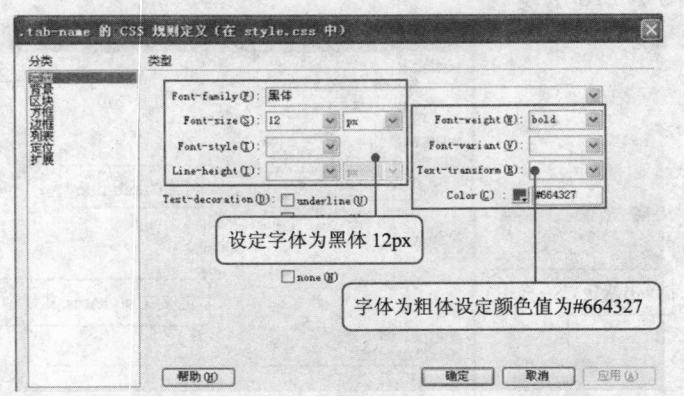

图 1-221 类型选项

设置背景选项如图 1-222 所示。

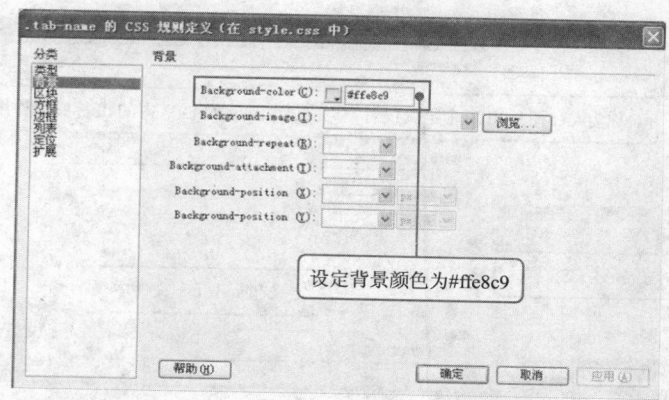

图 1-222 背景选项

对特殊本文套用定义的样式，套用后，效果如图 1-223 所示。

图 1-223 应用特殊文字效果的表格样式

⑨ 商品详细信息采用自定义列表<dl>来制作。方法为插入面板，选择"文本"→"dl定义列表"插入。直接在 HTML 代码窗口输入如下代码。位置为 DIV "det-right"的结束标签之前。

```
<dl>
<dt>商品详细信息</dt>
<dd>进口樱桃的可爱红润，滑软可可粉的天香诱人，给你舌尖整个樱桃园的享受。</dd>。
<dd>口味：树蔓，樱桃口味，软滑可口</dd>
<dd>甜度：★★★★★</dd>
<dd>适用人群：任何人群</dd>
<dd>原料：樱桃（美国）、奶酪（法国）、炼乳（法国）</dd>
<dd>最佳食用温度：10℃</dd>
</dl>
```

插入后的效果如图 1-224 所示。

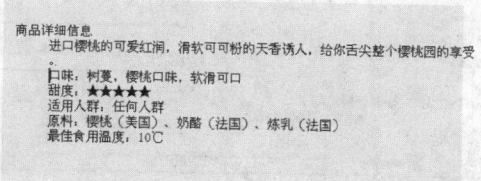

图 1-224 商品详细信息未加样式效果

⑩ 设置自定义列表的样式。先设定<dl>标签。新建 CSS 样式规则，如图 1-225 所示。

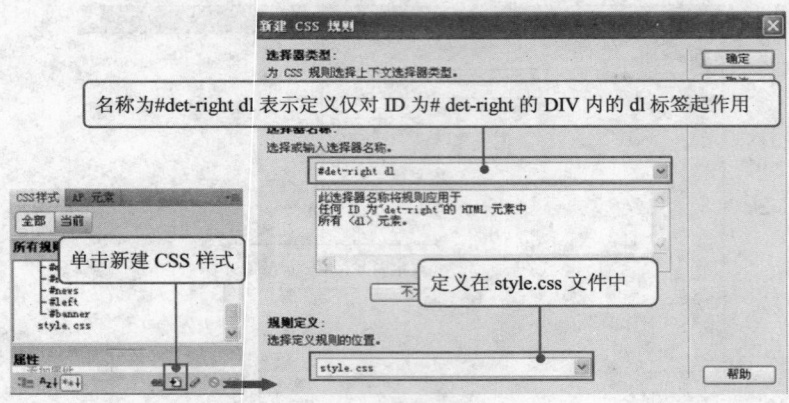

图 1-225　新建 CSS 样式

在打开的 CSS 规则定义面板中，类型选项做如图 1-226 所示的设置。

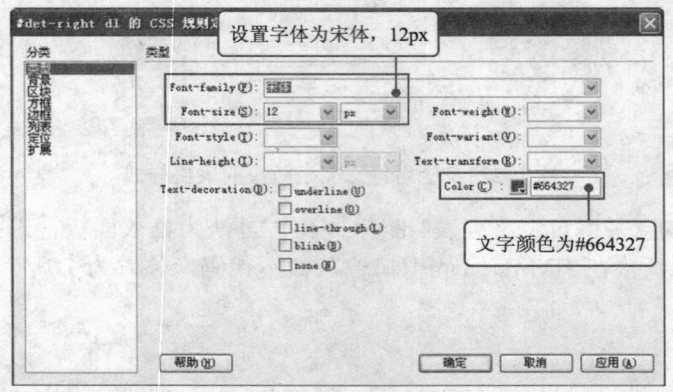

图 1-226　类型选项设置

再设定<dt>标签。新建 CSS 样式规则，如图 1-227 所示。

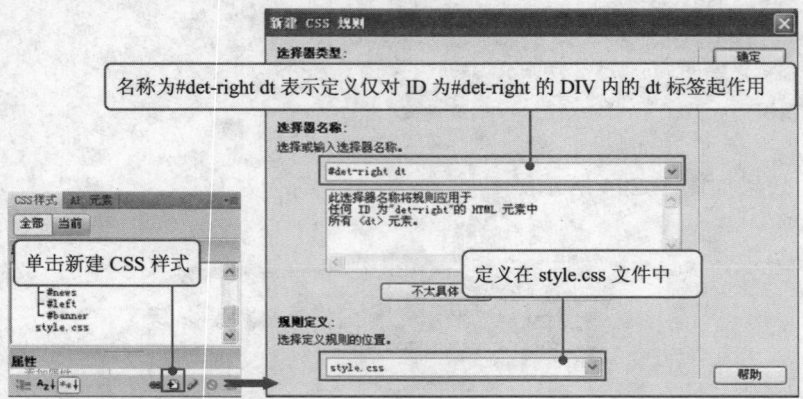

图 1-227　新建 CSS 样式

在打开的 CSS 规则定义面板中，类型选项做如图 1-228 所示的设置。

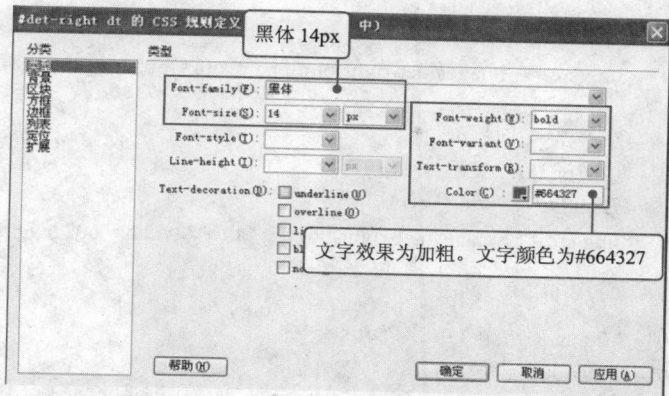

图 1-228　类型选项参数设置

此时，最新的右侧的内容区域制作完成，预览效果如图 1-229 所示。

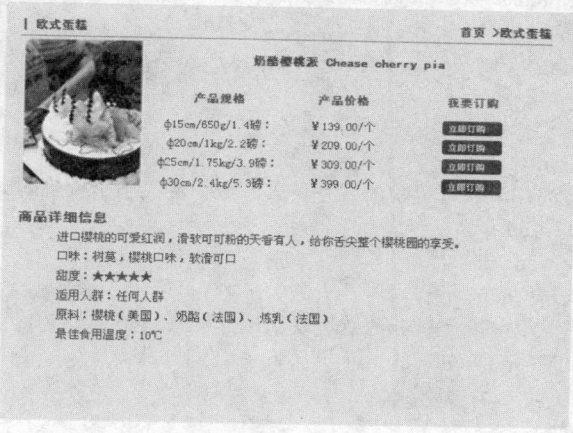

图 1-229　右侧内容区域预览效果

生成的 HTML 代码如下。

```
<div id="det-right"><!--det-right 开始-->
<h1>| 欧式蛋糕                                首页 >欧式蛋糕</h1>
<table width="530" border="0" cellspacing="0" cellpadding="0">
  <tr>
    <td width="125" rowspan="6"> <img src="../images/det-right-ad.jpg" width="125" height="161" /></td>
    <td height="46" colspan="3" class="tab-name">奶酪樱桃派 Chease cherry pia</td>
  </tr>
<tr class="tab-title">
    <td width="147" height="32">产品规格</td>
    <td width="101">产品价格</td>
    <td width="157">我要订购</td>
</tr>
<tr>
    <td height="20">φ15cm/650g/1.4 磅：</td>
```

```
      <td height="20">￥139.00/个</td>
      <td height="20"><img src="../images/det-right-btn.jpg" width="60" height="15" /></td>
    </tr>
    <tr>
      <td height="20">φ20cm/1kg/2.2 磅：</td>
      <td height="20">￥209.00/个 </td>
      <td height="20"><img src="../images/det-right-btn.jpg" alt="" width="60" height="15" /></td>
    </tr>
    <tr>
      <td height="20">φ25cm/1.75kg/3.9 磅：</td>
      <td height="20">￥309.00/个 </td>
      <td height="20"><img src="../images/det-right-btn.jpg" alt="" width="60" height="15" /></td>
    </tr>
    <tr>
      <td height="20">φ30cm/2.4kg/5.3 磅：</td>
      <td height="20">￥399.00/个 </td>
      <td height="20"><img src="../images/det-right-btn.jpg" alt="" width="60" height="15" /></td>
    </tr>
  </table>
  <dl><dt>商品详细信息</dt>
  <dd>进口樱桃的可爱红润，滑软可可粉的天香诱人，给你舌尖整个樱桃园的享受。</dd><dd>口味：
树蔓，樱桃口味，软滑可口</dd>
  <dd>甜度：★★★★★</dd>
  <dd>适用人群：任何人群</dd>
  <dd>原料：樱桃（美国）、奶酪（法国）、炼乳（法国）</dd>
  <dd>最佳食用温度：10℃</dd></dl>
  </div><!--det-right 结束-->
```

生成的 CSS 代码如下：

style.css 文件

```
#det-right h1 {
    font-family: "黑体";
    font-size: 12px;
    color: #664327;
    border-bottom-width: 1px;
    border-bottom-style: solid;
    border-bottom-color: #999;
    line-height: 20px;
    padding: 0px;
    margin-top: 15px;
    margin-right: 0px;
    margin-bottom: 0px;
    margin-left: 0px;
    width: 530px;
}
#det-right table {
    font-family: "宋体";
```

```
        font-size: 12px;
        color: #664327;
        text-align: center;
    }
    .tab-title {
        font-family: "黑体";
        font-size: 12px;
        color: #C30;
        font-weight: bold;
    }
    .tab-name {
        font-family: "黑体";
        font-size: 12px;
        font-weight: bold;
        color: #664327;
        background-color: #ffe8c9;
    }
    #det-right dl {
        font-family: "宋体";
        font-size: 12px;
        line-height: 20px;
        color: #664327;
    }
    #det-right dt {
        font-family: "黑体";
        font-size: 14px;
        font-weight: bold;
        color: #664327;
    }
```

layout.css 文件

```
#det-right {
    background-image: url(../images/right-bg.jpg);
    background-repeat: no-repeat;
    float: right;
    height: 436px;
    width: 573px;
    padding-left: 16px;
}
```

任务 5——制作下拉菜单

知识要点：Dreamweaver 行为面板，相关 HTML 标记；设为首页的制作方法；加入收藏的制作方法。

为导航页面制作下拉菜单。

任务分析

在网站菜单分类比较多的情况下，为了网站更加规整、简洁、高效率，一般都会选择下拉菜单的模式来实现，它是网页中常见的形式，当鼠标移到链接元素时，就会出现一个详细的二级菜单，当鼠标移开时，下拉菜单自动隐藏。本任务就以"美厨&美味"栏目为例制作一个下拉菜单。完成的效果如图 1-230 所示。

图 1-230　下拉菜单效果图

任务实施

本例中制作下拉菜单的方法是插入 DIV，放置相应的下拉菜单，在对相应的链接添加行为来控制相应的 DIV 现实状态。为了防止浏览器大小的变化会对下拉菜单的定位有影响，需要对 DIV 进行绝对定位的设置，为了保证下拉菜单在 banner 广告的上方实现，还需要对 Flash 设置 z-index 为负值，并设置 Flash 动画透明显示。具体的操作步骤如下。

1. 设置 Flash 动画的 z-index 参数

1）打开 index.html，新建一个类，命名为 flash-zindex，并保存在 style.css 样式表文件中，设置 z-index 值为-1。新建 CSS 样式规则，如图 1-231 所示。

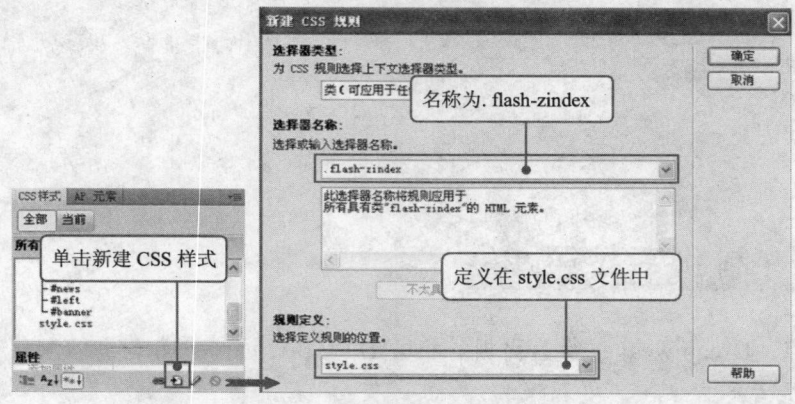

图 1-231　新建 CSS 样式

在打开的 CSS 规则定义面板中，定位选项做如图 1-232 所示的设置。

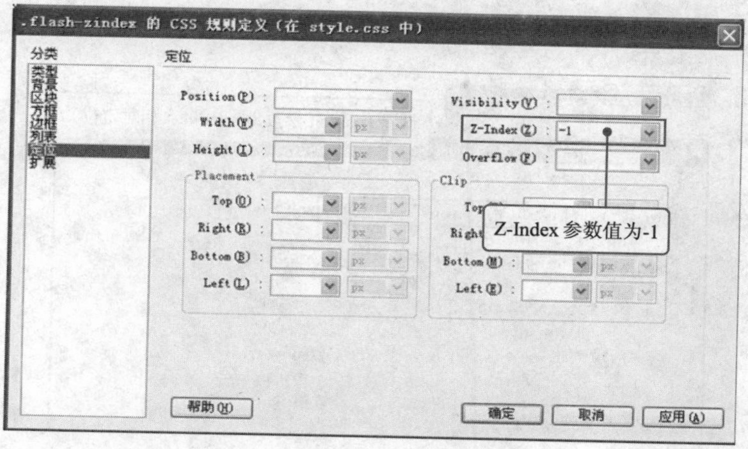

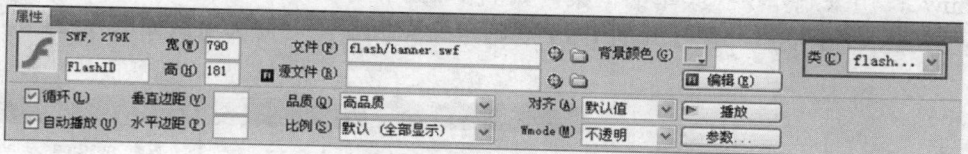

图 1-232   定位选项参数设置

生成的 CSS 代码如下。

```
.flash-zindex
{ z-index: -1; }
```

2）对 Flash 套用类。选中 Flash 动画，在属性面板中的类选项中选择套用 Flash-zindex 类，如图 1-233 所示。

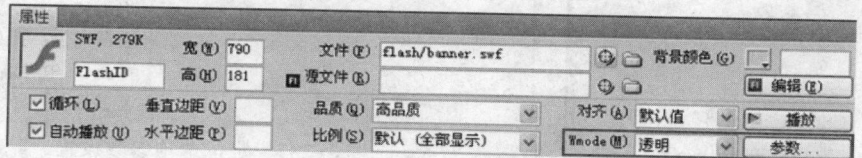

图 1-233   对 Flash 套用类

2. 设置 Flash 动画为透明显示

选中 Flash 动画，在属性面板中设置"wmode"参数为"透明"，如图 1-234 所示。

图 1-234   对 Flash 套用类

3. 制作下拉菜单

1）设置 DIV "nav" 的定位方式为相对定位。在 layout.css 样式表中找到对 DIV "nav" 的设置，双击打开 CSS 规则定义如图 1-235 所示。

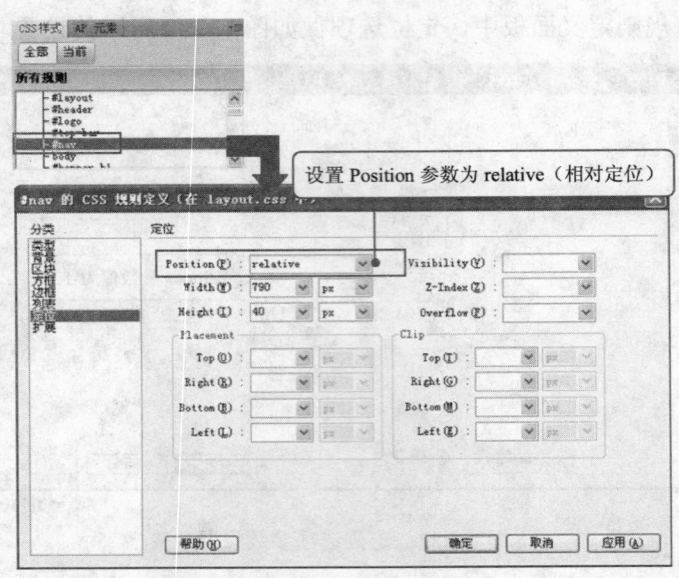

图 1-235 设置 position 参数

生成的 CSS 代码如下。

```
#nav
    { position: relative; }
```

2）制作下拉菜单框架。在 DIV "nav" 结束标签之前插入 DIV，对应的 ID 名称为 "a-mcmw"，用来制作下拉菜单的框架，如图 1-236 所示。

单击新建 CSS 按钮，在打开的 CSS 规则定义面板中，定位选项做如图 1-237 所示的设置。

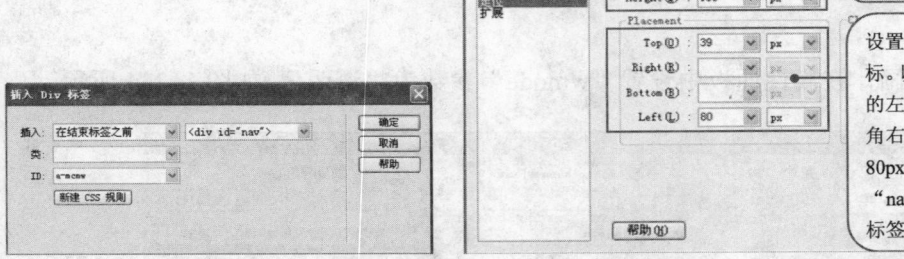

图 1-236 新建 DIV   图 1-237 定位选项参数设置

3）制作下拉菜单的内容。在 DIV "a-mcmw" 中插入<ul>列表，并为每个列表项设置链接，对应的 HTML 代码如下。

```
<div id="a-mcmw">
    <ul>
        <li><a href="#">公司简介</a></li>
        <li><a href="#">企业文化</a></li>
```

```
        <li><a href="#">所获奖项</a></li>
      </ul>
    </div>
```

设置该<ul>列表的 CSS 样式，具体操作与对 DIV "nav" 中的列表一样，把样式定义在 style.css 中。此处直接给出 CSS 代码。

```
#a-mcmw ul
{ background-color: #FFF; }
#a-mcmw a {
  font-family: "黑体";
  font-size: 12px;
  color: #FFF;
  text-decoration: none;
  background-color: #AA6D2B;
  display: block;
  height: 26px;
  width: 80px;
  line-height: 26px;
  text-align: center;
  border-bottom-width: 1px;
  border-bottom-style: dotted;
  border-bottom-color: #600;
}
```

4. 为下拉菜单添加行为

1）选中"美厨&美味"链接，按住键盘上的<Shift+F4>键，打开行为面板选择"添加行为"→"显示-隐藏元素"，对显示元素进行设置，如图 1-238 所示。

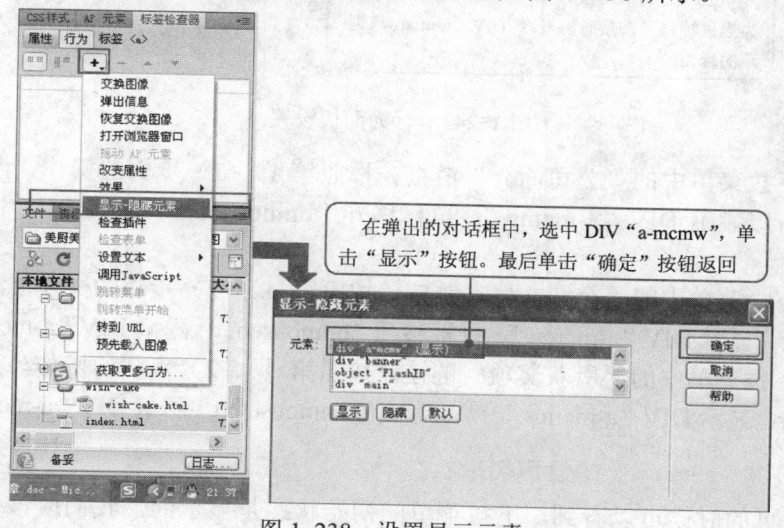

图 1-238 设置显示元素

回到行为面板后，行为面板中出现了刚才设定的"显示-隐藏元素"，设定该行为触发条件为"onMouseOver",参数如图 1-239 所示。

图 1-239　设置显示行为

2）选中"美厨&美味"链接,按住键盘上的<Shift+F4>键,打开行为面板选择"添加行为"→"显示-隐藏元素",对隐藏元素进行设置,如图 1-240 所示。

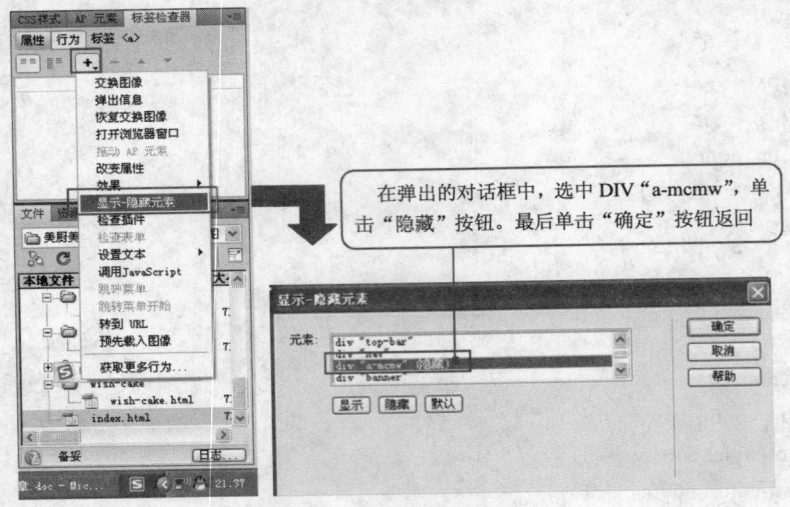

图 1-240　设置隐藏元素

回到行为面板后,行为面板中出现了刚才设定的"显示-隐藏元素",设定该行为触发条件为"onMouseOut",参数如图 1-241 所示。

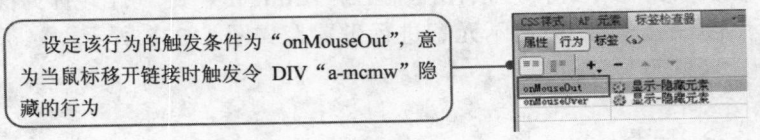

图 1-241　行为面板设置

3）选择下拉菜单中的"公司简介"链接,按照第 1）、2）步骤的操作,添加鼠标移上"onmouseover"显示 DIV "a-mcmw",鼠标移开"onmouseout"隐藏 DIV "a-mcmw"的行为。

4）选择下拉菜单中的"企业文化"链接,按照第 1）、2）步骤的操作,添加鼠标移上"onmouseover"显示 DIV "a-mcmw",鼠标移开"onmouseout"隐藏 DIV "a-mcmw"的行为。

5）选择下拉菜单中的"所获奖项"链接,按照第 1）、2）步骤的操作,添加鼠标移上"onmouseover"显示 DIV "a-mcmw",鼠标移开"onmouseout"隐藏 DIV "a-mcmw"的行为。

5. 设置 DIV "a-mcmw" 的显示初始状态

在预览网页的时候可以看到,下拉菜单的初始状态是显示的,我们应该更改它的初始状态为隐藏。选中 DIV "a-mcmw",在下方的属性栏中设置其可见性属性为"hidden",如

图 1-242 所示。

图 1-242　设置 DIV 可见性属性

注：

1）这里为了设置样式方便，所有链接都设置了空链接"#"，这种空链接拥有链接的样式和属性，但是当单击该链接的时候不会跳转到任何页面。

2）z-index 属性设置元素的堆叠顺序。拥有更高堆叠顺序的元素总是会处于堆叠顺序较低的元素的前面。该属性设置一个定位元素沿 z 轴的位置，z 轴定义为垂直延伸到显示区的轴。如果为正数，则离用户更近，为负数则表示离用户更远。

任务评价

本任务利用 Dreamweaver 中的行为完成，比较简单。在 Dreamweaver 中提供了很多如拖动层、弹出信息对话框等功能的实现。初学者中可以直接利用行为实现特殊的功能。但是使用行为生成的代码不易修改、每次删除的时候也会留下多余的代码，这也是一些高手不愿意使用行为的原因。关于这个任务的评价可以从以下几个方面考虑。

1）制作的速度，在熟练的情况下，制作一个菜单的时间应控制在 30min 以内。

2）要求不要生成多余的代码。

触类旁通

弹出广告也是应用比较多的行为功能。弹出广告可以在第一时间吸引浏览者的眼球，常用在"在线咨询"、"最新活动"等宣传中。弹出广告事件一般加载到网页的<body>标签中，当网页载入，即打开弹出窗口。以首页为例，制作的方法如下。

1）打开 index.html 首页，在状态栏中选中"body"标签，如图 1-243 所示。

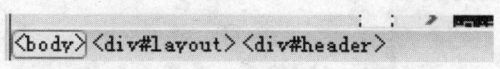

图 1-243　选中"body"标签

2）按住<Shift+F4>键并选择行为"面板"→"添加行为"→"打开浏览器窗口"，在"打开浏览器窗口"对话框中进行参数设置，如图 1-244 所示。

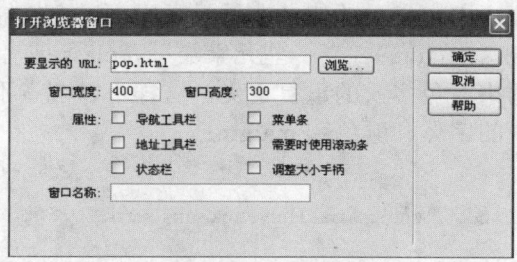

图 1-244　设置参数

135

任务 6——代码整合

任务情境

在任务 4 的基础上，对网页代码进行完善、整理和调试。

任务分析

通过观察生成的 CSS 代码，可以看出通过软件设置的 CSS 代码的冗余度非常高，有很多重复的定义，这些代码其实是可以缩写的，比如：边框（border）的属性如下。

```
border-width:1px;
border-style:solid;
border-color:#000;
```

可以缩写为如下一句。

```
border:1px solid #000;
```

在编写 CSS 代码中有许多实用的技巧。

1）明确定义单位，除非值为 0。这是指在 CSS 中，你必须给一个准确的单位，比如：width:100px width:100em。只有两个例外情况可以不定义单位：行高和 0 值。除此以外，其他值都必须紧跟单位，注意，不要在数值和单位之间加空格。

2）当在 XHTML 中使用 CSS，CSS 里定义的元素名称是区分大小写的。为了避免这种错误，建议所有的定义名称都采用小写。

3）通常 padding 的默认值为 0，background-color 的默认值是 transparent。但是在不同的浏览器中其默认值可能不同。如果怕有冲突，可以在样式表一开始就先定义所有元素的 margin 和 padding 值都为 0，例如：

```
* {
margin:0;
padding:0;
}
```

4）不需要重复定义可继承的值。在 CSS 中，子元素自动继承父元素的属性值，如颜色、字体等。已经在父元素中定义过的值，在子元素中可以直接继承，不需要重复定义。

5）组选择器（Group selectors）。当一些元素类型、class 或者 id 都有共同的一些属性时，就可以使用组选择器来避免多次的重复定义。这样可以节省不少字节。

例如，定义所有标题的字体、颜色和 margin：

```
h1,h2,h3,h4,h5,h6 {
font-family:"Lucida Grande",Lucida,Arial,Helvetica,sans-serif;
color:#333;
```

```
margin:1em 0;
    }
```

如果在使用时，有个别元素需要定义独立样式，可以再加上新的定义，以覆盖老的定义，例如：

```
h1 { font-size:2em; }
h2 { font-size:1.6em; }
```

6）针对 IE 的优化。有些时候，需要对 IE 浏览器的 bug 定义一些特别的规则，如 IE6.0 对 CSS 样式的支持就没有 IE7.0 全面，有些 CSS 样式在不同浏览器中的兼容情况也是不同的。这时就可以采用注释的方法，因为注释符号只是针对部分浏览器才有效。

① 在 IE 中隐藏一个 CSS 定义，可以使用子选择器（child selector）。

```
html>body p {
/* 定义内容 */
}
```

② 下面这个写法只有 IE 浏览器可以理解（对其他浏览器都隐藏）。

```
* html p {
/* declarations */
}
```

③ 还有些时候，你希望 IE/Win 有效而 IE/Mac 隐藏，这时可以使用"反斜线"技巧。

```
/* \*/
* html p {
declarations
}
/* */
```

④ 也可以采用条件注释的方法，用这个方法你可以给 IE 单独定义一些样式，而不影响主样式表的定义。例如：

```
<!--[if IE]>
<link rel="stylesheet" type="text/css" href="ie.css" />
<![endif]-->
```

7）使用 CSS 缩写。使用缩写可以减少 CSS 文件的大小，让代码更加容易阅读。常用的 CSS 缩写的主要规则如下。

① 颜色。16 进制的色彩值，如果每两位的值相同，可以缩写一半，例如，"#000000"可以缩写为"#000"，"#336699"可以缩写为"#369"。

② 盒尺寸。通常有下面 4 种书写方法。

● property:value1;表示所有边都是一个值 value1
● property:value1 value2;表示 top 和 bottom 的值是 value1，right 和 left 的值是 value2
● property:value1 value2 value3；表示 top 的值是 value1，right 和 left 的值是 value2，bottom 的值是 value3
● property:value1 value2 value3 value4；四个值依次表示 top，right，bottom，left

方便的记忆方法是顺时针，上右下左。具体应用在 margin 和 padding 的例子如下。

margin:1em 0 2em 0.5em；

③ 边框（border）。边框的属性如下。

border-width:1px；

border-style:solid；

border-color:#000；

可以缩写为一句：border:1px solid #000；

语法是 border:width style color。

④ 背景（Backgrounds）。背景的属性如下。

background-color:#f00；

background-image:url(background.gif) ；

background-repeat:no-repeat；

background-attachment:fixed；

background-position:0 0；

可以缩写为一句：background:#f00 url(background.gif) no-repeat fixed 0 0。

语法是 background:color image repeat attachment position；

你可以省略其中一个或多个属性值，如果省略，该属性值将用浏览器默认值，默认值如下。

color: transparent

image: none

repeat: repeat

attachment: scroll

position: 0% 0%

⑤ 字体（fonts）。字体的属性如下。

font-style:italic；

font-variant:small-caps；

font-weight:bold；

font-size:1em；

line-height:140%；

font-family:"Lucida Grande",sans-serif；

可以缩写为一句：font:italic small-caps bold 1em/140% "Lucida Grande",sans-serif；

注意，如果你缩写字体定义，至少要定义 font-size 和 font-family 两个值。即只有定义了字体的大小和字体时才可以缩写。

⑥ 列表（lists）。取消默认的圆点和序号时可以这样写。list-style:none;list 的属性如下。

list-style-type:square；

list-style-position:inside；

list-style-image:url(image.gif) ；

可以缩写为一句：list-style:square inside url(image.gif) ；

任务实施

在本例中我们利用 CSS 的规则、layout.css 和 style.css 文件进行代码优化。

打开 layout.css 文件，对#layout 的定义见表 1-40。

表 1-40   #layout 定义

整 合 前	整 合 后

#layout{
 	
background-color: #FFF;
 	
width: 826px;
 	
height:auto;
 	
margin-top: 0px;
 	
margin-right: auto;
 	
margin-bottom: 0px;
 	
margin-left: auto;
 	
}
	#layout{
	
	background-color: #FFF;
	
	width: 826px;
	
	margin:0 auto;
	
	}

对#header 定义见表 1-41。

表 1-41   #header 定义

整 合 前	整 合 后

#header {
 	
background-image: url(../images/header-bg.jpg);
 	
background-repeat: repeat-x;
 	
height: 118px;
 	
width: 826px;
 	
}
	#header {
	
	background: url(../images/header-bg.jpg) repeat-x;
	
	height: 118px;
	
	width: 826px;
	
	}

对#logo 定义见表 1-42。

表 1-42   #logo 定义

整 合 前	整 合 后

#logo {
 	
background-image: url(../images/logo.jpg);
 	
background-repeat: no-repeat;
 	
float: left;
 	
height: 79px;
 	
width: 321px;
 	
}
	#logo {
	
	background: url(../images/logo.jpg) no-repeat;
	
	float: left;
	
	height: 79px;
	
	width: 321px;
	
	}

对#nav 定义见表 1-43。

表 1-43 #nav 定义

整 合 前	整 合 后

#nav {
 	
    background-image: url(../images/nav-bg.jpg);
 	
    background-repeat: no-repeat;
 	
    height: 40px;
 	
    width: 790px;
 	
    clear: both;
 	
    margin-left: 15px;
 	
    position: relative;
 	
}
	#nav {
	
	    background: url(../images/nav-bg.jpg) no-repeat;
	
	    height: 40px;
	
	    width: 790px;
	
	    clear: both;
	
	    margin-left: 15px;
	
	    position: relative;
	
	}

对#right 定义见表 1-44。

表 1-44 #right 定义

整 合 前	整 合 后

#right {
 	
    background-image: url(../images/right-bg.jpg);
 	
    background-repeat: no-repeat;
 	
    float: right;
 	
    height: 436px;
 	
    width: 573px;
 	
    padding-left: 16px;
 	
}
	#right {
	
	    background: url(../images/right-bg.jpg) no-repeat;
	
	    float: right;
	
	    height: 436px;
	
	    width: 573px;
	
	    padding-left: 16px;
	
	}

对#news 定义见表 1-45。

表 1-45 #news 定义

整 合 前	整 合 后

#news {
 	
    background-color: #cbdda7;
 	
    clear: both;
 	
    height: 129px;
 	
    width: 806px;
 	
    margin-bottom: 5px;
 	
    margin-left: 5px;
 	
    margin-top: 2px;
 	
    padding-top: 10px;
 	
    padding-left: 10px;
 	
}
	#news {
	
	    background-color: #cbdda7;
	
	    clear: both;
	
	    height: 129px;
	
	    width: 806px;
	
	    margin:2px 0px 5px 5px;
	
	    padding: 10px 0px 0px 10px;
	
	}

对#left 定义见表 1-46。

表 1-46 #left 定义

整 合 前	整 合 后

#left {
 background-image: url(../images/left-bg.jpg);
 background-repeat: no-repeat;
 float: left;
 height: 436px;
 width: 213px;
 margin-left: 16px;
 }
	#left {
	 background: url(../images/left-bg.jpg) no-repeat;
	 float: left;
	 height: 436px;
	 width: 213px;
	 margin-left: 16px;
	 }

对#banner 定义见表 1-47。

表 1-47 #banner 定义

整 合 前	整 合 后

#banner {
 background-image: url(../images/banner-bg.jpg);
 background-repeat: repeat-x;
 clear: both;
 height: 211px;
 width: 790px;
 margin-left: 16px;
 }
	#banner {
	 background: url(../images/banner-bg.jpg) repeat-x;
	 clear: both;
	 height: 211px;
	 width: 790px;
	 margin-left: 16px;
	 }

对#det-right 定义见表 1-48。

表 1-48 #det-right 定义

整 合 前	整 合 后

#det-right {
 background-image: url(../images/right-bg.jpg);
 background-repeat: no-repeat;
 float: right;
 height: 436px;
 width: 573px;
 padding-left: 16px;
 }
	#det-right {
	 background: url(../images/right-bg.jpg) no-repeat;
	 float: right;
	 height: 436px;
	 width: 573px;
	 padding-left: 16px;
	 }

对#aboutus-right 定义见表 1-49。

表 1-49　#aboutus-right 定义

整 合 前	整 合 后

#aboutus-right {
　　　background-image: url(../images/right-bg.jpg);
　　　background-repeat: no-repeat;
　　　float: right;
　　　height: 436px;
　　　width: 573px;
　　　padding-left: 16px;
}
	#aboutus-right {
	　　　background: url(../images/right-bg.jpg) no-repeat;
	　　　float: right;
	　　　height: 436px;
	　　　width: 573px;
	　　　padding-left: 16px;
	}

对于 layout.css 文件的整理就结束了。

任务评价

本任务的主要目的就是规范代码，在评价任务时可以从以下几个方面考虑。

1）缩减代码。根据 CSS 代码的缩写规则对代码进行恰当的缩写，以减少代码量。

2）检查代码的命名、书写是否规范。

3）检查代码中是否存在重复的定义。

4）代码中数值的单位是否填写完整。

5）代码中是否大小写混用。

6）是否重复定义可继承的值。

触类旁通

通过本任务的讲解，希望读者了解到代码的意义，了解代码的魅力所在，不要害怕代码而过分依赖所见即所得的网页编辑软件。更多地了解代码后可以不受限制地方便地修改网页。

可以按照规则修改网页中的 style.css 文件来获得更多的经验。

对# nav a 定义见表 1-50。

表 1-50　# nav a 定义

整 合 前	整 合 后

#nav a {
　　　font-family: "黑体";
　　　font-size: 12px;
　　　line-height: 39px;
　　　color: #FFF;
　　　text-decoration: none;
　　　height: 39px;
　　　width: 80px;
　　　display: block;
　　　text-align: center;
}
	#nav a {
	　　　font: "黑体" 12px/39px #FFF;
	　　　text-decoration: none;
	　　　height: 39px;
	　　　width: 80px;
	　　　display: block;
	　　　text-align: center;
	}

对# nav a:hover 定义见表 1-51。

表 1-51   # nav a:hover 定义

整　合　前	整　合　后

#nav a:hover {
　　background-image: url(../images/nav-hover-bg.jpg);
　　background-repeat: repeat-x;
　　color: #600;
}
	#nav a:hover {
	　　background: url(../images/nav-hover-bg.jpg) repeat-x;
	　　color: #600;
	}

其他代码的类似修改之处有很多，就不一一列举了，请按照缩写规则进行修改。

一个大型网站在建立的初期一般会先写一个总体规划样式的通用 CSS 文件 "common.css"，它用来把一些网页自带的属性全部去掉，如去掉 ul 列表的项目符号，去掉超链接的下划线，去掉表格的边界值等。下面给出一个常见的 CSS 通用文件以供参考，详见配套资源中的素材文件夹。

小结

本项目以一个电子商务型网站入手，详细讲解了从需求分析开始到设计图到拆分图纸直至完成该网站首页的制作全过程，介绍了如何把设计图转化为 HTML 页面，并利用 CSS+DIV 进行网页制作的全过程。希望读者可以掌握严谨的制作流程，细致的调试过程以及规范的命名和具体的制作方法。只要按照标准的方法，再复杂的页面也都可以轻松掌握。

实战强化

完成本网站其余各个子页面，效果如配套资源中的素材所示。

项目2 电子类企业网站设计

1）了解企业网站制作的一般流程，了解企业网站制作项目的内部分工协作机制。

2）从技术层面上，使学生掌握 Dreamweaver CS5 制作企业网站的基本技巧。

3）掌握 HTML 代码编写设计网页的基本技巧。学会使用标准化的编程语言书写代码，养成良好的编程习惯。

项目介绍:

1. 背景介绍

在互联网无处不在的今天，企业利用网络进行营销、宣传，与消费者沟通，网络已经成为企业生存发展的必然选择。本项目以电子类企业网站为基准，讲解了电子类企业网站制作的一般流程，希望在本项目学习完成后，能让同学们对电子类企业网站制作有一个基本了解。

2. 技术要求

1）深入了解 DIV+CSS 布局网页技术，使用模板化设计，方便网站内容的更新。

2）根据设计需要，对文本、版式样式等内容进行分析，建立相关样式，进行内容的添加。

3）结合 JS 特效知识，对网页添加层、JS 的特效，增强网页的动态效果。

4）最终提交完成的结果包括 PSD 首页样稿，HTML、CSS 源码。

3. 网站制作的流程

在实际工作中，专业网站制作都遵循一定的流程。一般来说，一个小型网站的制作，先由业务员和公司洽谈，由公司需要的功能、设计以及动画的多少来决定价格，签订合同，然后网络公司开始制作网站，根据客户提出的要求以及设想设计出网站，制作好后，把网站上传到服务器给客户看，客户可以根据自己的想法和要求提出修改意见。一般来说，如果价格高，则可以修改多些，如果价格低，就只能进行一些小的修改。当然这个网站本身还是好的，只是在低价格下无法定制而已。

一般公司网站的费用主要包括网站制作费、域名年费、空间年费，其他的备案和安全维护通常都是免费的。企业网站制作的一般流程如图 2-1 所示。

本项目的制作省去了前期环节，直接进入网站设计与制作部分。

（1）网站设计

当我们在浏览器中打开某一个网站时，首先看到的是访站的网页效果，包括页面的框架与构图、导航系统的设置、内容的安排、色彩的应用等，这一切都属于网页设计的范畴。

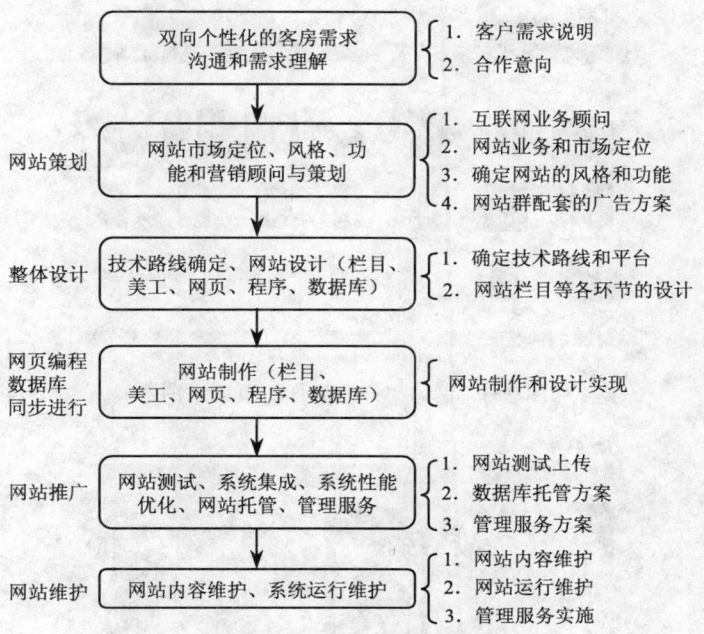

图 2-1　企业网站制作流程

　　本项任务应完成的网站设计包括确定栏目、美工设计、网页标准字体、网站 Logo、基本颜色、动画设计、图片素材的整理等。然后再根据此定位分别作出首页、二级页面及内容详页 PSD 草图，并根据需要切图备用，如图 2-2、图 2-3、图 2-4 所示。

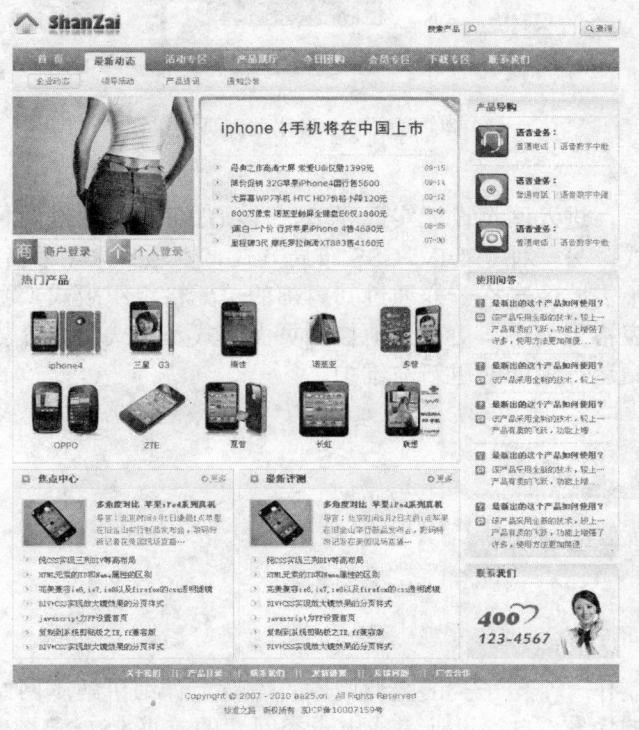

图 2-2　网站首页效果图

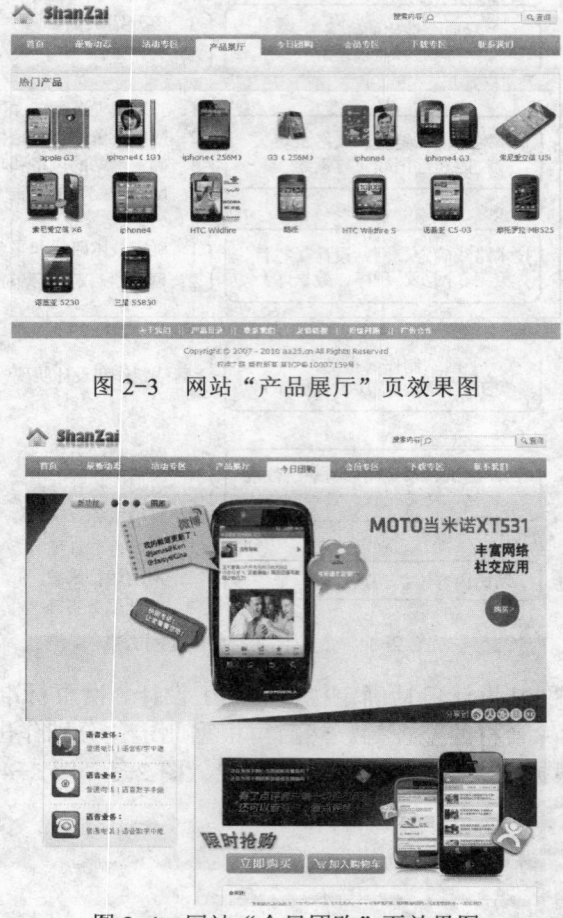

图 2-3　网站"产品展厅"页效果图

图 2-4　网站"今日团购"页效果图

（2）网站制作

　　网站设计完成后，进入网页设计实现环节，该项任务可以通过两种方式完成：一种是传统的表格布局方式；另一种是 DIV+CSS 布局方式。本项目采用后者完成。

　　DIV 在使用时不需要像表格一样通过其内部的单元格组织版式，通过 CSS 强大的样式定义功能就可以比表格更简单、更有效地控制页面版式及样式。内容与样式分离的设计特点，使其更易于网站运行期间的更新与维护。

任务 1——前期准备

> 知识要点：网站的制作流程

任务情境

　　本项目是设计制作一个电子类的企业网站，本章节详细讲解本网站的制作过程，同学们可以根据本章节的内容，自行设计完成电子类网站的首页 PSD 草图。首页和二级子页的网页设计、制作，要求除首页外至少制作 4 个二级页面。

　　网页设计精彩纷呈，实现同一效果的方法也很多，但一般都遵循如下步骤：项目分析（包括需求分析、企业网站定位、功能分析等）、草图绘制、相关动画制作及网站图片截取、网页制作、特效制作、后台制作等。建议同学们根据实际情况分成几个小组，各小组根据所领任务设计几套方案，再经分析讨论达成共识后实施，各组选出组长，负责组内人员的工作安排及组间的协调。

　　上述教学情境方式是模仿网络公司制作网站的工作方式，用它完成本章节的教学任务，更易于学生的角色转换，使学生们在提高专业技能的同时，又培养了创意水平及协作沟通能力，为将来的实际工作奠定了基础。

任务分析

1．网站需求分析

　　一个网站项目的确立是建立在各种各样的需求上的，这种需求往往来自于客户的实际需求或者是公司自身发展的需要。其中客户的实际需求占了绝大部分。需求分析中需要编写的文档主要是"网站功能描述书"。在本项目中，除首页外，还包括最新动态、产品展厅等 7 个二级页面。

2．定位分析

　　我们要制作的是电子类企业网站。作为一个企业网，定位清晰、受众广泛，企业通过互联网发布信息，供全球检索，以此来宣传企业、展示产品及服务，并通过网络与各行各业交流、推销并合作。企业在互联网上实现的主要目的如下。

　　1）利用互联网宣传扩大企业的知名度。

　　2）扩大宣传，方便用户。

　　3）获取和发布商业信息，寻找潜在的用户，促进贸易。

3．功能分析

　　根据上述的定位分析，拟定有如下功能。（此项目只为讲解所用，实际需要时可自行修改。）

　　（1）最新动态

　　（2）活动专区

　　（3）产品展厅

　　（4）今日团购

　　（5）会员专区

　　（6）下载专区

　　（7）联系我们

任务实施

　　依据对本网站的上述分析，首先应完成首页的 PSD 草稿设计。需按照以下步骤进行。

1．确定整体风格

　　包括站点的 CI（标志、色彩、字体、标语）、版面布局、浏览方式、交互性、文字、语气、内容价值、存在意义、站点荣誉等诸多因素。

2.首页布局

分析网页的布局方式对于后台搭建页面非常重要。拿到设计图之后首先要做的就是分析版式结构，了解总体的布局设计。这里我们对首页布局进行分析。首页制作采用 DIV+CSS 样式表布局形式，主要分为 header（头部）、nav（导航）、maincontent（主内容区）、footer（底部）4 个部分，如图 2-5 所示。

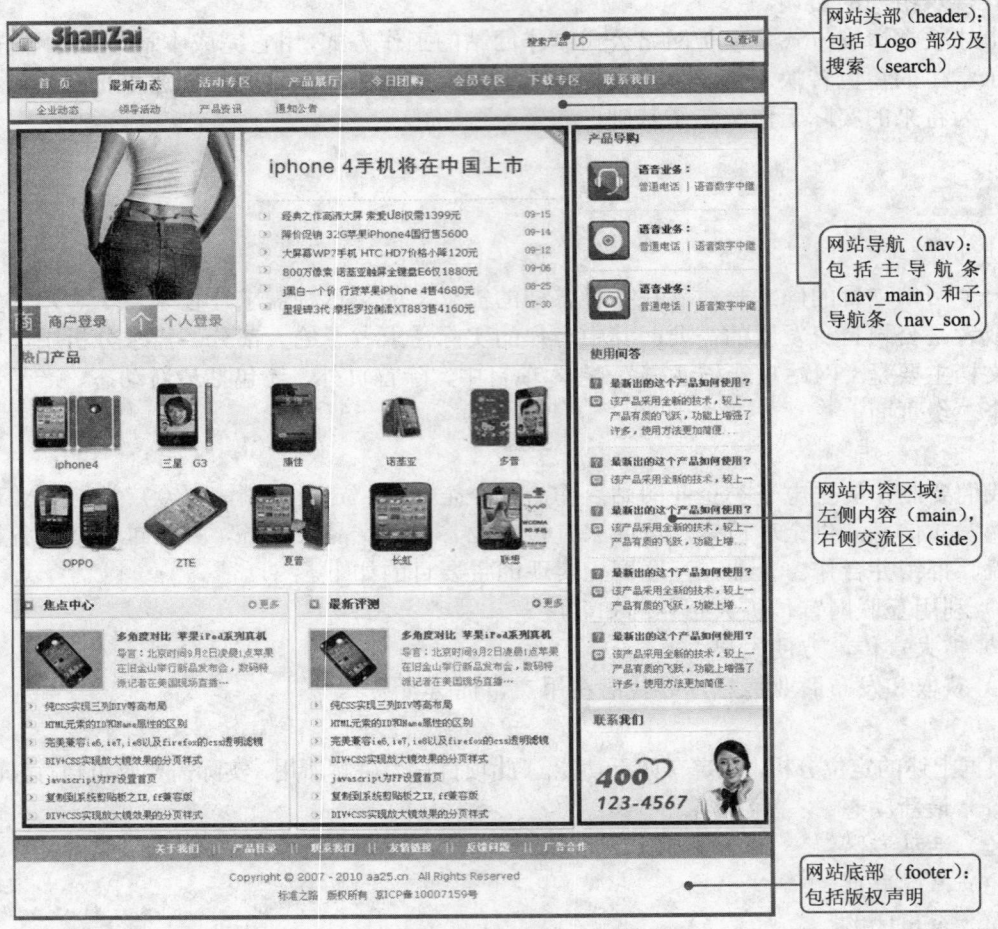

图 2-5　首页结构分析

从首页效果图我们可以得到如下结果。

（1）页面色彩与结构

1）页面的背景为白色，配色颜色值为#fe8800。（在 Photoshop 中用吸管工具确定颜色的值。）

2）页面在窗口中居中显示。

3）网页整体分为上中下结构。

（2）文字分析

网页的文字效果利用 CSS 进行控制。

1）网站内默认文字大小为 12px，行高为 1.5。

2）导航栏目的文字属性为粗体、14 号、白色。当前导航显示背景为白，文字颜色为黑。

3）主内容区的小标题设定为 "h2"。

4）底部链接区背景为灰，文字为白色。

3. 布局尺寸测量

按照效果图提取尺寸。此步骤在 Photoshop 中完成。例如页面的宽度（白色背景的区域）为 900px，导航栏宽度为 900px，高度为 66px，如图 2-6 所示。（有关 Photoshop 中的操作不在本项目讲解的范围之内。）

图 2-6　在 Photoshop 中测定尺寸

4. 图片素材导出

网页布局设计完成以及区块大小尺寸确定后，接下来就是对所需图片进行切图处理。

任务评价

学生要根据实际情况针对本项目所给的效果图进行页面布局、颜色、实现功能及页面美化等分析。也可以根据本组研究结果另行修改设计草图，得出分析报告，制作出首页及二级页面的 PSD 草图。这里要注重学生的创意发挥能力的培养。既要发挥学生的潜意识中的创造力，也不能忽视对整个网站设计上的把握。一定要主题鲜明，导向清晰，技术上易于实现，方便后期的维护与更新。

任务拓展

为了使网页更受欢迎，提高浏览者的兴趣，设计时应注重如下几个原则。

1）明确主题，整个网站设计要紧紧围绕主题进行。

2）首页设计上除满足基本要求，还应按功能区块划分清楚，简洁、美观，设计上符合公司风格。

3）互联网的特色之一就是互动性。好的网站首页必须与访问者有良好的互动。好的互动会让访问者感觉亲切，从而更加关注网站信息。

4）图像应用要恰当。好的图像应用不但醒目，而且更能在视觉上体现冲击力，更吸引人。

5）分类应明晰，使访问者较容易地找到目标。

6）避免滥用技术。好的、恰当的网页技术应用能有好的视觉效果，而不恰当地滥用技术，则会让网页看起来混乱，使访问者失去访问兴趣。

7）及时更新和维护。这点很重要，网站建好之后，后期的更新要及时，访问者更希望看到新鲜的东西。

触类旁通

首页 PSD 草稿给出之后，再进行二级页面的设计。为使风格保持统一，二级页面的头部（header）、导航（nav）和底部（buttom）与首页相同，可以将这部分制作成模板，方便后期维护。主要内容区（maincontent）保留 div 布局，具体内容根据各二级页面的主题添加，如图 2-7 所示。

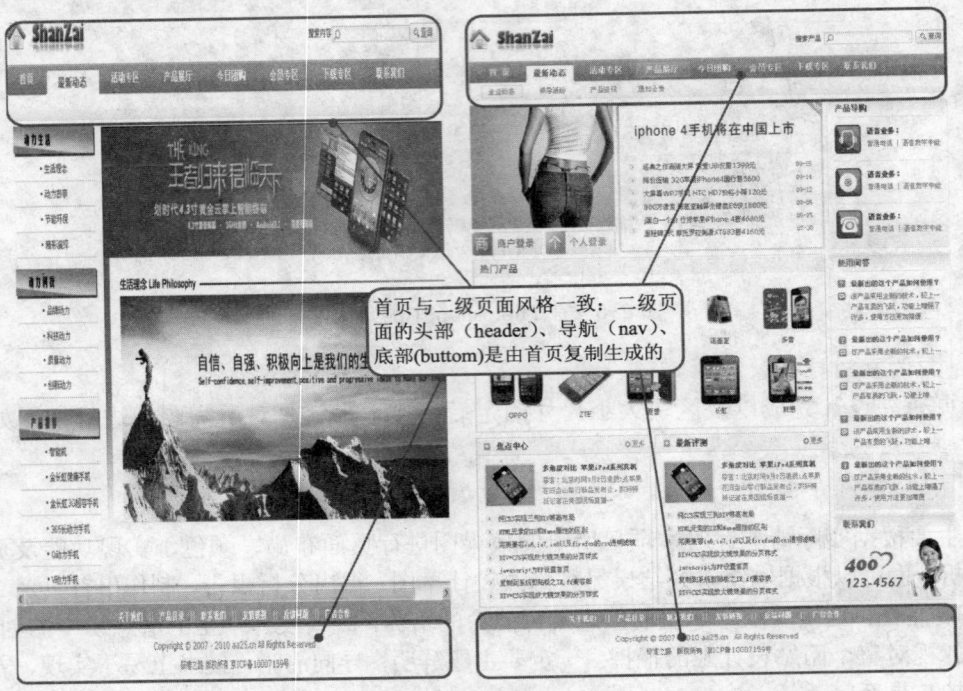

图 2-7　二级页面的设计风格与首页一致

任务 2——建立站点

知识要点：站点的建立；站点命名规则；站点的编辑与管理。

任务情境

前期的准备工作就绪之后，我们就开始网站的建站工作。

任务分析

在制作 HTML 页面之前，首先要在 Dreamweaver CS5 中建立一个新的站点。这样的好处是可以在 Dreamweaver 中对文件进行管理，可以使用相对路径进行链接，改变路径还可以自动更新链接等。

要求学生建立站点文件夹，按照文件结构组织内容，把相关内容归类，并且在 DW 中建立站点。有关站点的结构标准、行业化要求及使用规范的目录结构以及规范的命名方法等知识已在项目 1 的相关章节中有具体的讲解，这里不再赘述。

存放站点文件夹的磁盘依需要而定。在本项目中，我们在 F 盘创建一个名为"shanzai"的站点文件夹。在"shanzai"文件夹中，又包括 9 个子文件夹，分别为用于存放网站的二级子页面的文件夹 7 个，用于存放本网站所需的样式表的 CSS 文件夹 1 个，用于存放网站所需的图片或动画的 images 文件夹 1 个。

注意：站点名称可以是中文，但存放站点的文件夹名称及其内部存放的所有文件夹及文件名都应是以英文字母或数字命名的，否则在浏览器中打开或上传时会出错，因为大部分网络不支持中文文件夹。

任务实施

1. 设计物理结构图

根据客户的实际需求以及网站设计的行业规定，设计出本网站的树形物理结构图，如图 2-8 所示。

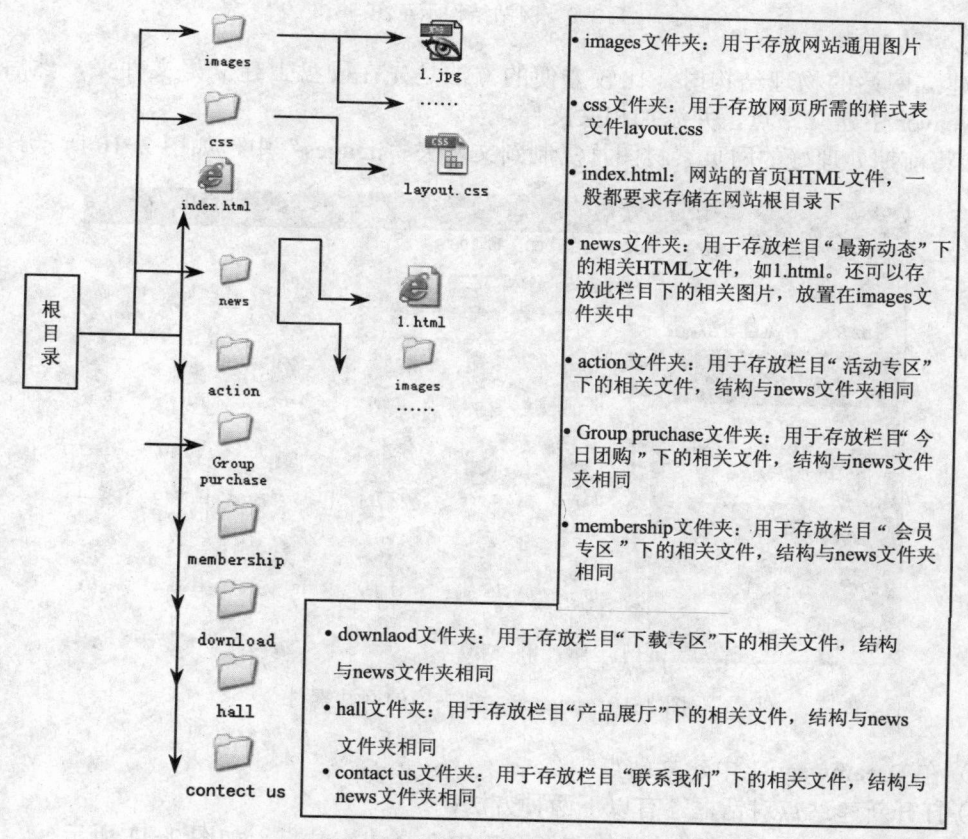

图 2-8 网站树形物理结构图

151

2．建立网站的物理结构

1）在硬盘上建立一个文件夹，文件夹最好命名为与本网站相关的名称，本例把网页文件存储在 F 盘下，文件夹命名为"shanzai"。 在"shanzai"文件夹中又建立了 9 个相关的文件夹，用来存储网站图片、样式表及二级子页等文件，如图 2-9 所示。

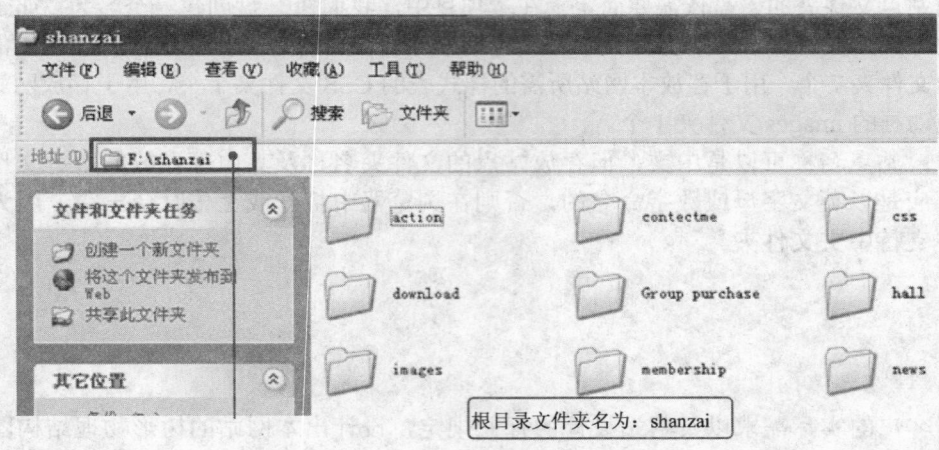

图 2-9　网站结构示意图

在建立网站的物理结构时，比较方便的方法是先在硬盘上建立好文件夹，然后再在 Dreamweaver 中建立站点，并添加相关文件。

2）将前期处理好的网页素材图片复制到文件夹"images"中，如图 2-10 所示。

图 2-10　images 文件夹中的网站素材

3）在 Dreamweaver 中建立站点。

① 打开新建站点对话框。有以下两种方法：

方法 1：在 Dreamweaver 的起始欢迎菜单中选择建立站点，如图 2-11 所示。

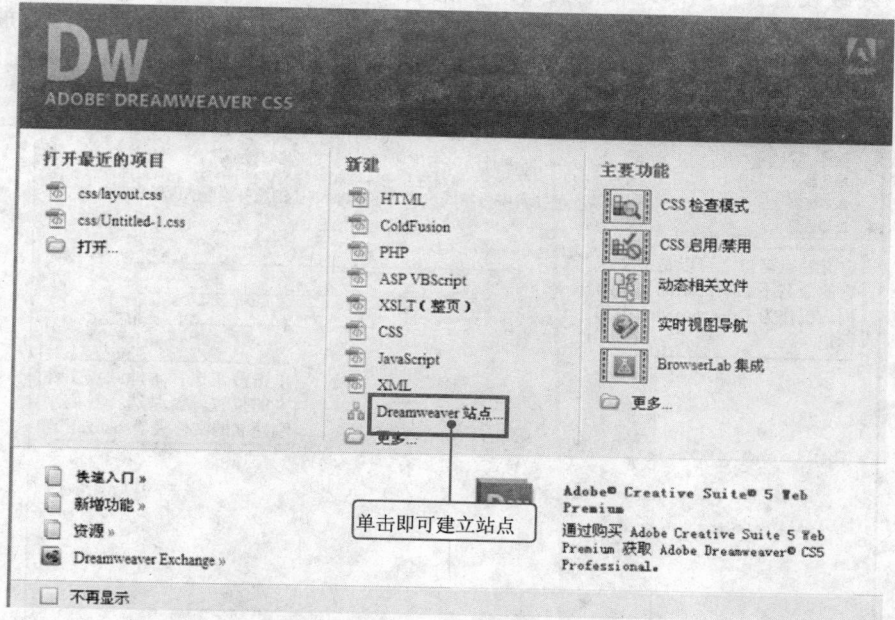

图 2-11 在起始欢迎菜单选择建立站点

方法 2：选择应用程序栏中的"站点"→"新建站点"，即可打开"新建站点"对话框，如图 2-12 所示。

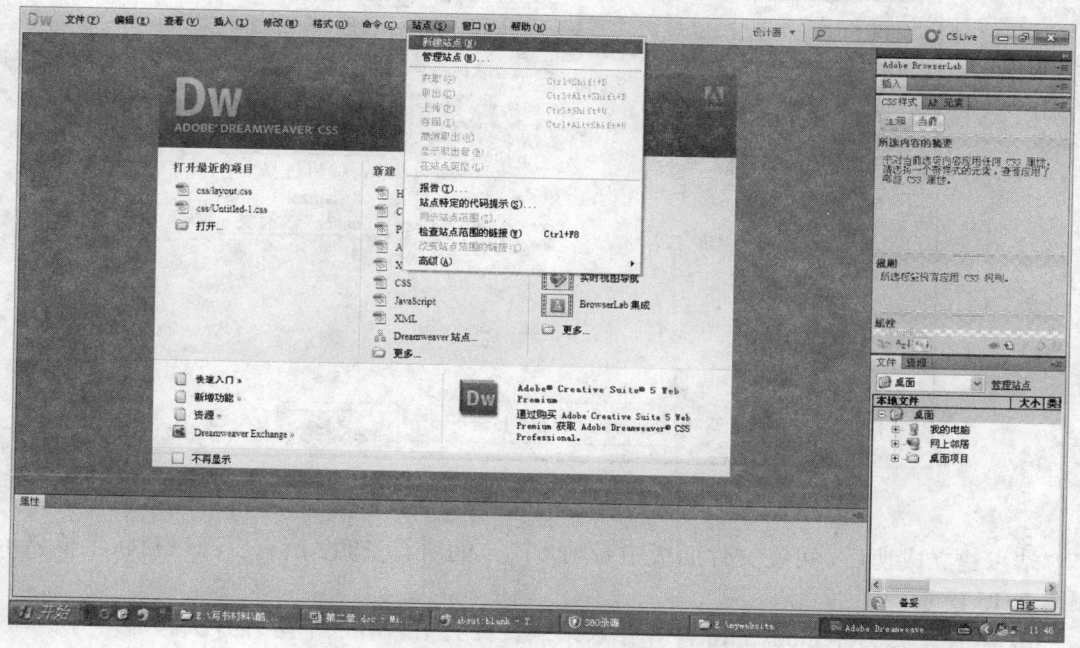

图 2-12 在应用程序栏中选择建立站点

② 在弹出的"新建站点"对话框中填写网站的相关信息，如图 2-13 所示。

选择"高级设置"→"本地信息",为本网站指定默认图片文件夹。在网页制作过程中如果引用了网站外的图片等文件,则系统就会出现提示,然后将引入的新图片存放在这个指定的文件夹内,这样易于图片等网页素材的管理,如图 2-14 所示。

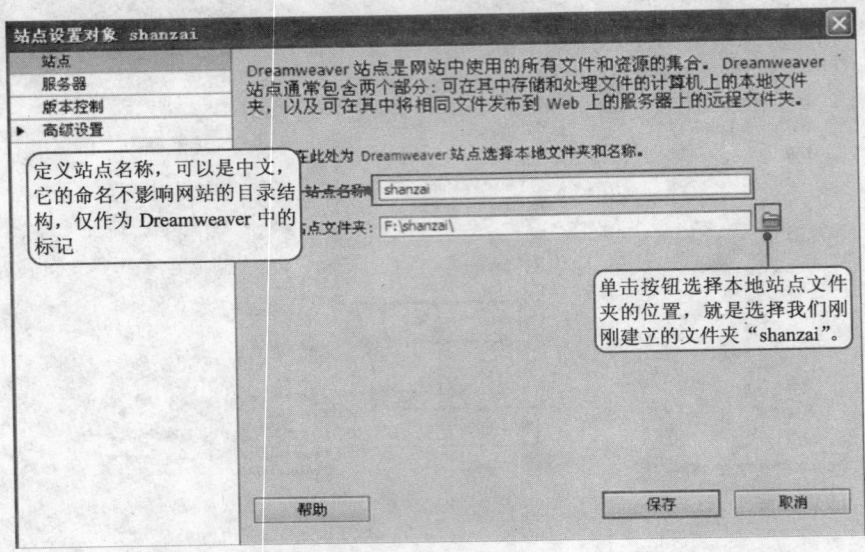

图 2-13　填写站点信息

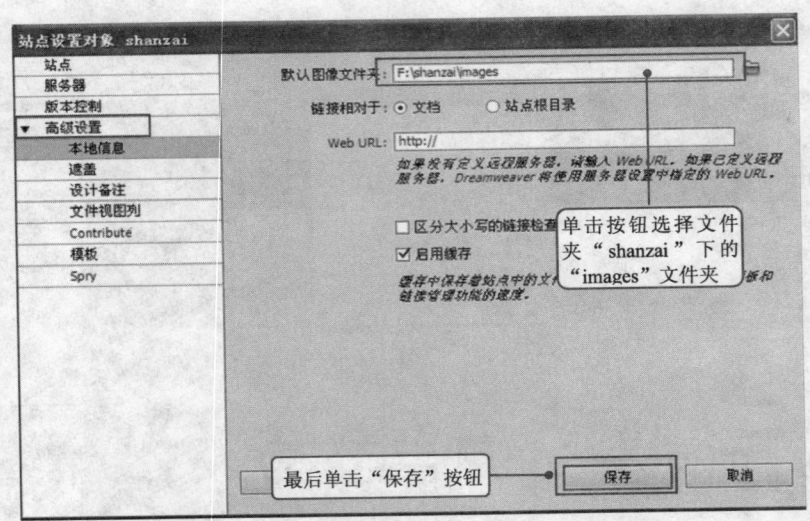

图 2-14　为站点指定默认图片文件夹

站点建立成功后,可在文件面板中看到本站点的所有资源。所有资源以树状菜单显示,如图 2-15 所示。

③ 建立首页文件 index.html,并存入站点文件夹中。有以下两种方法。

方法 1:在文件面板中使用鼠标右键单击站点根目录文件夹,在弹出的快捷菜单中选择"新建文件",并更改文件的名字为 index.html,如图 2-16、图 2-17 所示。

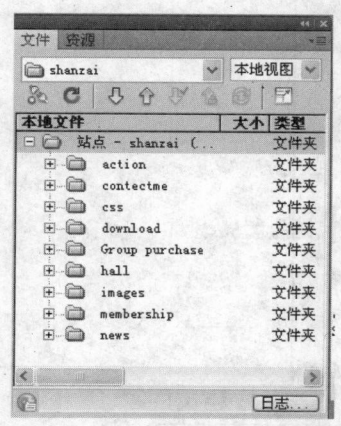

图 2-15 文件面板

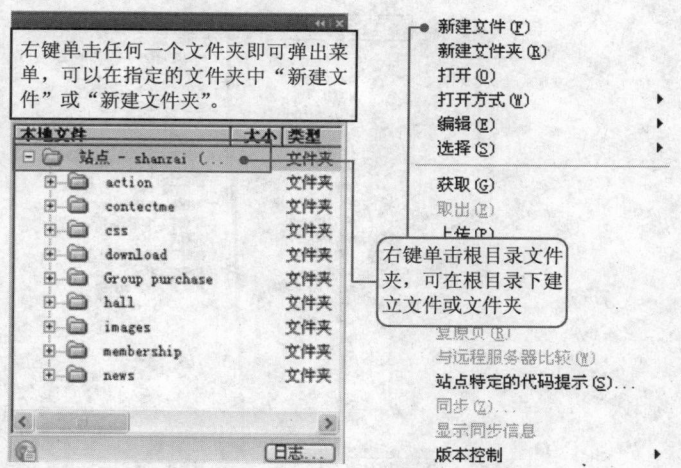

图 2-16 "文件"面板新建文件

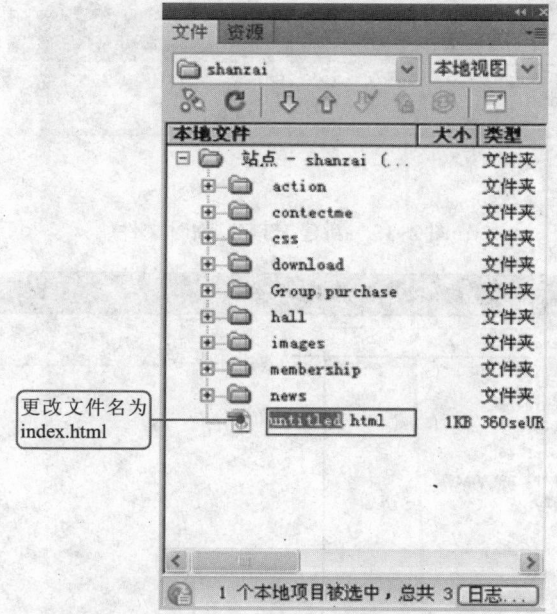

图 2-17 为新建 HTML 文件重命名

　　方法 2：选择应用程序栏中的"文件"→"新建"命令，或按快捷键<Ctrl+N>。弹出"新建文档"对话框，选择新建"空白页"，在"页面类型"中选择 HTML，"布局"中选择"无"，单击"创建"按钮，建立文件，如图 2-18 所示。

　　新建的文档是没有存储的临时文件，默认文件名为"untitled.html"，我们需要把它存储到网站文件夹中，如图 2-19 所示。

　　选择应用程序栏中的"文件"→"另存为"命令，或按快捷键<Ctrl+S>。在弹出的"另存为"对话框中选择存储路径并修改文件名，如图 2-20 所示。

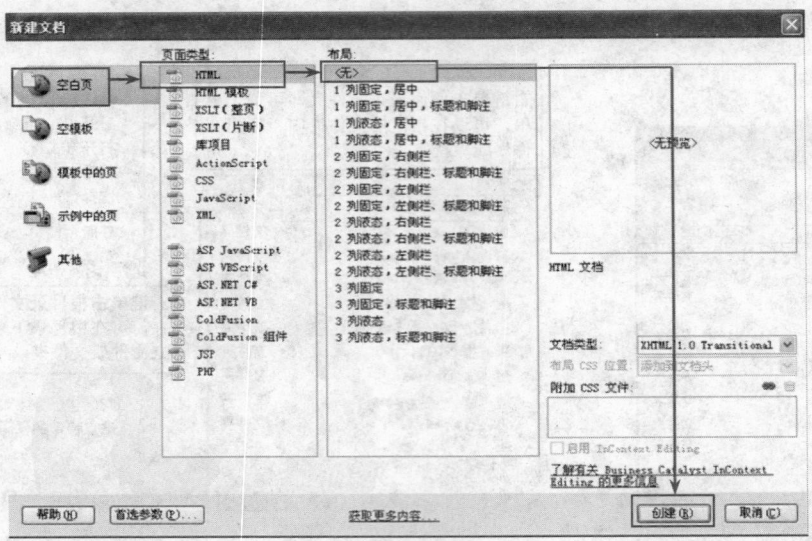

图 2-18　在应用程序栏中新建 HTML 文件

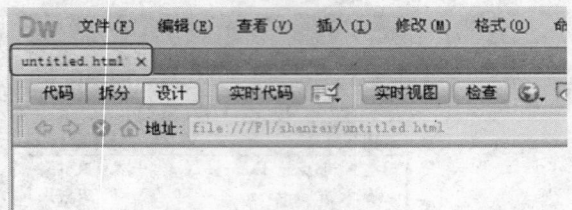

图 2-19　新建 HTML 临时文件

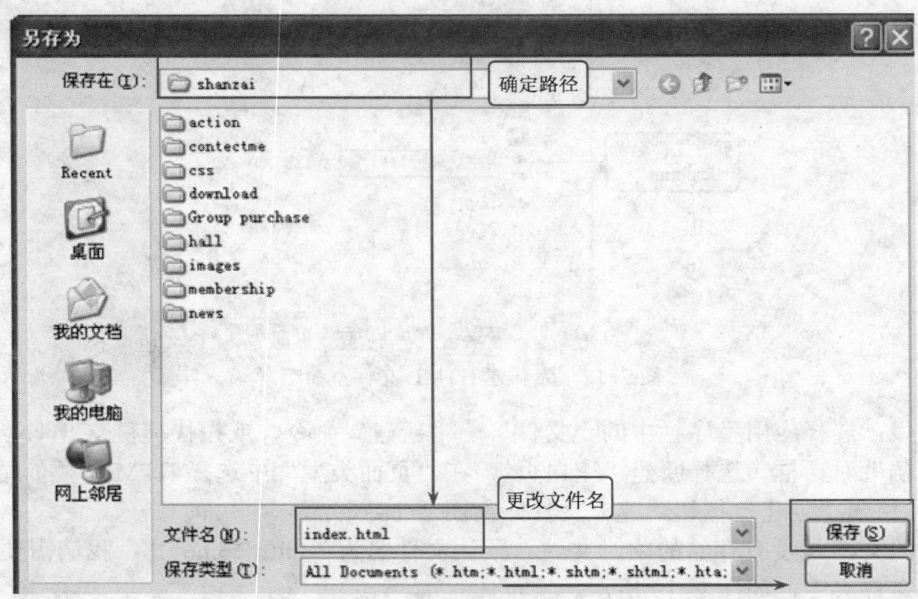

图 2-20　保存 HTML 文件

④ 建立 CSS 文件，更改文件名为 layout.css 并存入站点文件夹中。有以下两种方法：

　　方法 1：在文件面板中使用鼠标右键单击名称为 CSS 的文件夹，在弹出的快捷菜单中选择"新建文件"，并更改文件的名字为"layout.css"（注意要把扩展名更改为".css"），如图 2-21 所示。

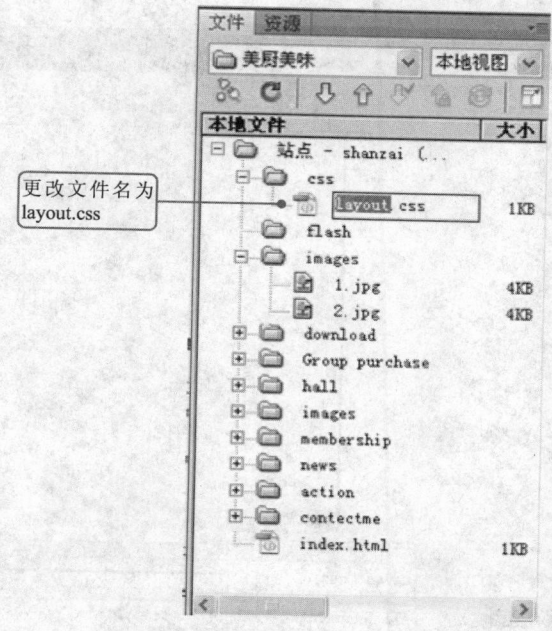

图 2-21　在文件面板中新建 CSS 文件

　　方法 2：选择应用程序栏中的"文件"→"新建"命令，或按快捷键<Ctrl+N>。在弹出的"新建文档"对话框中，选择新建"空白页"，在"页面类型"中选择 CSS，单击"创建"按钮，建立文件，如图 2-22 所示。

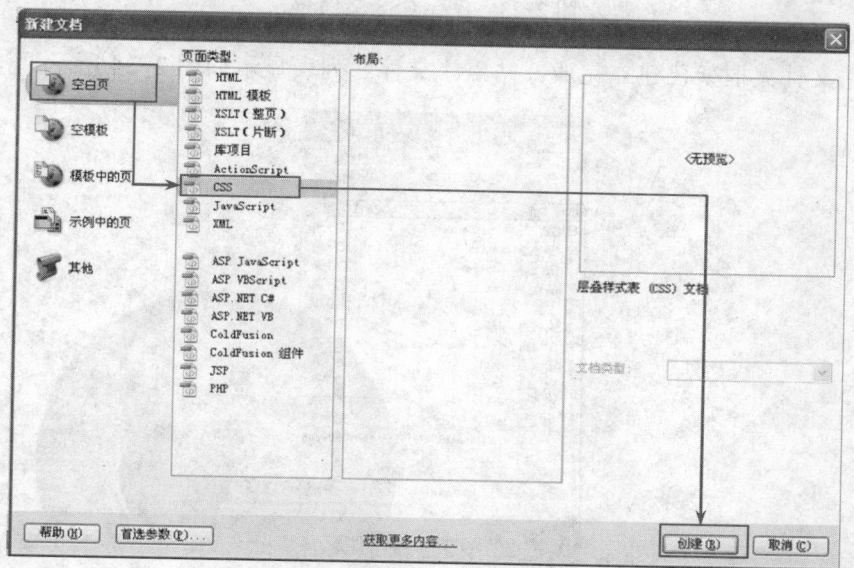

图 2-22　在应用程序栏中新建 CSS 文件

新建的文档为临时文件。我们需要把它存储到网站文件夹中。选择应用程序栏中的"文件"→"另存为"命令，或按快捷键<Ctrl+S>。在弹出的"另存为"对话框中选择存储路径并修改文件名，如图 2-23 所示。

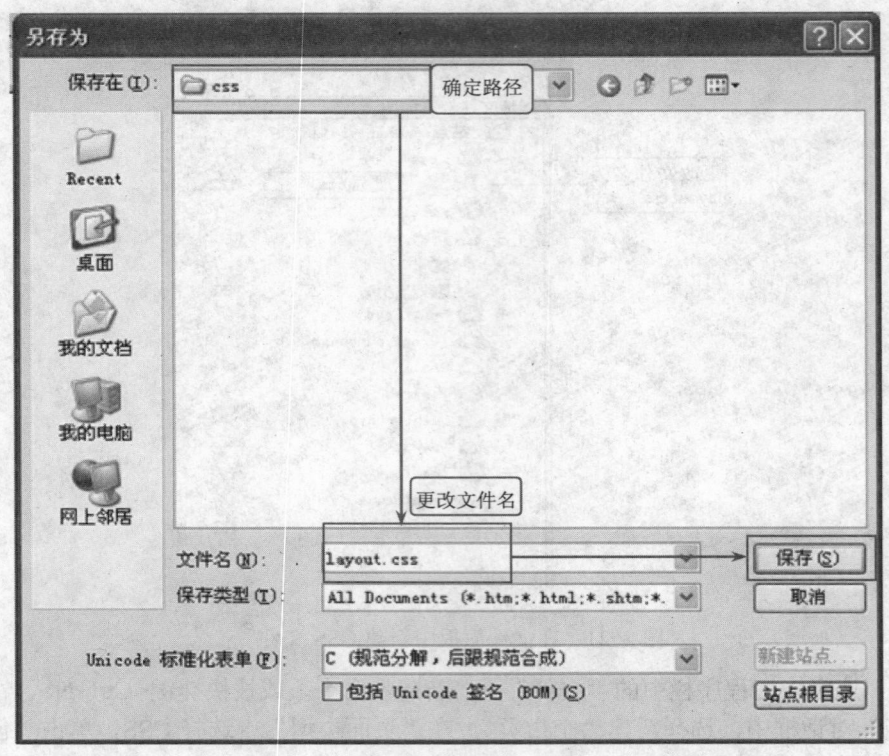

图 2-23　保存 CSS 文件

至此网站文件夹框架已建立完成。站点"文件"列表显示如图 2-24 所示。

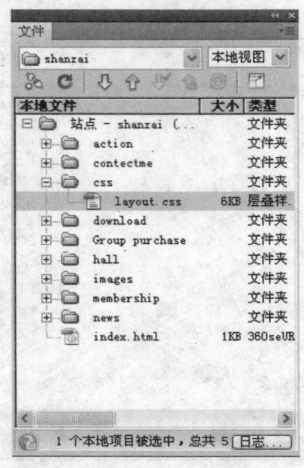

图 2-24　网站的文件列表

任务拓展

1）站点命名应遵循如下原则。

① 站点名称可以由中文、字母（A～Z，a～z，大小写等价）、数字（0～9）或符号（-,!）组成，最多不超过 31 个字符。

② 站点名称不涉及简、繁体的问题，简体、繁体互不相干。

③ 每个域名只能对应一个站点名称，但该站点名称还可以被其他域名所申请。

④ 申请人填写的站点名称和其对应的网站或网页内容一致或有足够的相关性，即站点名称和申请网站所指向的 URL 要有足够的相关性。

⑤ 禁止注册预留的词汇。

⑥ 名称中不能包含违法违纪，损害国家、他人荣誉和利益，违反道德等方面的内容。

2）站点在建立之前一定要规划好各文件名称、文件夹名称、存储内容及逻辑关系。如果网站建成之后各网页间的链接关系已经确定，那么再想修改文件名称或文件夹名称则必须重新建立链接关系，这会是一件很麻烦的事情。

触类旁通

本例中我们先在 F 创建存放站点的文件夹"shanzai"及其内部子文件夹，此外，还可以直接在 DW 中创建站点文件夹，方法如下。

1）打开 DW，在开始界面中选择"Dreamweaver 站点…"，如图 2-25 所示。

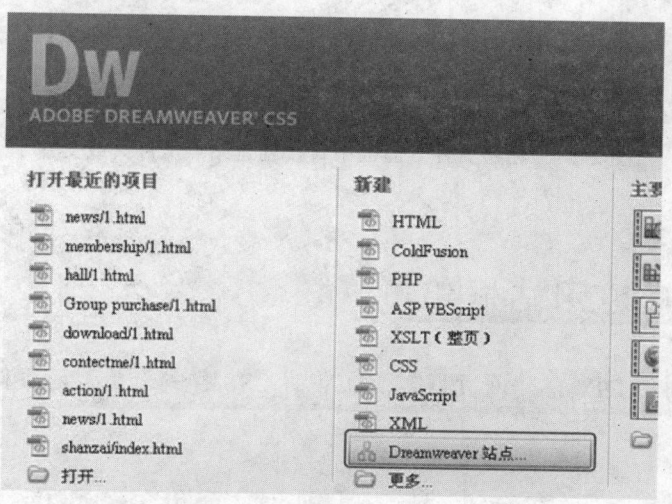

图 2-25　在开始界面中选择"Dreamweaver 站点…"

2）在"站点设置对象"界面中选择"文件夹图标"，在弹出的"选择根文件夹"对话框中选择"创建文件夹图标"，然后修改文件夹名称，如图 2-26 所示。

3）在"文件"面板中，选择站点并单击鼠标右键，在弹出的快捷菜单中选择"新建文件"或是"新建文件夹"，如图 2-27 所示。站点文件夹的结构同图 2-24，这里不再赘述。

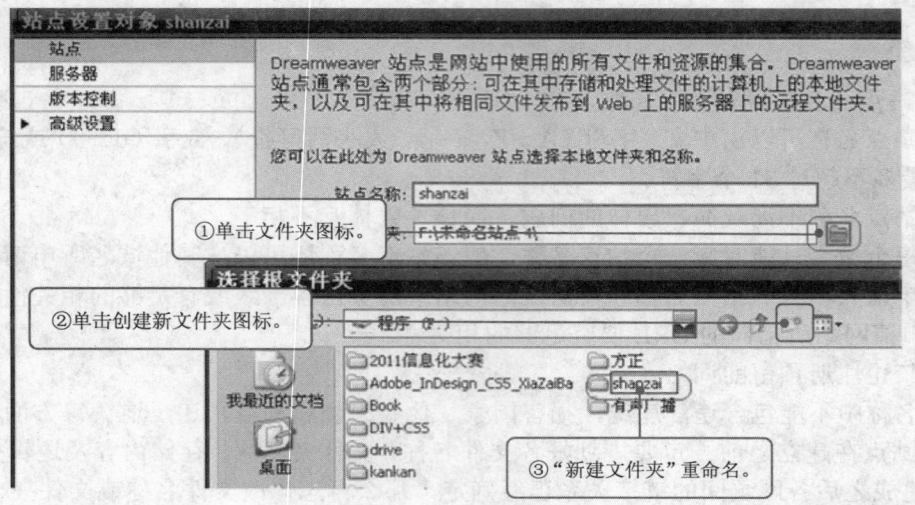

图 2-26 创建站点文件夹

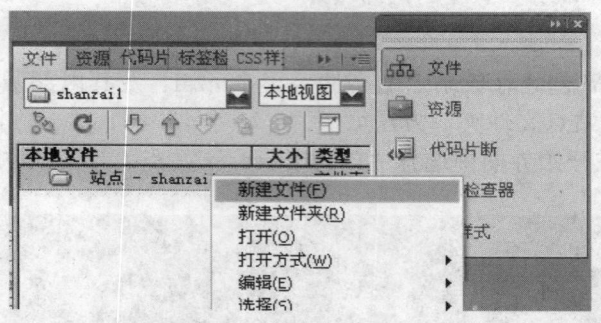

图 2-27 在"文件"面板中直接创建站点文件夹或文件

任务 3—— 搭建网站框架

知识要点：利用 DIV 搭建网页框架；DIV 的 CSS 样式设置；网页框架搭建规则。

任务情境

从本网站设计分析中了解到，本网站首页与各二级子页的头部、导航、底部的结构和风格完全相同，只是主要内容区有所不同，所以本任务中我们将为本网站搭建网站框架，然后再逐一为各网页添加主要内容。要求按照网站设计师设计的网站效果图搭建网站的大体框架，并按照统一的命名规则对框架进行命名。

任务分析

本网站采用 DIV+CSS 进行页面布局。有关 DIV 布局的一些特性已在项目 1 的相关章节作了详细讲解，这里不再赘述。

按照"任务 1——前期准备"中对页面的结构分析，可以把网页框架分成如下 4 个部分，分别是头部（header）、导航区（nav）、主内容区（maincontent）、底部（footer）。如图 2-28 所示。

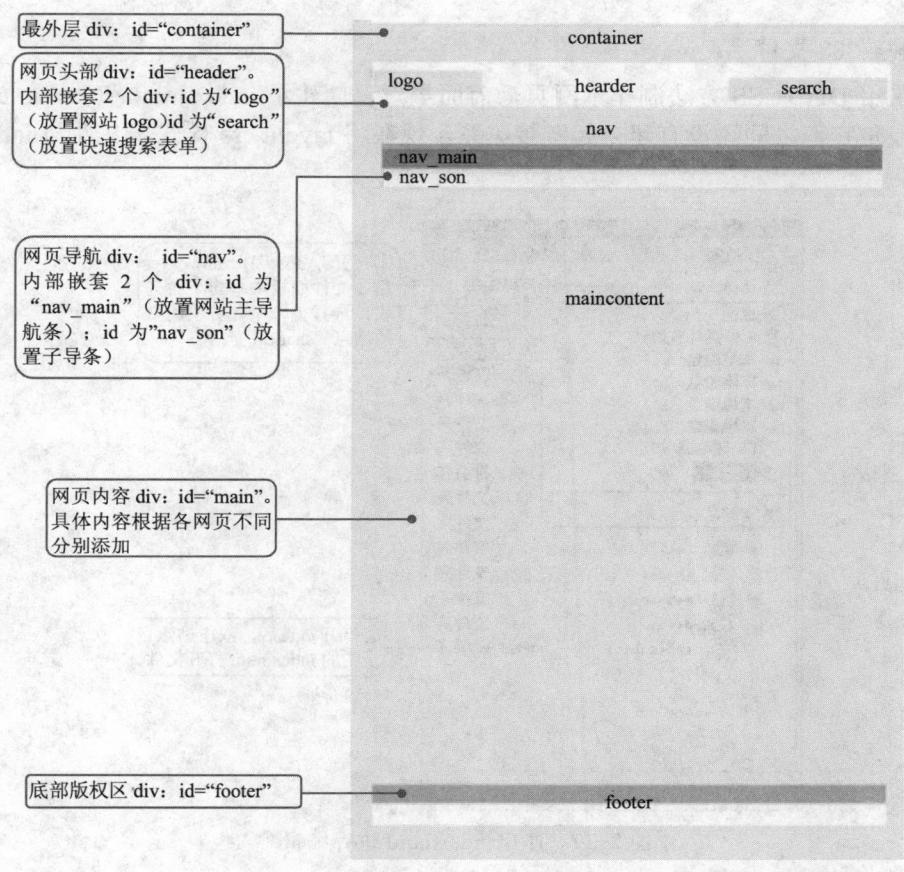

图 2-28　网站主体框架布局划分示意图

了解了网站的结构，还要测量出每个 DIV 的实际大小，这需要在 Photoshop 中进行测量。Photoshop 内测量和切图不是本书内容，这里不作讲解。

任务实施

本任务将在"任务 2——建立站点"的基础上，详细讲解如何搭建网页的框架结构。因为二级页面主体框架结构与首页相同，这里就以首页框架为例。

1. 选择站点

打开 Adobe Dreamweaver，选择"shanzai"站点，并打开 index.html 文件，如图 2-29 所示。

2. 设置页面标题

在工作区单击"拆分"视图模式,这样可以同时看到代码窗口和设计视图窗口,有利于熟悉代码。

设置页面的标题为"ShanZai 手机 引领时尚",如图 2-30。图 2-31 修改标题后在浏览器中预览的效果。

3. 链接 CSS 文件

我们采用 DIV+CSS 方法制作本网页,前面虽然已创建了 index.html 和 layout.css 这两个文件,但是它们之间还没有建立起链接关系。现在将 layout.css 样式表文件与 index.html 关联起来。

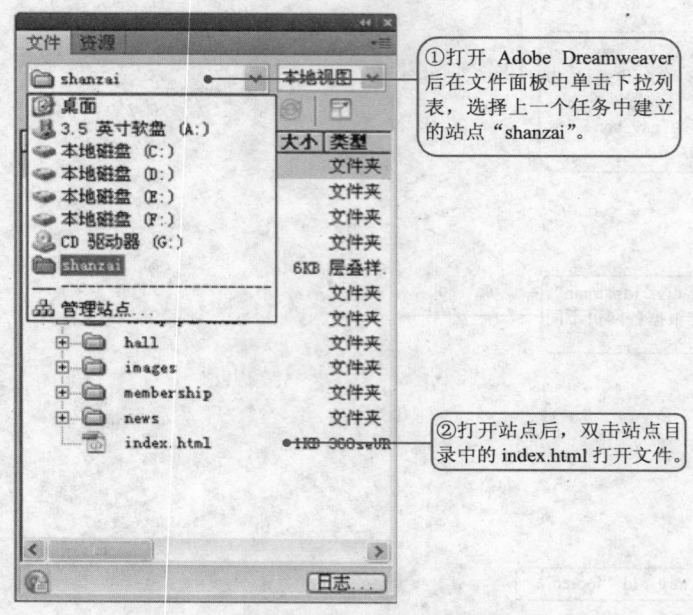

图 2-29　打开 index.html 进行编辑

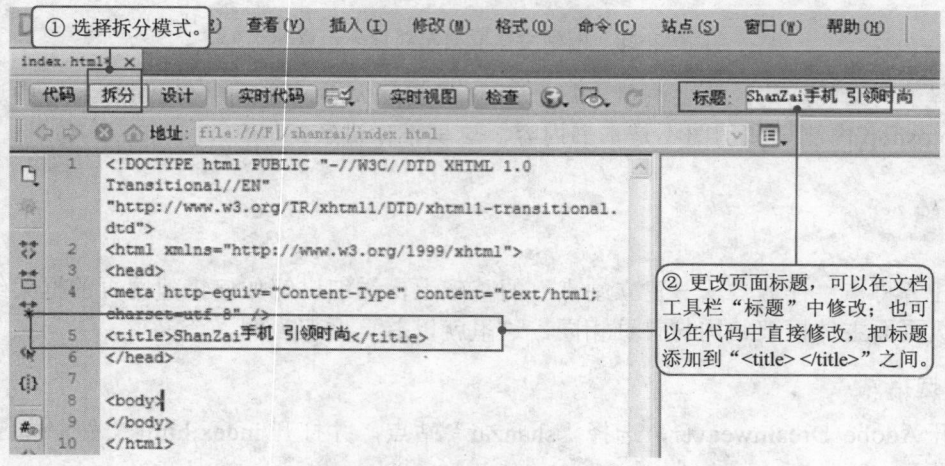

图 2-30　修改页面标题

162

图 2-31　修改标题后在浏览器中预览的效果

　　打开 CSS 面板，选择面板下方的"附加样式表"　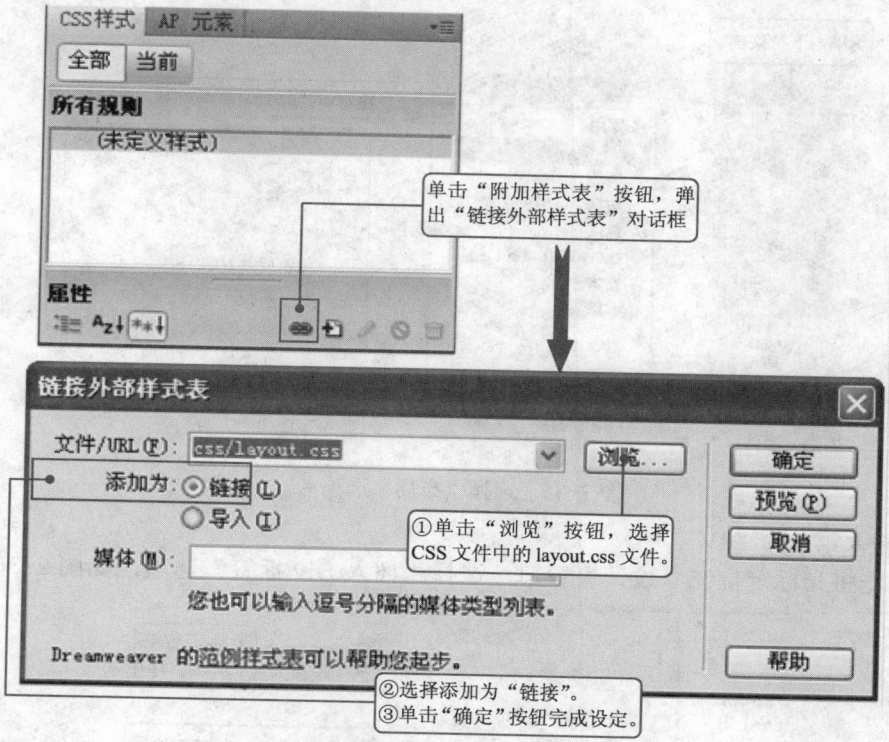　图标并在弹出的"链接外部样式表"对话框中进行设置，如图 2-32 所示。

图 2-32　链接外部 CSS 样式文件

　　导入 CSS 文件后，就可以在 CSS 面板中看到 layout.css 样式表已链接完成。如果这个样式表中有已经定义好的样式，那么在这个面板中就可以看到，如图 2-33 所示。

　　导入 CSS 样式表文件后，在 index.html 的代码中自动出现了有关链接的代码。如果我们已熟悉了代码编辑，则可以直接在窗口中输入代码，而不必在 CSS 面板中操作，如图 2-34 所示。

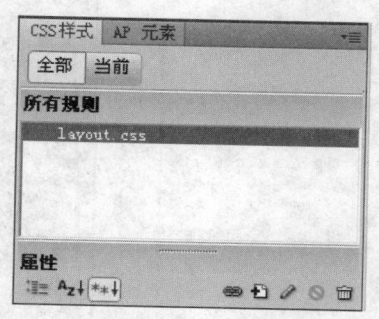

图 2-33　链接外部样式表的 CSS 面板

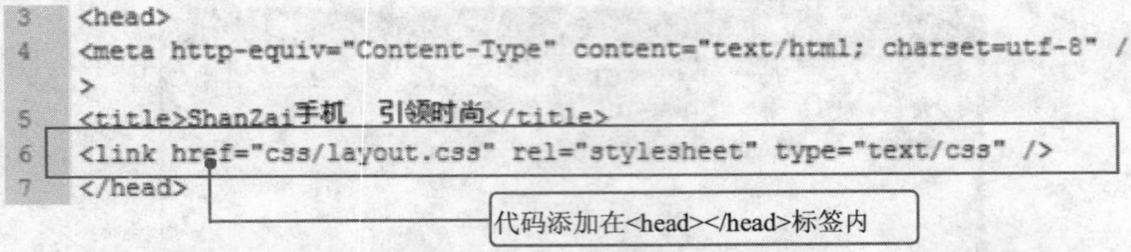

```
3   <head>
4   <meta http-equiv="Content-Type" content="text/html; charset=utf-8" /
    >
5   <title>ShanZai手机　引领时尚</title>
6   <link href="css/layout.css" rel="stylesheet" type="text/css" />
7   </head>
```

代码添加在<head></head>标签内

图 2-34　CSS 链接的 HTML 代码

4. 搭建首页布局框架

打开插入面板，调出布局选项卡，如图 2-35 所示。

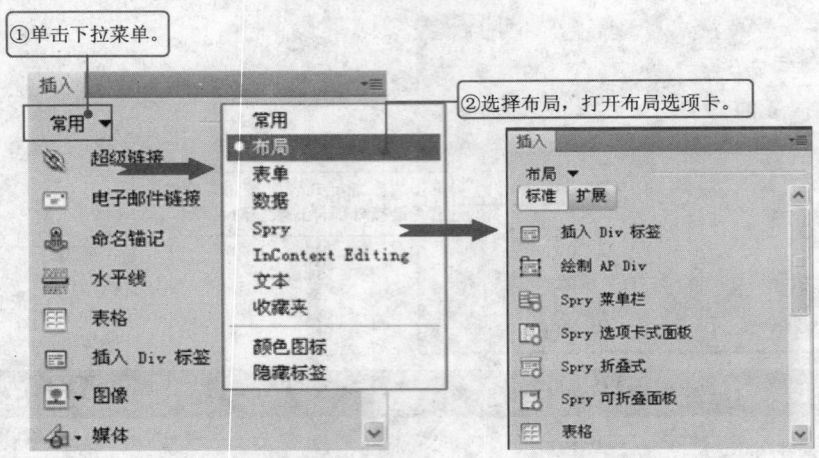

图 2-35　选择"布局"选项卡

（1）插入第一个 DIV

1）首先将光标定位在"设计"窗口，选择"插入 Div 标签"选项，如图 2-36 所示。

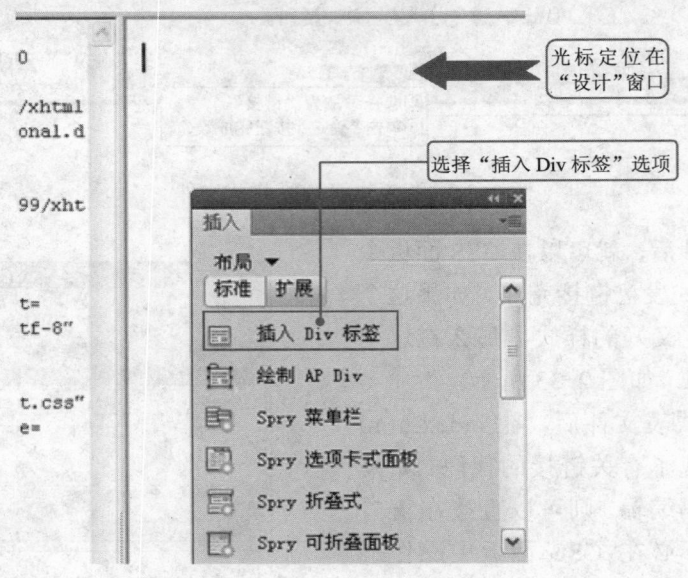

图 2-36　插入 Div 标签

2）在弹出的"插入 Div 标签"中修改"ID"为"container"。"ID"作为一个"Div"的唯一识别，用以识别其身份，在一个网页内，同一"ID"的对象只能引用一次，如图 2-37 所示。

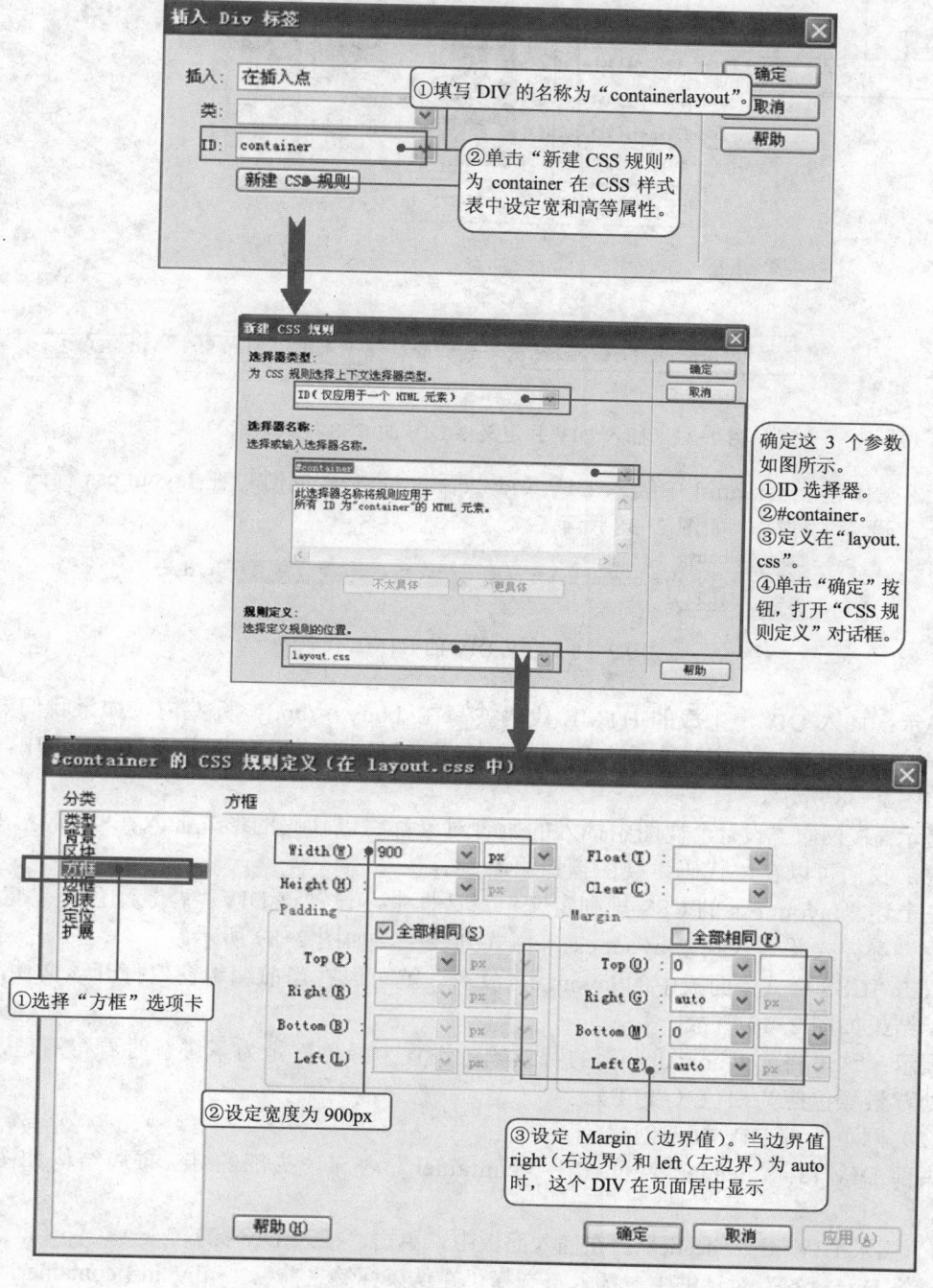

图 2-37　插入 DIV 并定义该 DIV 的 CSS 样式

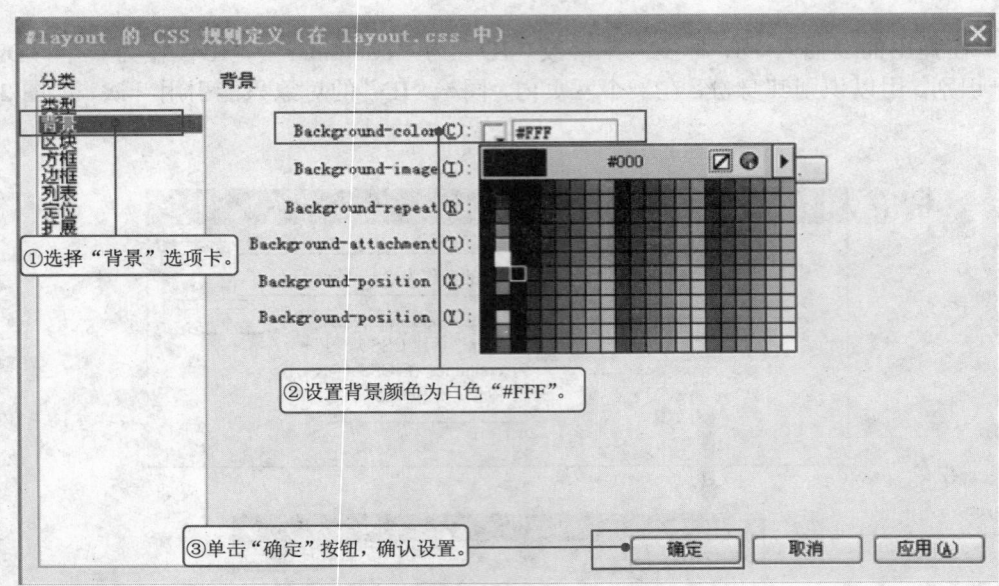

图 2-37　插入 DIV 并定义该 DIV 的 CSS 样式（续）

上述操作在 index.html 中插入 DIV（id="container"），同时也在 layout.css 样式表中为这个 Div 设置了样式，如图 2-38 所示。

图 2-38　定义 DIV 的 HTML 代码

提示：插入 DIV，生成的 HTML 代码被写在<body></body>标签内，如果我们熟悉代码编程，则可以直接在窗口中输入代码，而不必通过面板来操作。在 index.html 中，此段代码如图 2-38 所示。

提示：在网页"设计"视图中插入的所有对象都将以代码的形式插入在<body></body>标签内，我们可以在"代码"视图窗口里看到。

在上述"layout.css 的 CSS 规则定义"对话框中，设置该 DIV "背景颜色"、"宽度"、"边距"等样式并写入到"layout.css"样式列表中，如图 2-39 所示。

双击"CSS 样式"面板中的 layout.css 文件，就可以在当前编辑窗口打开该文件，其当前显示结果如图 2-40 所示。

提示：这里将"＃container"的背景颜色设置为绿色，是为了讲解时看得清楚，实例中此处背景颜色应为白色（#FFF）。

（2）网页头部 DIV 框架创建

头部 DIV id="header"，位置在"container"内部。头部的 div 布局结构如图 2-41 所示。

1）插入 DIV id="header"。在插入面板中，单击"插入 Div 标签" ，在弹出的"插入 Div 标签"对话框中，插入点选择"在结束标签之前"、"<div id='container'>"，填写 ID 为"header"，如图 2-42 所示。最后单击"确定"按钮。

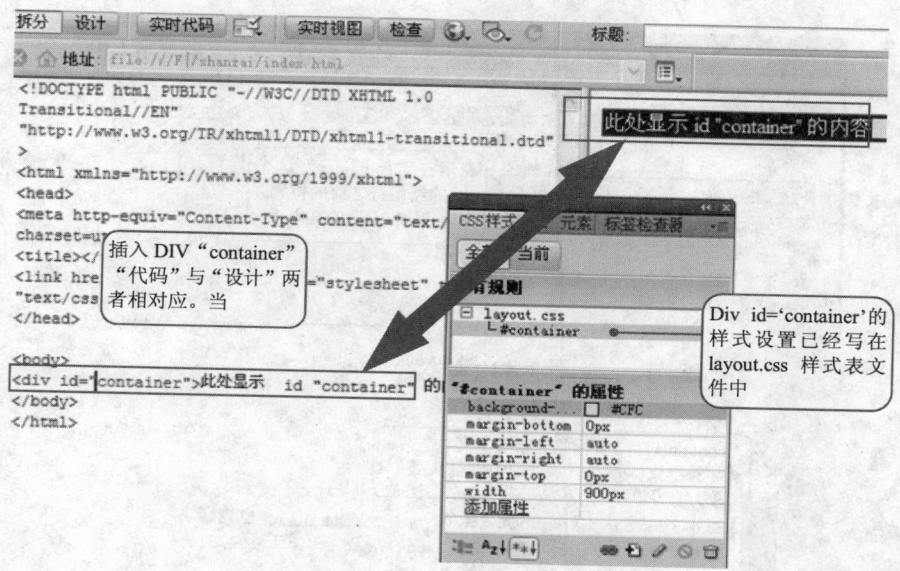

图 2-39   设定好的第一个 DIV

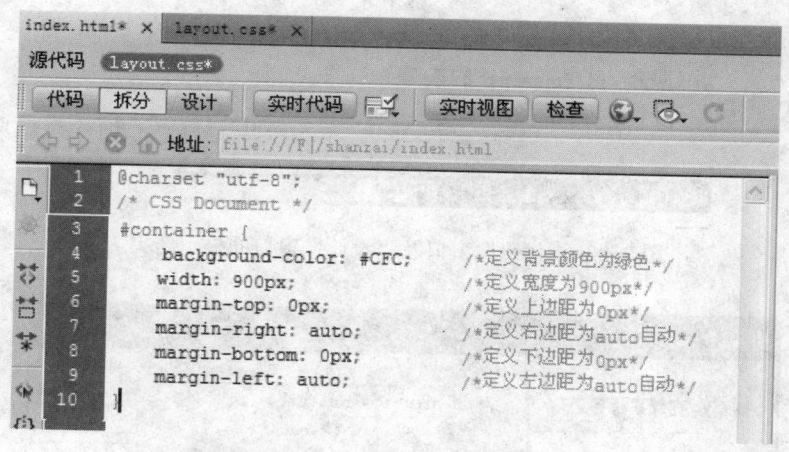

图 2-40   定义 container 的 CSS 样式代码

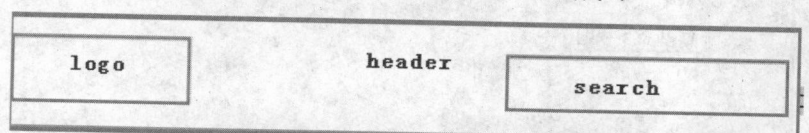

图 2-41   首页头部结构图

提示：选择插入点的位置有 5 种选项，参见第 2 章相应章节的讲解。

对应"代码"窗口及"设计"窗口的显示如图 2-43 所示。

2）插入网页标识 DIV 标签，id="logo"，位置在"header"内部。

在插入面板中，单击"插入 Div 标签" 插入 Div 标签 ，在弹出的"插入 Div 标签"对话框中，插入点选择"在结束标签之前"、"<div id='header'>"，填写 ID 为"logo"，如图 2-44 所示。最后单击"确定"按钮。

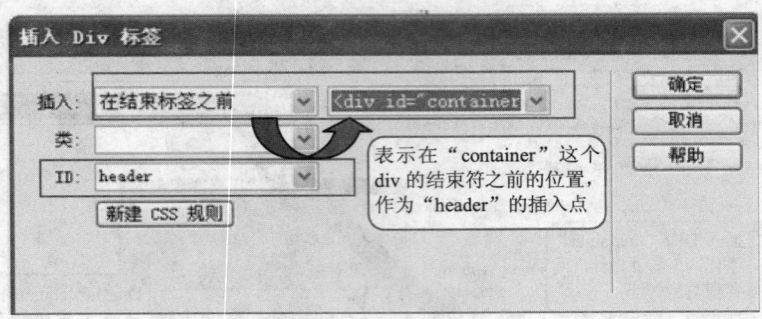

图 2-42　插入#header

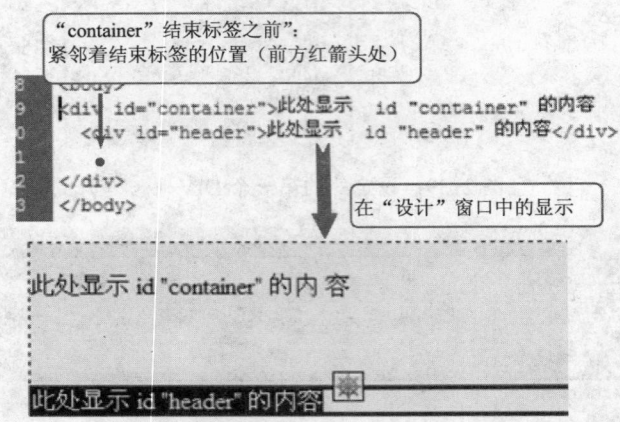

图 2-43　“代码”窗口及“设计”窗口的显示结果

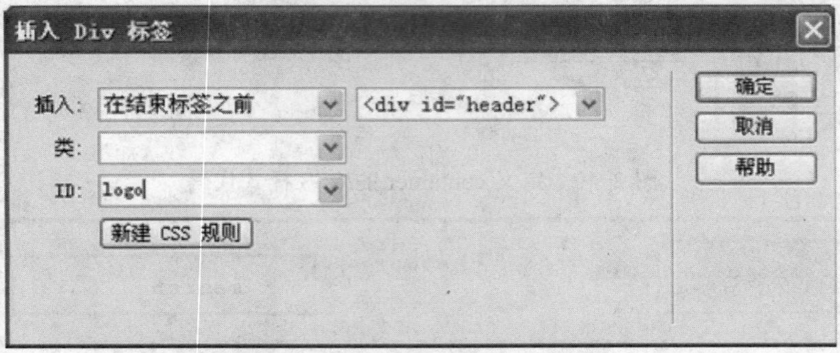

图 2-44　插入 logo

3）插入网页快速搜索 DIV，id=“search”，位置在“header”内部，“logo”的右侧。

在插入面板中，单击“插入 Div 标签” 插入 Div 标签，在弹出的“插入 Div 标签”对话框中，插入点选择“在结束标签之前”、“<div id=‘header’>”，填写 ID 为“search”，如图 2-45 所示。最后单击“确定”按钮。

（3）插入网页导航 DIV

网页导航 DIV 的位置在“header”下部。导航部分的 div 布局结构如图 2-46 所示。

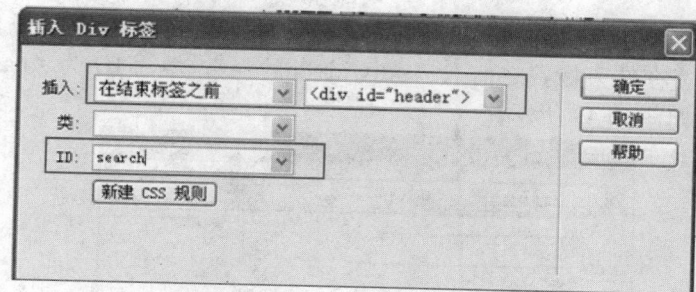

图 2-45 插入 search

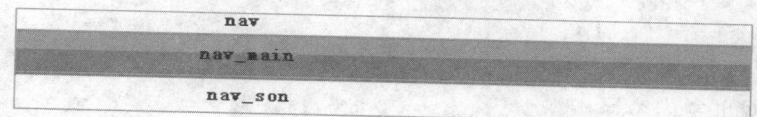

图 2-46 导航部分结构图

1）插入网页导航栏 DIV，id="nav"，位置在"header"下面。

在插入面板中，单击"插入 Div 标签" 🔲 插入 Div 标签 ，在弹出的"插入 Div 标签"对话框中，插入点选择"在结束标签之前"、"<div id="contarner">"，填写 ID 为"nav"，如图 2-47 所示。最后单击"确定"按钮。

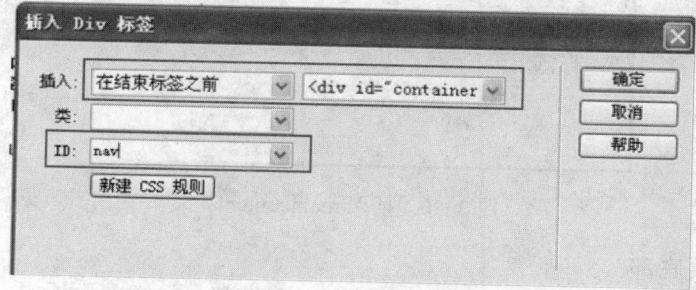

图 2-47 插入 nav

2）插入网页主导航栏 DIV，id="nav_main"，位置在"nav"内部。

在插入面板中，单击"插入 Div 标签" 🔲 插入 Div 标签 ，在弹出的"插入 Div 标签"对话框中，插入点选择"在结束标签之前"、"<div id="nav">"，填写 ID 为"nav_main"，如图 2-48 所示。最后单击"确定"按钮。

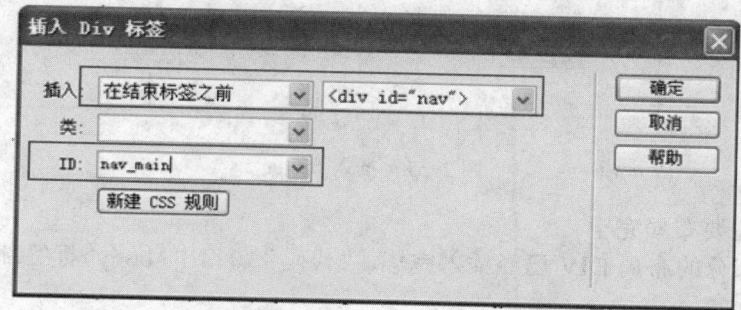

图 2-48 插入 nav_main

3）插入网页子导航栏 DIV "nav_son"，"nav_main"的下部。

在插入面板中，单击"插入 Div 标签" 插入 Div 标签 ，在弹出的"插入 Div 标签"对话框中，插入点选择"在结束标签之前"、"<div id="nav">"，填写 ID 为"nav_son"，最后单击"确定"按钮，如图 2-49 所示。

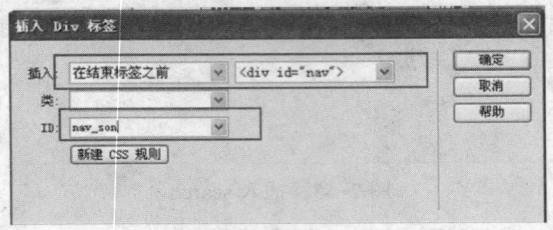

图 2-49　插入 nav_son

（4）插入网页主内容区

网页主内容区 DIV "maincontent" 的位置在 "nav" 下部。

在插入面板中，单击"插入 Div 标签" 插入 Div 标签 ，在弹出的"插入 Div 标签"对话框中，插入点选择"在结束标签之前""<div id="container">"，填写 ID 为"maincontent"，如图 2-50 所示。最后单击"确定"按钮。

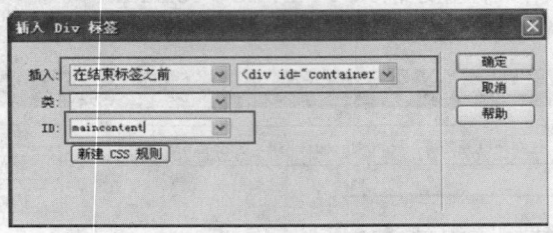

图 2-50　插入 maincontent

（5）插入网页底部

网页底部 DIV "footer" 的位置在 "maincontent" 下部。在插入面板中，单击"插入 Div 标签" 插入 Div 标签 ，在弹出的"插入 Div 标签"对话框中，插入点选择"在结束标签之前""<div id="container">"，填写 ID 为"footer"，如图 2-51 所示。最后单击"确定"按钮。

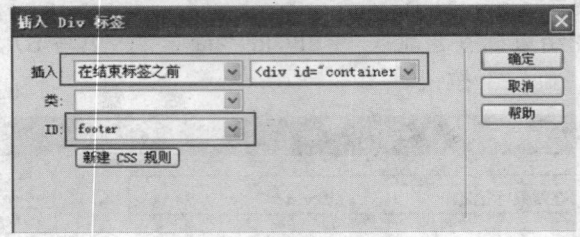

图 2-51　插入 footer

（6）首页主要布局完毕

首页主要部分的布局 DIV 已经插入完毕，"代码"窗口中<body>标签部分 HTML 代码如图 2-52 所示。

提示：同学们在通过窗口操作的同时，也要培养自己解读代码的能力，毕竟实际工作中常用手写代码创建网页。学习代码编写，初期可以先从代码解读开始。

1）一般 HTML 中的标签都是成对出现的，如<div></div>，成对的标签之间可以有嵌套关系，但绝不能交叉，如图 2-53 和图 2-54 所示。

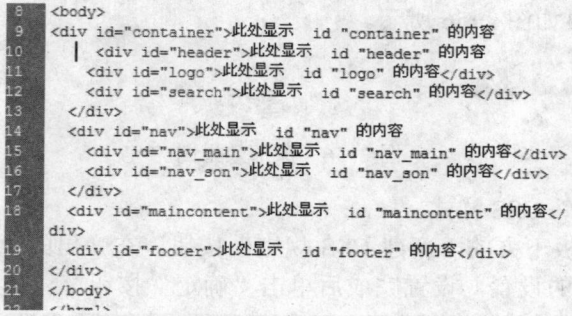

图 2-52　插入网页 DIV 标签后生成的 HTML 代码

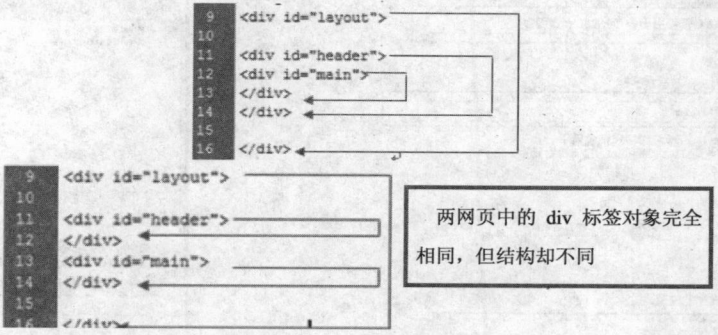

图 2-53　正确的 DIV 布局

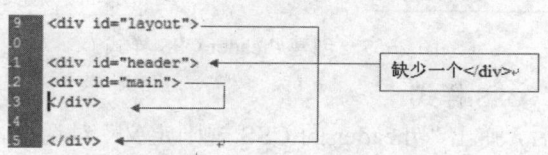

图 2-54　错误的 DIV 布局

2）为了便于阅读代码，我们可以删除代码中不必要的文字说明，并利用左侧工具栏中的"缩进"按钮 ，"凸出"按钮 ，对代码进行重排。重排后的 index.html 首页代码如图 2-55 所示。

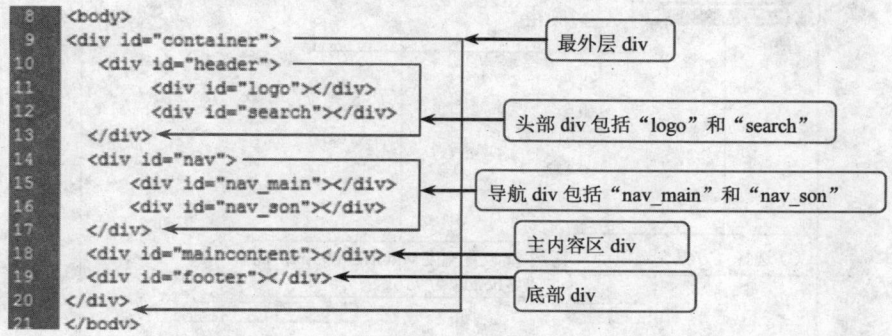

图 2-55　index.html 首页代码视图

171

5. CSS 样式设置

（1）设置头部 CSS 样式

其最终的头部效果如图 2-56 所示。

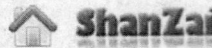

图 2-56　头部效果图

1）创建"#header"CSS 样式。

单击 CSS 样式面板下方的"新建 CSS 规则"按钮，在弹出的"新建 CSS 规则"对话框中作如图 2-57 所示的设置，设置完成后单击"确定"按钮。

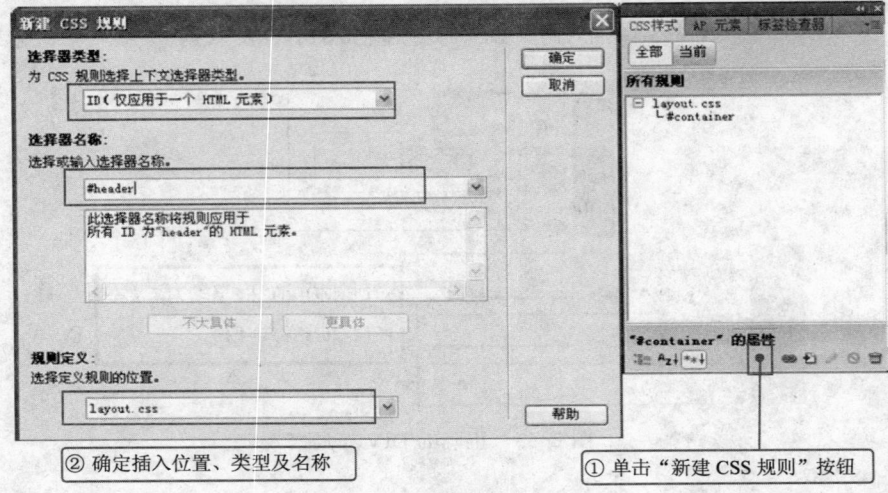

图 2-57　创建#header CSS 样式

2）设置"#header"CSS 样式。

单击"确定"按钮后，弹出"#header 的 CSS 规则定义"对话框，设置它的宽度（width）为 895px，高度（height）为 71px，如图 2-58 所示。

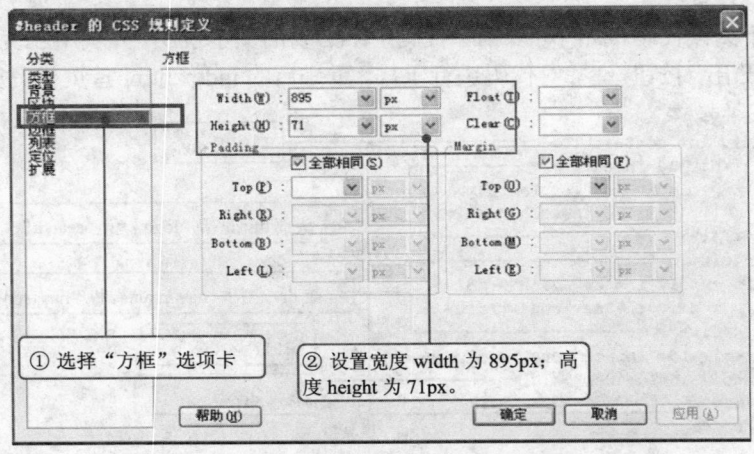

图 2-58　设置#header CSS 样式

172

Layout.css 中自动生成相应代码：

#header{ width:895px; height:71px;}

3）创建"#logo"CSS 样式。

单击 CSS 样式面板下方的"新建 CSS 规则"按钮，在弹出的"新建 CSS 规则"对话框中作如图 2-59 所示的设置，设置完成后单击"确定"按钮。

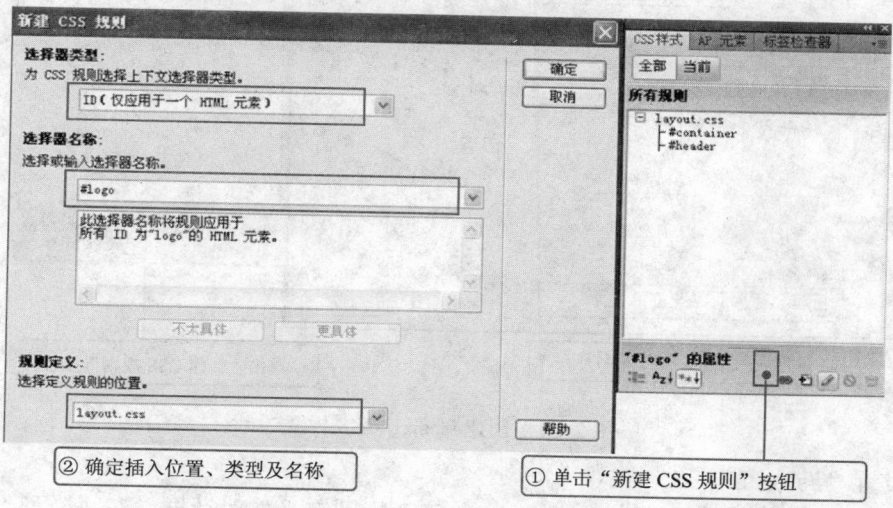

图 2-59 创建#logo CSS 样式

4）设置"#logo"CSS 样式。

单击"确定"按钮后，弹出"#logo 的 CSS 规则定义"对话框，设置它的浮动（float）为左浮动，上边距（margin-top）为 18px，单击"确定"按钮，如图 2-60 所示。

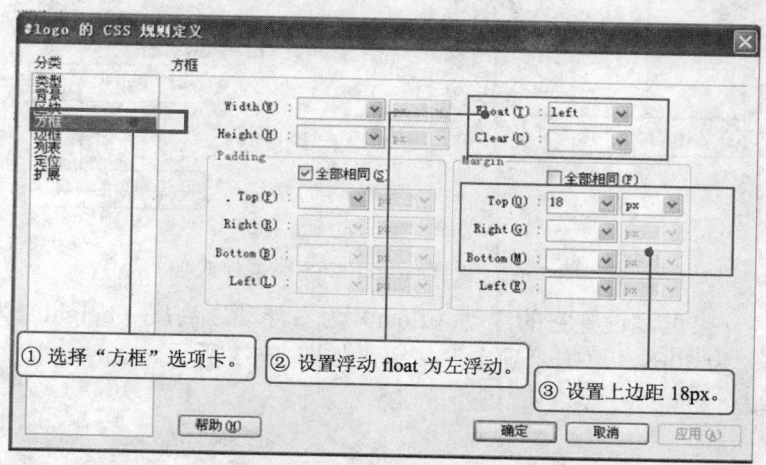

图 2-60 设置#logo CSS 样式

Layout.css 中自动生成相应代码：

#logo{ margin-top:18px; float:left;}

5）创建"search"CSS 样式。

单击 CSS 样式面板下方的"新建 CSS 规则"按钮，在弹出的"新建 CSS 规则"对话框中作如图 2-61 所示的设置，设置完成后单击"确定"按钮。

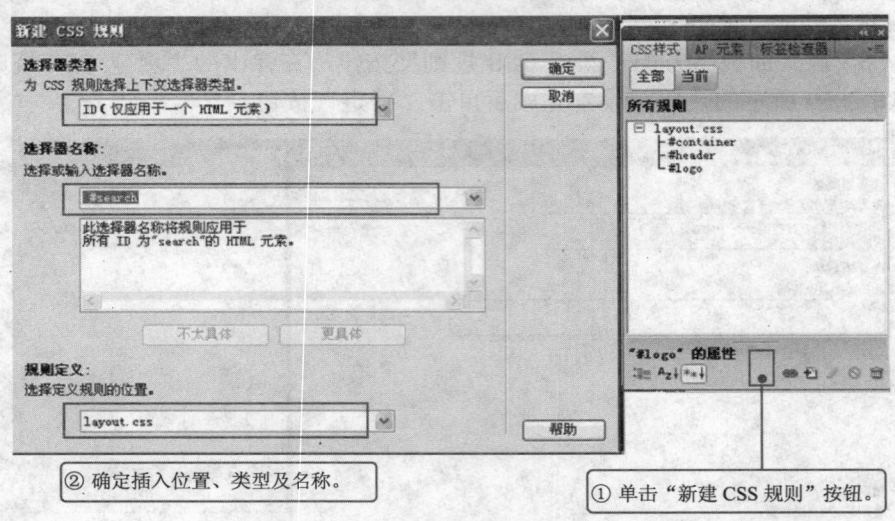

图 2-61　创建#search CSS 样式

6）设置"#search"CSS 样式。

单击"确定"按钮后，弹出"#search 的 CSS 规则定义"对话框，在"类型"分类里，设置它的文本颜色为灰色，如图 2-62 所示。

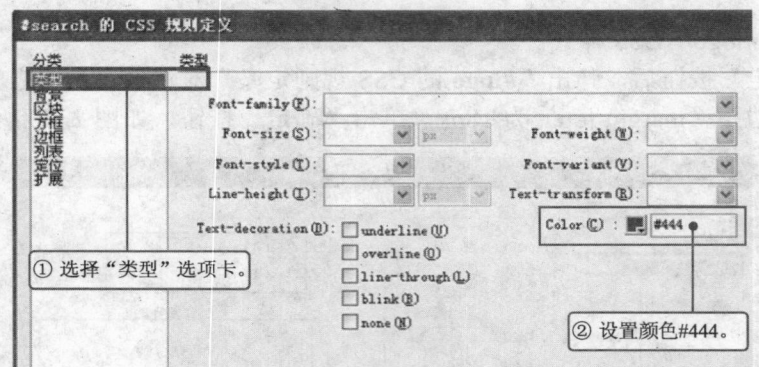

图 2-62　设置#search CSS 类型样式

在"方框"分类里，设置它的浮动（float）为右浮动，高度（height）为 24px，上边距（margin-top）为 30px，单击"确定"按钮，如图 2-63 所示。

Layout.css 中自动生成相应代码：

```
#search{
float:right;
height:24px;
margin-top:30px;
color:#444;
}
```

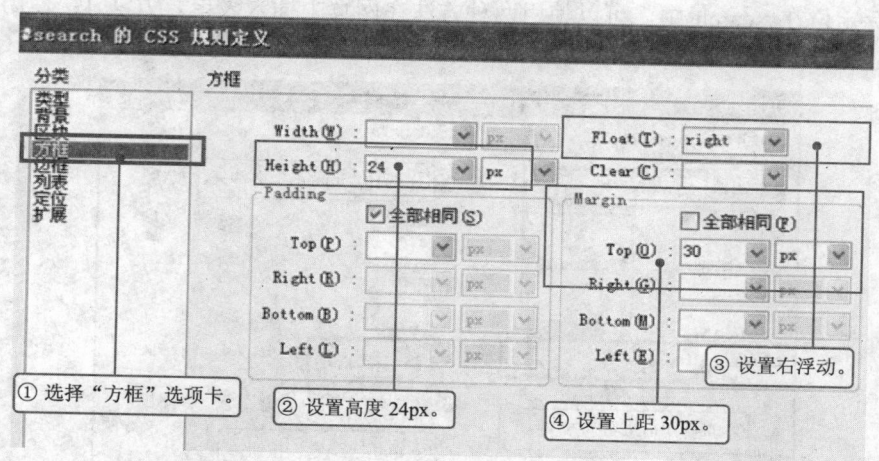

图 2-63　设置#search CSS 方框样式

7）在#logo 中插入图片。

返回"设计"视图，在"logo"中插入图片"logo.jpg"。

"设计"视图中的插入点不易找准，可以通过在"代码"窗口中选中相应 div 代码的方法，找到插入点，如图 2-64 所示。

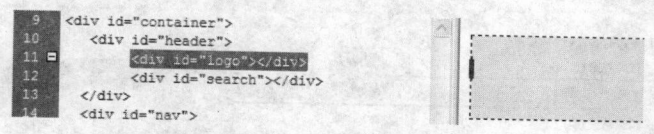

图 2-64　光标定位在插入点处

可以使用两种方法在网页中插入图像。方法1：使用"应用程序栏"上的"插入"菜单插入图像；方法 2：使用"插入"标签插入图像，如图 2-65 所示。

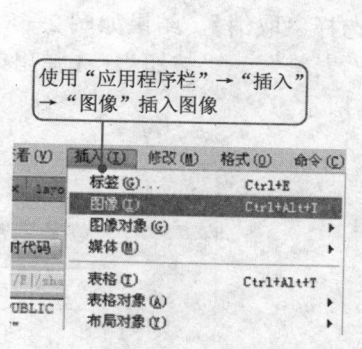
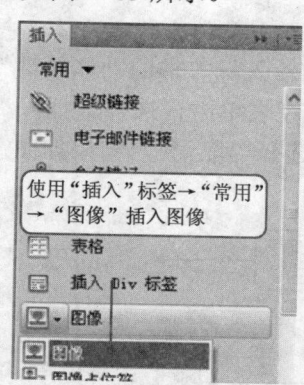

图 2-65　在网页中插入图片

在弹出的"选择图像源文件"对话框中，找到需要的图片素材（站点根目录下 shanzai/images/logo.gif），单击"确定"按钮，如图 2-66 所示。

8）在"search"中插入表单。

① 光标定位在#search 中，可以使用两种方法在网页中插入表单。方法 1：使用"应用程序栏"上的"插入"菜单插入表单；方法 2：使用"表单"标签插入表单，如图 2-67 所示。

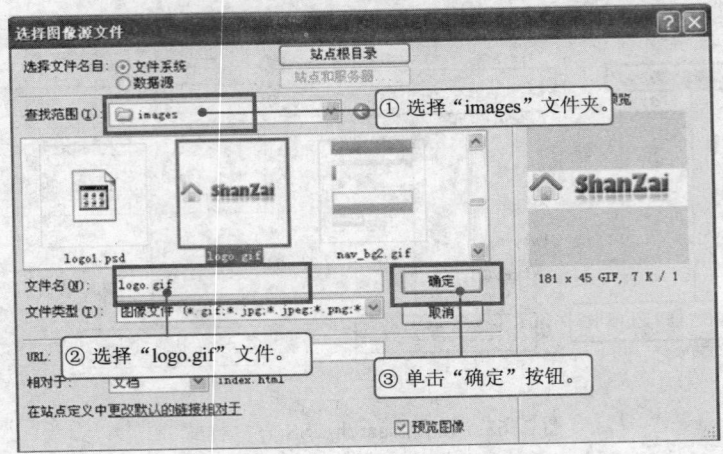

图 2-66   在"logo"中插入 logo.gif 图片

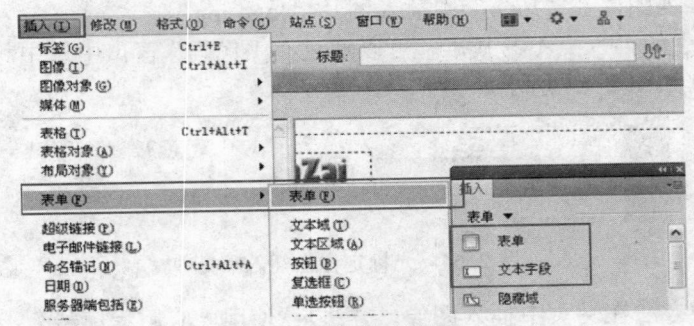

图 2-67   两种方法插入表单

② 光标定位在表单中，输入文本"搜索产品"，选择"插入"→"表单"→"文本字段"，在弹出的"输入标签辅助功能属性"中选择"取消"，结果如图 2-68 所示。

③ 光标定位在表单中，选择"插入"→"表单"→"按钮"，在弹出的"输入标签辅助功能属性"中选择"取消"，结果如图 2-69 所示。

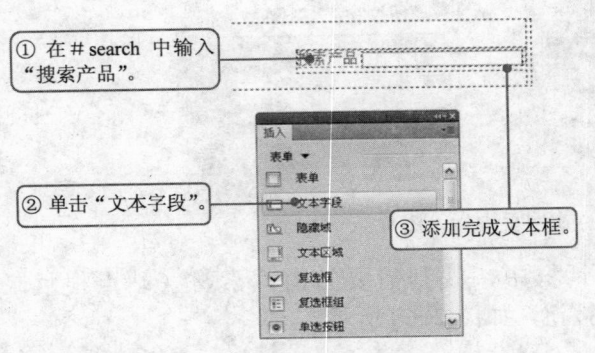

图 2-68   表单中插入文本和文本框

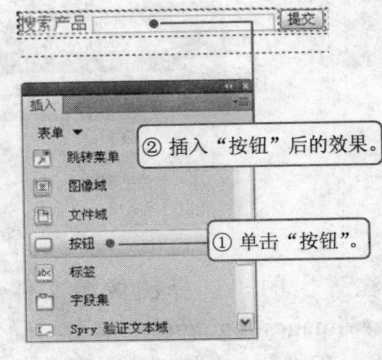

图 2-69   表单中插入按钮

至此头部#header 布局和样式已基本完成，如图 2-70 所示。

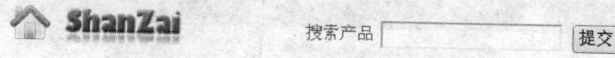

图 2-70 #header 布局和样式基本完成

在 index.html 中，生成的头部代码如下所示。

```
<div id="header">
<div id="logo"><img src="../images/logo.gif" width="181" height="45" /></div>
<div id="search">
<form action="" method="get">搜索内容
<input name="" type="text" /><input name="" type="button" />
</form>
</div>
</div>
```

（2）设置导航区 CSS 样式

其最终效果如图 2-71 所示。

图 2-71 导航区效果图

1）创建"#nav"CSS 样式。

单击 CSS 样式面板下方的"新建 CSS 规则"按钮，在弹出的"新建 CSS 规则"对话框中作如图 2-72 所示的设置，设置完成后单击"确定"按钮。

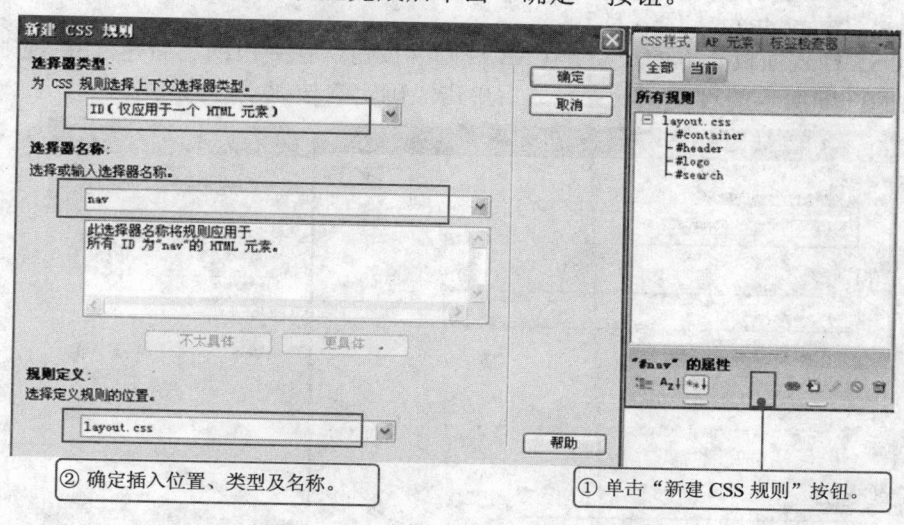

图 2-72 创建#nav 的 CSS 样式

2）设置"#nav"CSS 样式。

单击"确定"按钮后，弹出"#nav 的 CSS 规则定义"对话框，设置它的背景图片

（nav_bg.gif），水平重复（repeat-x），如图 2-73 所示。

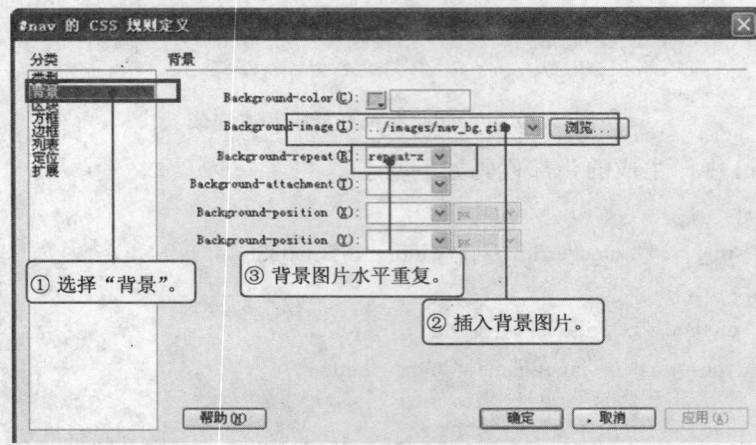

图 2-73 设置#nav 的 CSS 背景样式

"设计"窗口如图 2-74 所示。

图 2-74 设置 CSS 样式的#header 和#nav 效果

Layout.css 中自动生成相应代码：

#nav{ height:66px;

background:url(../images/nav_bg.gif)   repeat-x; }

3）创建"#nav_main" CSS 样式。

单击 CSS 样式面板下方的"新建 CSS 规则"按钮，在弹出的"新建 CSS 规则"对话框中作如图 2-75 所示的设置，设置完成后单击"确定"按钮。

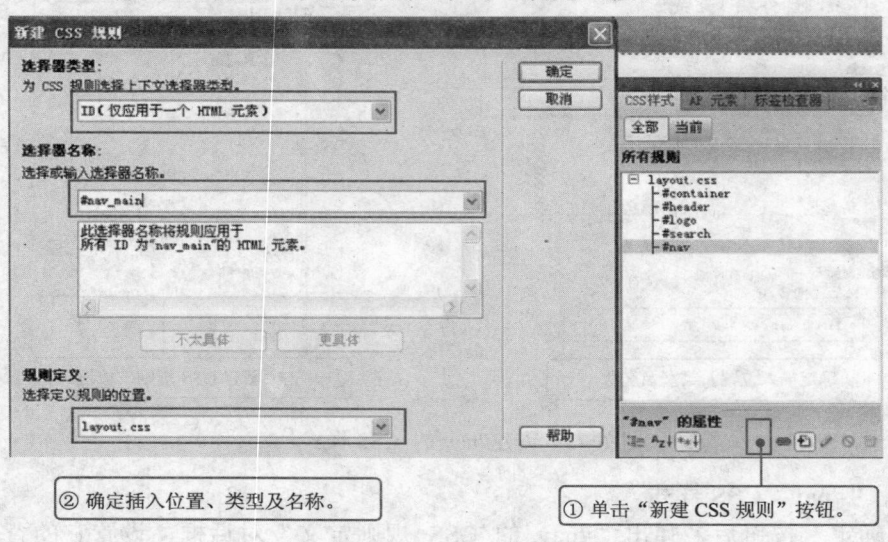

图 2-75 创建# nav_main CSS 样式

4）设置"#nav_main" CSS 样式。

单击"确定"按钮后，在弹出的"#nav_main 的 CSS 规则定义"对话框中，设置它的高度（36px），超出内容隐藏（overflow:hidden），如图 2-76 所示。

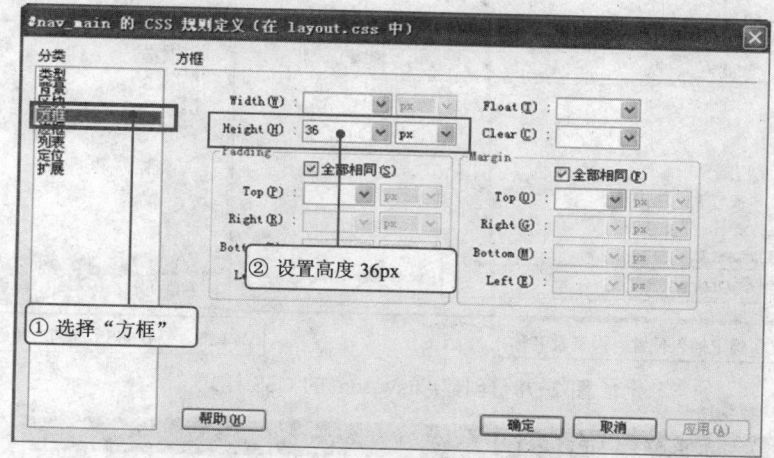

图 2-76　设置 #nav_main 的 CSS 方框样式

设置它的超出内容隐藏（overflow:hidden），即子元素超出父 div 时隐藏，图 2-77 所示。

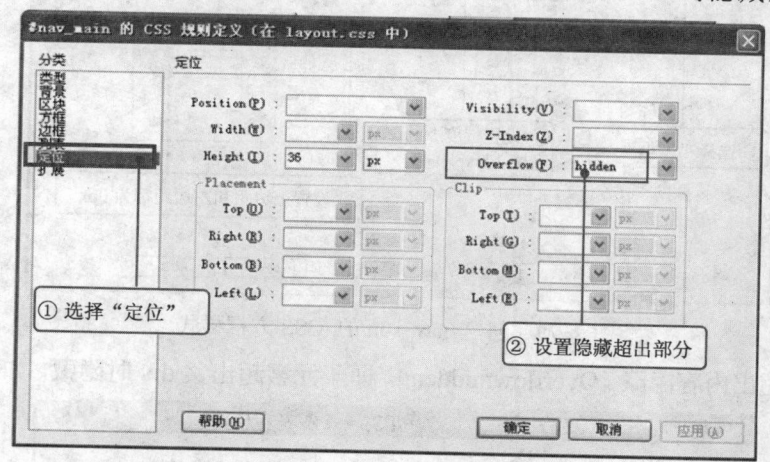

图 2-77　设置 #nav_main 的 CSS 定位样式

"设计"窗口如图所示。

Layout.css 中自动生成相应代码：

#nav_main{height:36px; overflow:hidden;}

5）创建"#nav_son" CSS 样式。

单击 CSS 样式面板下方的"新建 CSS 规则"按钮，在弹出的"新建 CSS 规则"对话框中作如图 2-78 所示的设置，设置完成后单击"确定"按钮。

6）设置"#nav_son"的 CSS 样式。

单击"确定"按钮后，弹出"#nav_main 的 CSS 规则定义"对话框，设置它的宽度（500px），高度（30px），上边距（margin-top）和左边距（margin-left）匀为 0px，如图 2-79 所示。

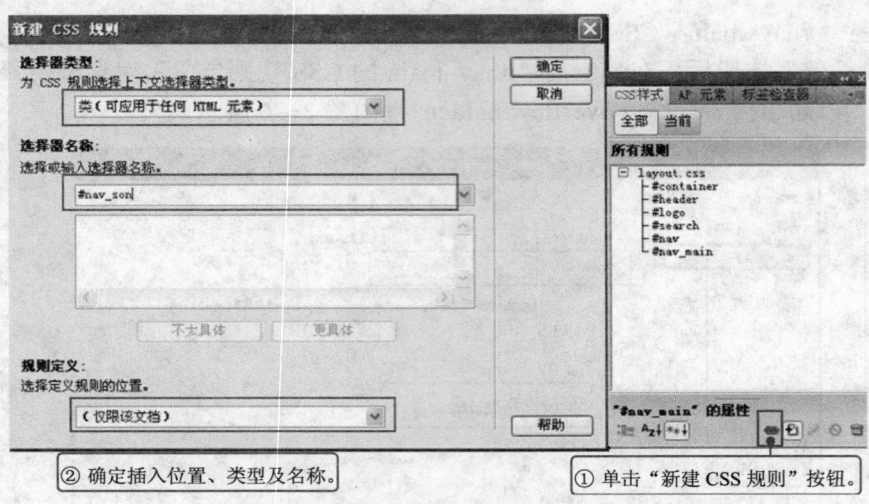

② 确定插入位置、类型及名称。　　　　　① 单击"新建 CSS 规则"按钮。

图 2-78　创建# nav_son 的 CSS 样式

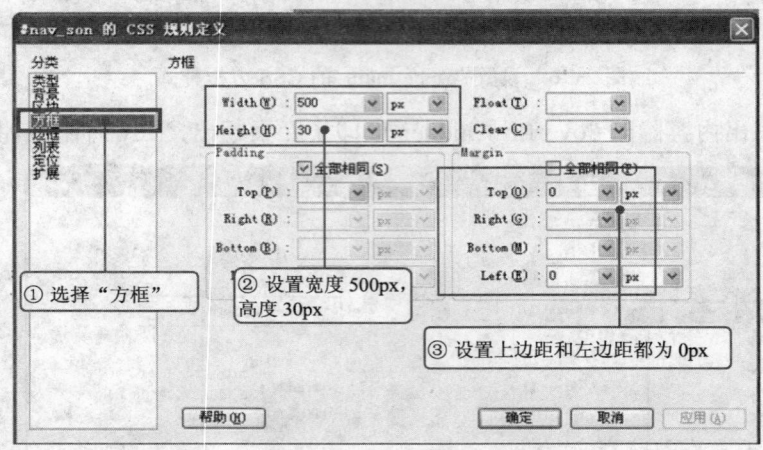

① 选择"方框"
② 设置宽度 500px，高度 30px
③ 设置上边距和左边距都为 0px

图 2-79　创建#nav_son 的 CSS 方框样式

设置它的超出内容隐藏（Overflow:hidden），即子元素超出父 div 时隐藏，如图 2-80 所示。

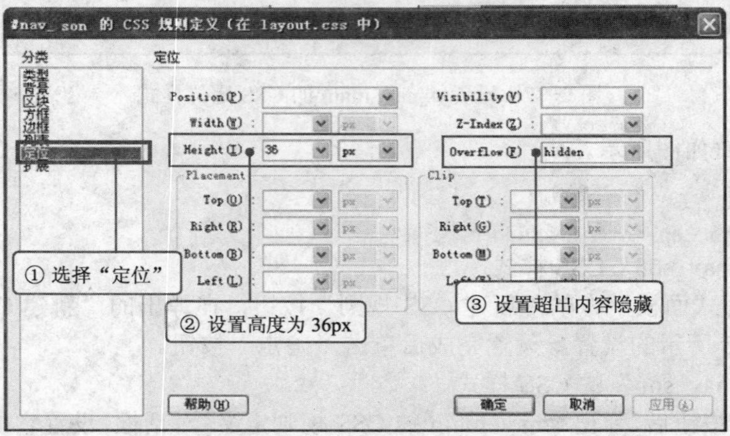

① 选择"定位"
② 设置高度为 36px
③ 设置超出内容隐藏

图 2-80　设置#av_main 的 CSS 定位样式

Layout.css 中自动生成相应代码：

```
#nav_son{
margin-left:0px;
margin-top:0px;
height:30px;
width:500px;
}
```

7）添加主导航内容。

① 添加列表。光标定位在#nav_main 中，选择"插入"→"文本"→"项目列表"，在光标处输入"首页"，如图 2-81 所示。

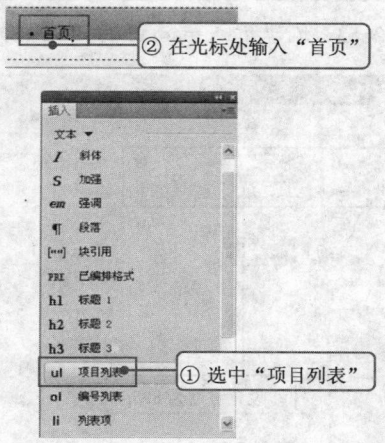

图 2-81　创建项目列表

② 添加超链接。选中"首页"两个字，在下方的属性窗口"链接"处输入"#"，为"首页"导航设置空链接，如图 2-82 所示。

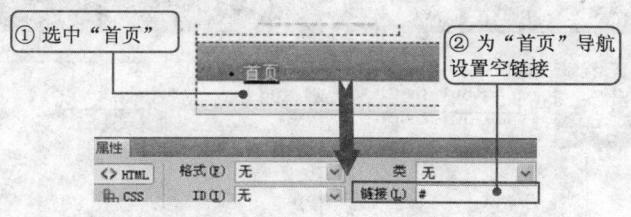

图 2-82　创建#header CSS 样式

③ 设置列表样式，超链接样式。从设计草图中看出，由于导航文字前无列表符，超链接没有下划线，因此可以通过设置 CSS 样式，对主导航样式进行设置。

单击 CSS 样式面板下方的"新建 CSS 规则"按钮，在弹出的"新建 CSS 规则"对话框中作如图 2-83 所示的设置，设置完成后单击"确定"按钮。

设置它的宽度（width）为 895px，如图 2-84 所示。

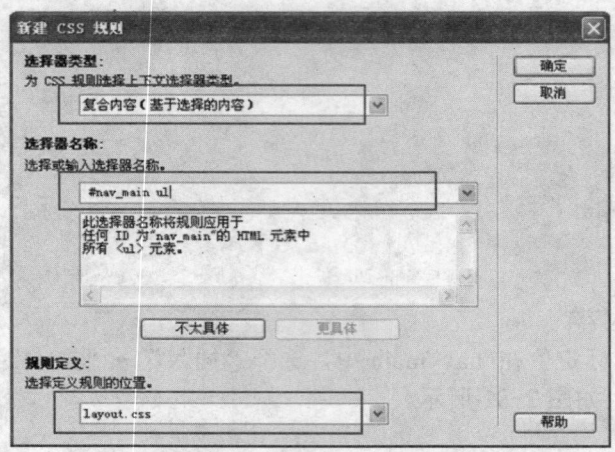

图 2-83　创建#nav_main ul 的 CSS 样式

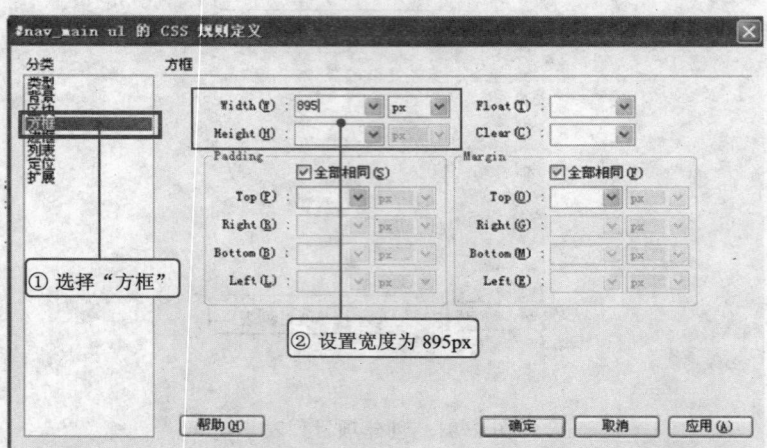

图 2-84　设置#nav_main ul 的 CSS 方框样式

设置它的列表样式（List-style-type）为 none，如图 2-85 所示。

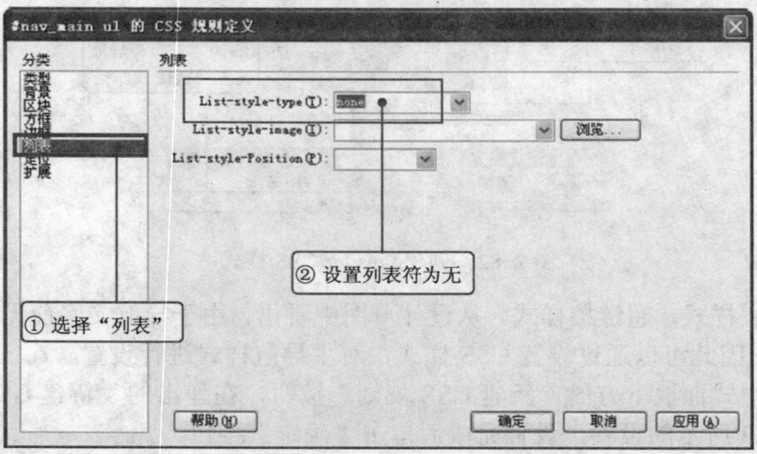

图 2-85　设置#nav_main ul 的 CSS 列表样式

Layout.css 中自动生成相应代码:

```
#nav_main ul {
  width: 895px;
  list-style-type: none;
}
```

④ 设置超链接样式。单击 CSS 样式面板下方的"新建 CSS 规则"按钮,在弹出的"新建 CSS 规则"对话框中作如图 2-86 所示的设置,设置完成后单击"确定"按钮。

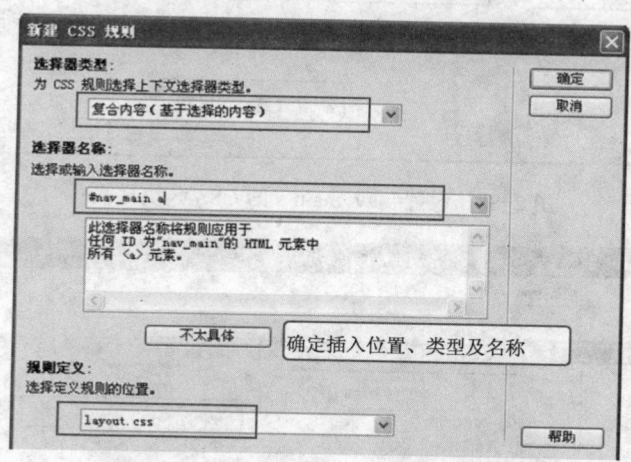

图 2-86　创建#nav_main a 的 CSS 样式

设置它的字号(Font-size)为 14px,行高(Line-height)为 26px,文本加粗(Font-weight)为 bold,颜色为#fff,文本修式(text-decoration)为无,如图 2-87 所示。

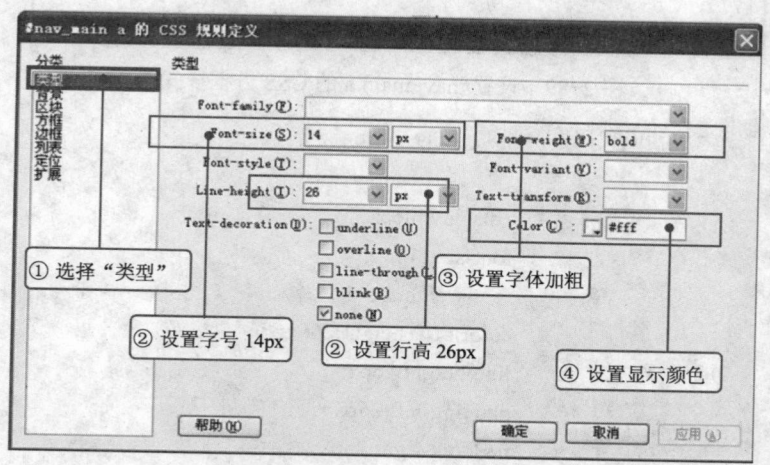

图 2-87　设置#nav_main a 的 CSS 类型样式

设置它的显示框类型(display)为 block(区块),如图 2-88 所示。

设置它的高度(height)为 26px,左填充(padding-left)为 25px,右填充(padding-right)为 25px,上边矩(margin-top)为 5px,如图 2-89 所示。

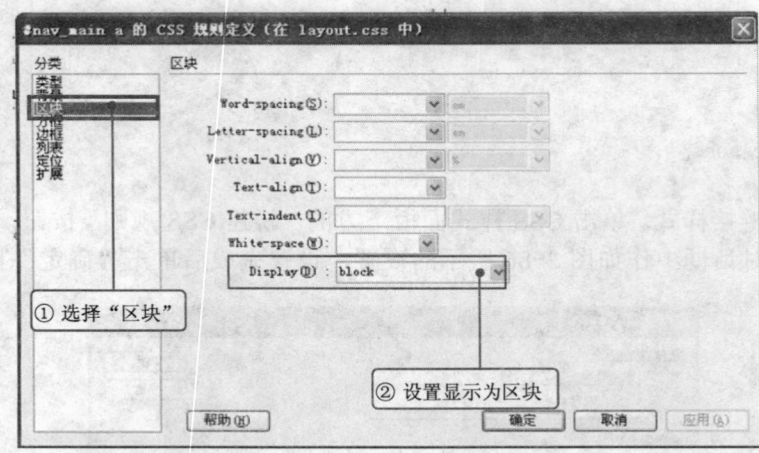

图 2-88　设置#nav_main a 的 CSS 区块样式

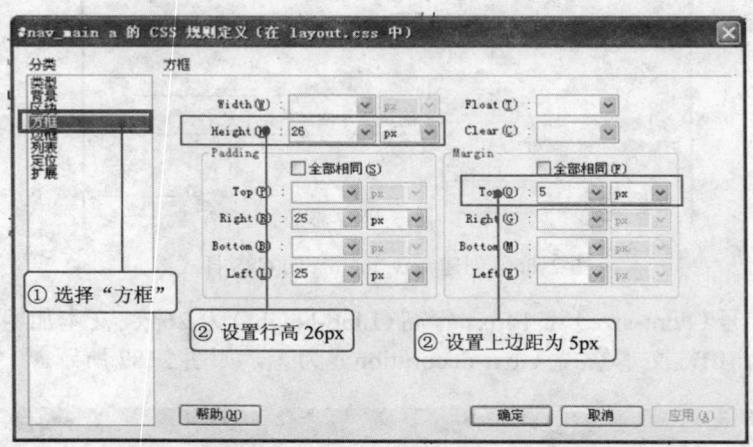

图 2-89　设置#nav_main a 的 CSS 方框样式

Layout.css 中自动生成相应代码：

#nav_main a{

         display:block;

         font-size:14px;

         font-weight:bold;

         color:#fff; height:26px;

         line-height:26px;

         padding-left:25px;

         padding-right:25px;

         margin-top:5px;}

⑤ 设置鼠标滑上超链接样式。单击 CSS 样式面板下方的"新建 CSS 规则"按钮，在弹出的"新建 CSS 规则"对话框中作如图 2-90 所示的设置，设置完成后单击"确定"按钮。

设置它的前景色（color）为#fff，如图 2-91 所示。

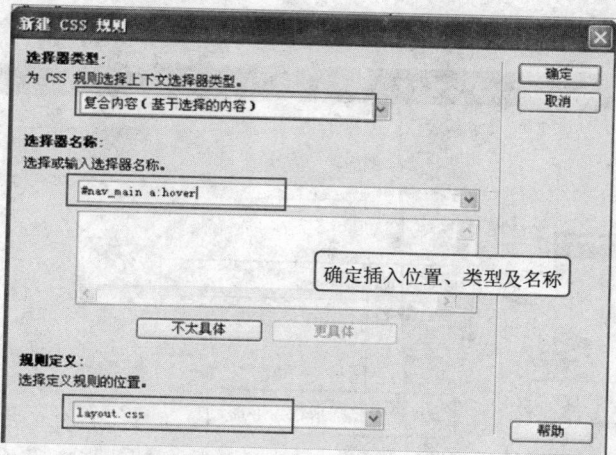

图 2-90   创建#nav_main a:hover 的 CSS 样式

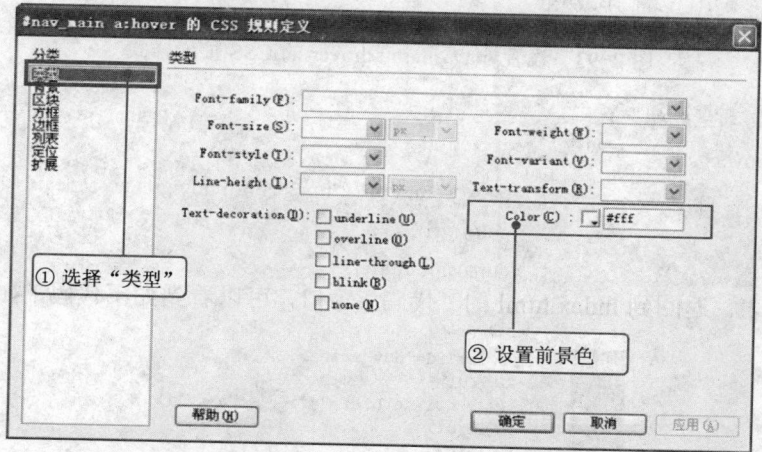

图 2-91   设置#nav_main a:hover 的 CSS 类型样式

设置它的背景图片（background-image）为../images/link_bg.gif，如图 2-92 所示。

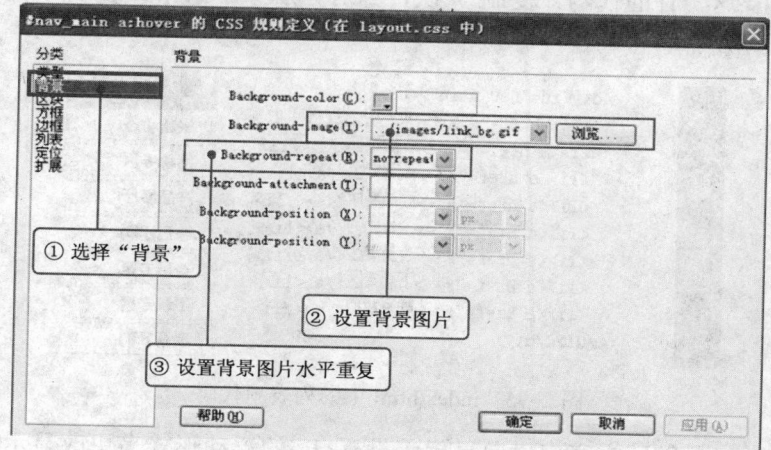

图 2-92   设置#nav_main a:hover 的 CSS 背景样式

设置它的光标显示形状为超链接手形，如图 2-93 所示。

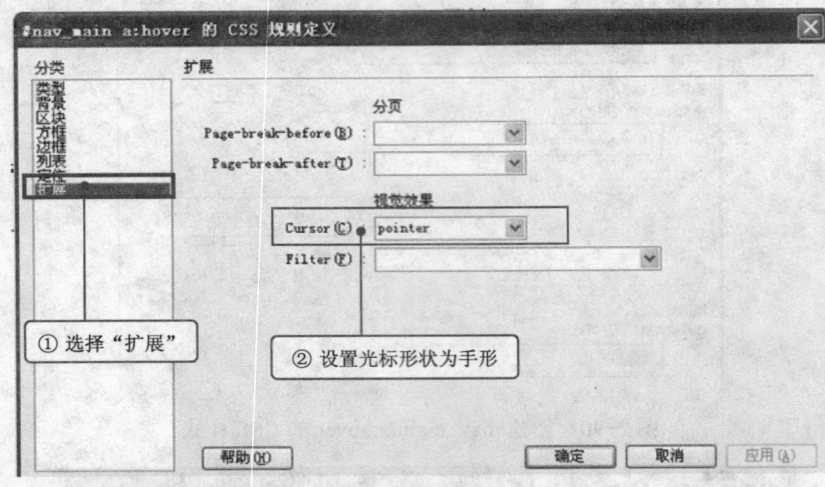

图 2-93 设置#nav_main a:hover 的 CSS 扩展样式

Layout.css 中自动生成相应代码：

```
#nav_main a:hover{
                    background:url(../images/link_bg.gif) no-repeat;
                    color:#fff;
                    cursor:pointer;}
```

⑥ 复制列表。返回到 index.html 的"代码"窗口，可以看到如下代码，如图 2-94 所示。

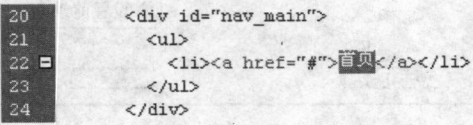

图 2-94 index.html 中的列表项代码

选中<li></li>这一行的代码，复制 7 次，并对导航文字做相应的修改，完成后的代码及结果如图 2-95 所示。

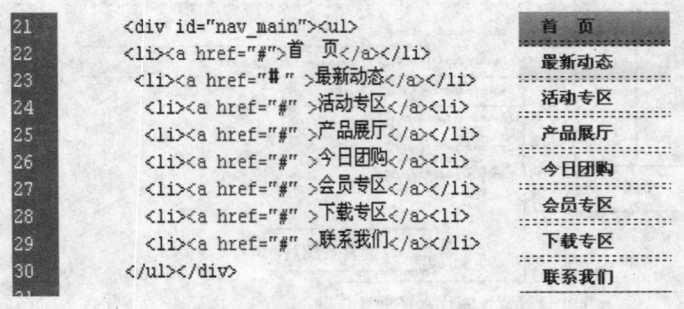

图 2-95 index.html 中的列表项代码

⑦ 设置浮动。导航区文字应横向显示，设置<li>的浮动形式来更改显示方向。

　　单击 CSS 样式面板下方的"新建 CSS 规则"按钮，在弹出的"新建 CSS 规则"对话框中作如图 2-96 所示的设置，设置完成后单击"确定"按钮。

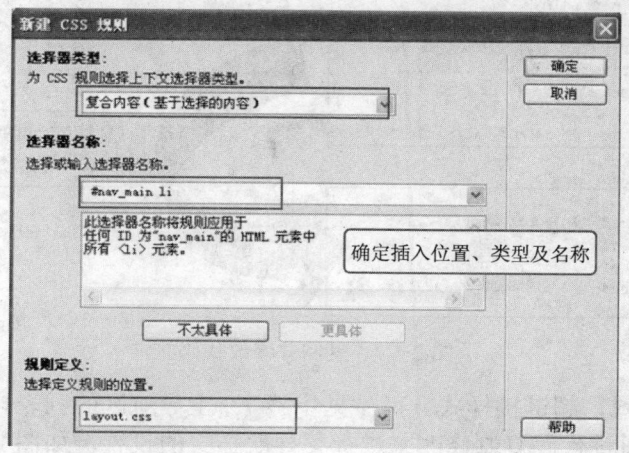

图 2-96　创建#nav_main li 的 CSS 样式

　　设置它的浮动（float）为左浮动（left），如图 2-97 所示。

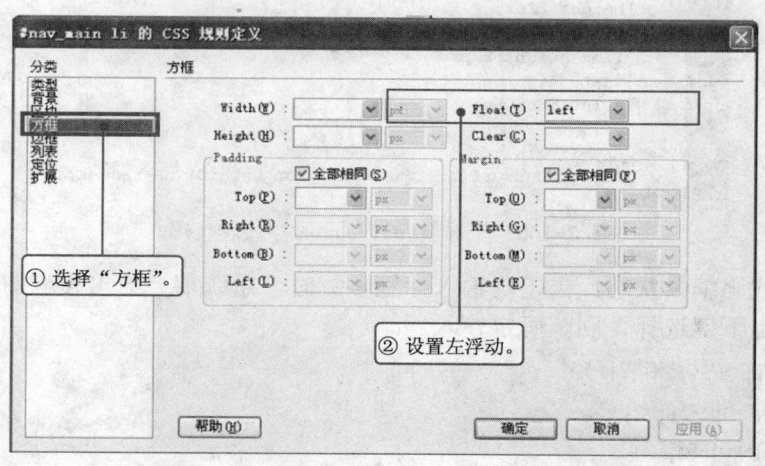

图 2-97　设置#nav_main li 的 CSS 方框样式

Layout.css 中自动生成相应代码：

#nav_main li{ float:left;}

　　主导航区效果如图 2-98 所示。

图 2-98　主导航区效果

8）添加子导航内容。

① 添加列表、添加超链接。子导航区插入列表及超链接的方法参见步骤 7）主导航区的设

置方法，也可以利用复制的方法为子导航添加列表及超链接，这里不再赘述，如图 2-99 所示。

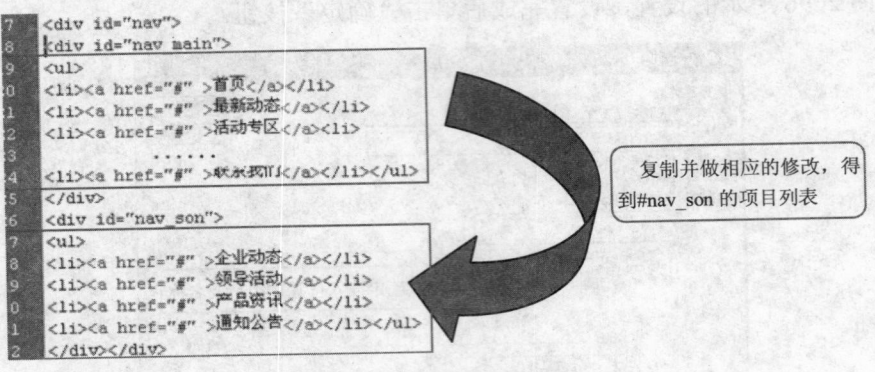

图 2-99　复制并修改代码

② 设置列表样式，超链接样式。可参见步骤 7）主导航区的列表样式及超链接样式的设置步骤，也可以通过代码复制修改来进行子导航样式的设置，如图 2-100 所示。

```
56  #nav_son ul{ width:350px;}
57  #nav_son li{ float:left;}
58  #nav_son a{
59        display:block;
60        height:22px;
61        width:78px;
62        line-height:22px;
63        text-align:center;
64        color:#6e636e;
65        }
66  .nav_son li a:hover {
67        background:url(../images/nav_son_bg.gif) no-repeat;}
```

图 2-100　子导航#nav_son 的样式表代码

提示： 在代码编辑状态，当正确输入标签参数时，系统都会给出相应的提示选项，操作者可以通过上下键选择，回车确定输入。

Layout.css 中自动生成相应代码：

```
#nav_son ul{ width:350px;}
#nav_son li{ float:left;}
#nav_son a{
    display:block;
    height:22px;
    width:78px;
    line-height:22px;
    text-align:center;
    color:#6e636e;
        }
.nav_son li a:hover {
    background:url(../images/nav_son_bg.gif) no-repeat;}
```

子导航区效果如图 2-101 所示。

图 2-101　子导航区效果

（3）设置底部区 CSS 样式

其最终效果如图 2-102 所示。

关于我们　‖　产品目录　‖　联系我们　‖　友情链接　‖　反馈问题　‖　广告合作

Copyright © 2007 - 2010 aa25.cn All Rights Reserved
标准之路 版权所有 京ICP备10007159号

图 2-102　底部区效果图

1）设定底部列表。

① 插入定义列表。光标定位在#footer 中，选择"插入"→"文本"→"定义列表"，如图 2-103 所示。

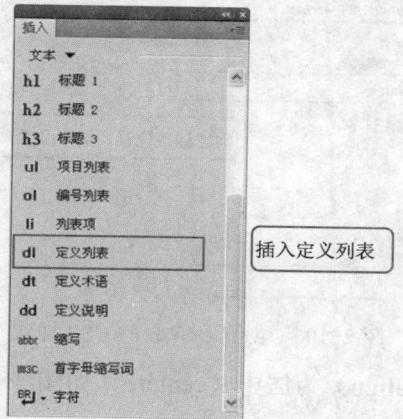

图 2-103　插入定义列表

② 在光标处输入文字，如图 2-104 所示。

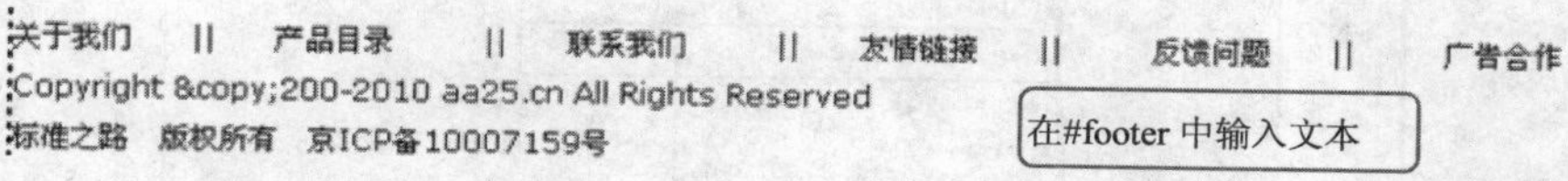

关于我们　‖　产品目录　‖　联系我们　‖　友情链接　‖　反馈问题　‖　广告合作
Copyright ©200-2010 aa25.cn All Rights Reserved
标准之路　版权所有　京ICP备10007159号

在#footer 中输入文本

图 2-104　底部区文本输入

③ 在 index.html 中底部区的相应代码如图 2-105 所示。

```
<div id="footer">
  <dl>
    <dt>关于我们　‖　产品目录　‖　联系我们　‖　友情链接　‖　反馈问题　‖　广告合作</dt>
    <dd>Copyright &amp;copy;200-2010 aa25.cn All Rights Reserved<br />标准之路　版权所有　京ICP
备 10007159 号
```

```
        </dd>
    </dl>
</div>
```

```
40  <div id="footer">
41    <dl>
42      <dt>关于我们      ||    产品目录      ||    联系我们      ||    友情链接      ||    反馈问题      ||    广告合作
43      <dd>Copyright &amp;copy;200-2010 aa25.cn All Rights Reserved<br />标准之路   版权所有   京ICP备10007159号
44      </dd>
45    </dl>
46  </div>
```

图 2-105　在 index.html 中底部区的相应代码

2）设置底部#footer 的 CSS 样式。

① 单击 CSS 样式面板下方的"新建 CSS 规则"按钮，在弹出的"新建 CSS 规则"对话框中做如图 2-106 所示的设置，设置完成后单击"确定"按钮。

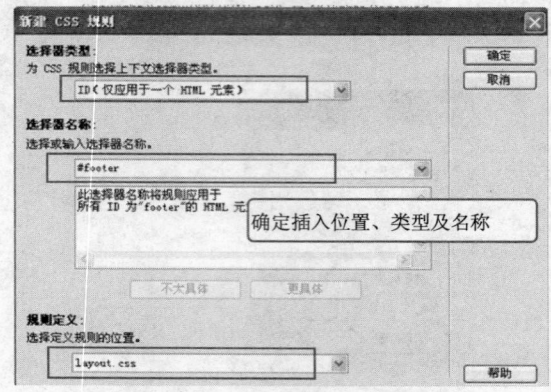

图 2-106　创建#footer 的 CSS 样式

② 设置文本对齐（text-align）为居中（center），如图 2-107 所示。

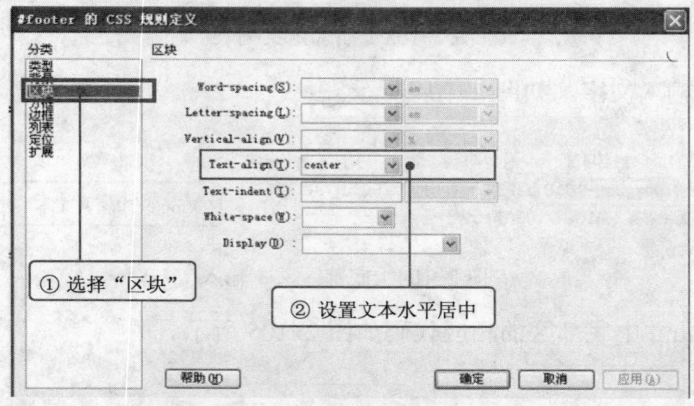

图 2-107　设置#footer 的 CSS 区块样式

3）设置底部#footer dl dt 的 CSS 样式。

① 单击 CSS 样式面板下方的"新建 CSS 规则"按钮，在弹出的"新建 CSS 规则"对话框中作如图 2-108 所示的设置，设置完成后单击"确定"按钮。

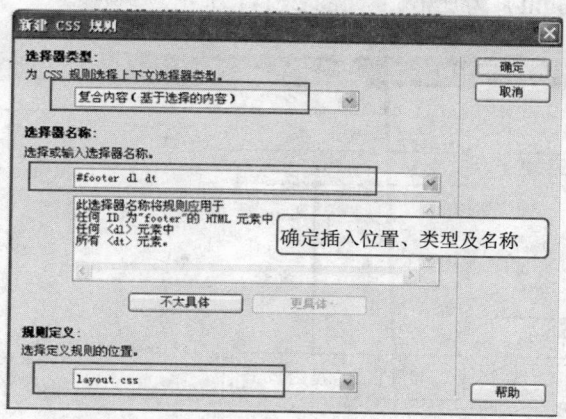

图 2-108　创建#footer dl dt 的 CSS 样式

② 单击"确定"按钮后，弹出"#footer dl dt 的 CSS 规则定义"对话框，设置它的行高（Line-height）为 28px，显示颜色（color）为#fff，如图 2-109 所示。

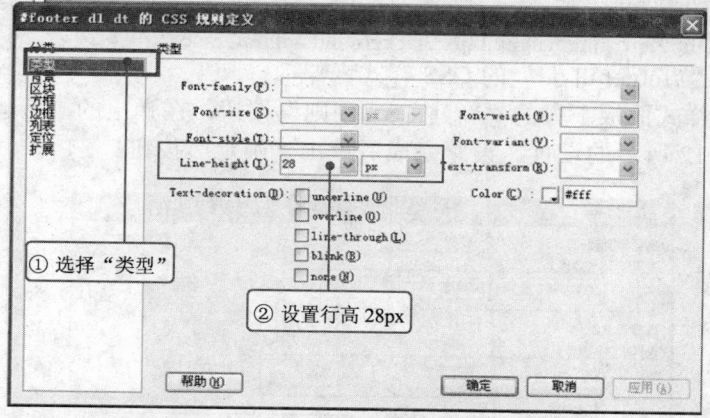

图 2-109　设置#footer dl dt 的 CSS 类型样式

设置它的背景色（Background-color）为#afafaf，如图 2-110 所示。

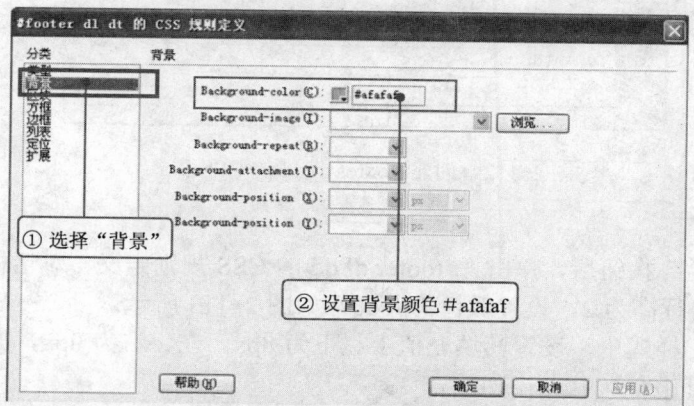

图 2-110　设置#footer dl dt 的 CSS 背景样式

设置它的高度（Height）为 28px，如图 2-111 所示。

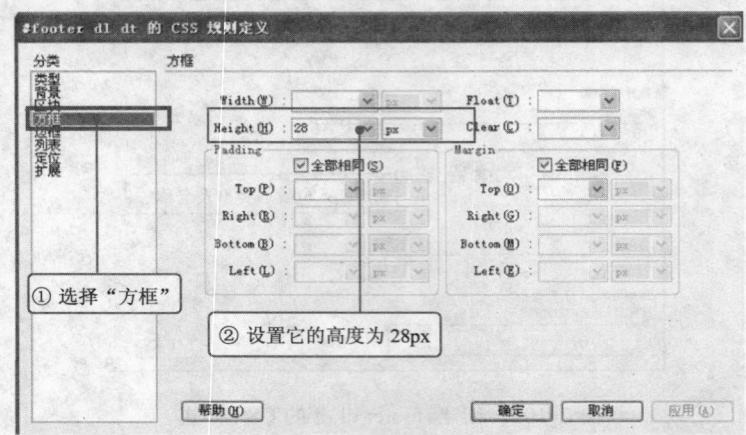

图 2-111　设置#footer dl dt 的 CSS 方框样式

Layout.css 中自动生成相应代码：

#footer dl dt { height:28px; line-height:28px; background:#afafaf; color:#fff;}

4）设置底部"#footer dl dd"的 CSS 样式。

① 单击 CSS 样式面板下方的"新建 CSS 规则"按钮，在弹出的"新建 CSS 规则"对话框中作如图 2-112 所示的设置，设置完成后单击"确定"按钮。

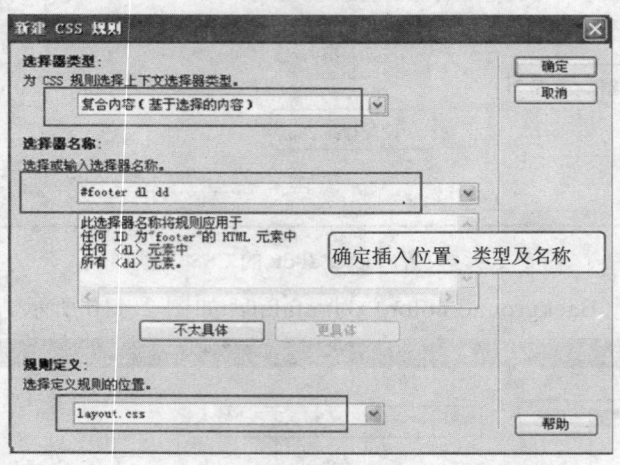

图 2-112　创建#footer dl dd 的 CSS 样式

nav_main CSS 样式

② 单击"确定"按钮后，弹出"#footer dl dd 的 CSS 规则定义"对话框，在其"类型"样式中，设置它的行高为 2，设置颜色为#666，如图 2-113 所示。

③ 在"方框"样式中，设置其填充值上、下为 8px，左、右为 0px，如图 2-114 所示。

Layout.css 中自动生成相应代码：

#footer dl dd { padding:8px 0; color:#666; line-height:2;}

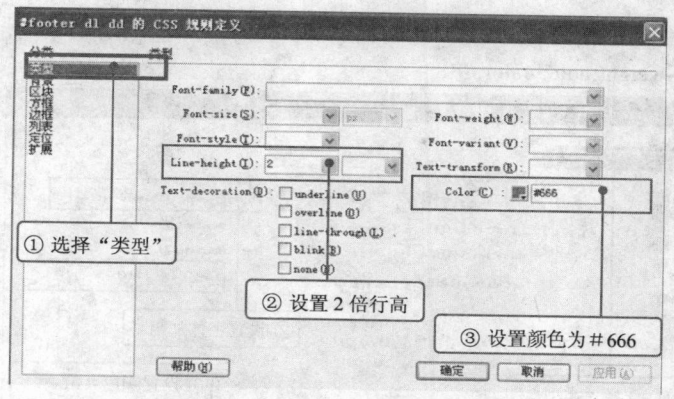

图 2-113　设置#footer dl dd 的 CSS 类型样式

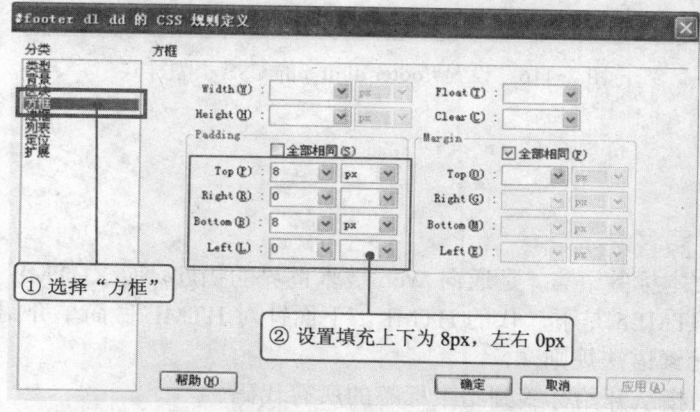

图 2-114　设置#footer dl dd 的 CSS 方框样式

5）设置底部"#footer dl dt a"的 CSS 样式。

① 单击 CSS 样式面板下方的"新建 CSS 规则"按钮，在弹出的"新建 CSS 规则"对话框中作如图 2-115 所示的设置，设置完成后单击"确定"按钮。

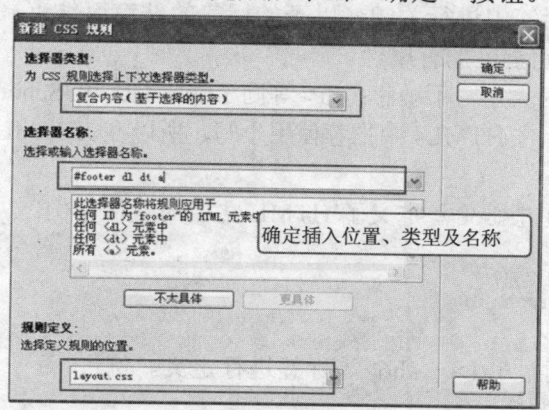

图 2-115　创建#footer dl dt a 的 CSS 样式

② 单击"确定"按钮后，弹出"#footer dl dt a 的 CSS 规则定义"对话框，设置它的字体（font-weight）加粗（bold），颜色（color）为#fff，如图 2-116 所示。

Layout.css 中自动生成相应代码：

`#footer dl dt a { font-weight:bold; color:#fff;}`

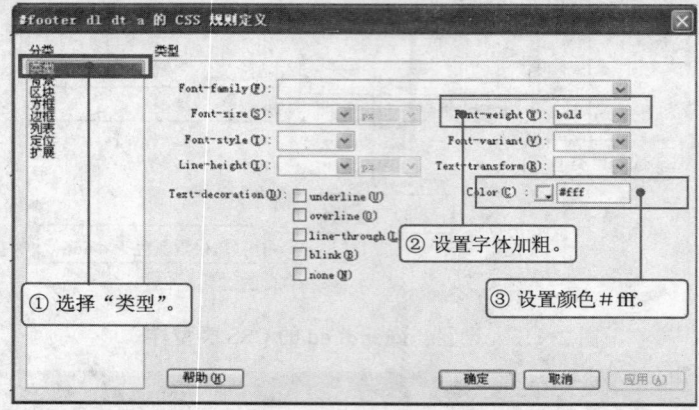

图 2-116　设置#footer dl dt a 的 CSS 类型样式

任务拓展

1. 关于 HTML 语言

HTML 指超文本标签语言。是通向 Web 技术世界的钥匙。而 XHTML 是更严谨更纯净的 HTML 版本。HTML5 是下一代的 HTML。下面针对 HTML 做简单介绍。

（1）HTML 元素语法规则

HTML 元素是指从开始标签到结束标签的所有代码。

● HTML 元素以开始标签起始。

● HTML 元素以结束标签终止。

● 元素的内容是开始标签与结束标签之间的内容。

● 某些 HTML 元素具有空内容（empty content）。

● 空元素在开始标签中进行关闭（以开始标签的结束而结束），如</br>。

● 大多数 HTML 元素可拥有属性。

注意： HTML 标签对大小写不敏感：<P>等同于<p>。但 W3School 使用的是小写标签，因为万维网联盟（W3C）在 HTML4 中推荐使用小写，所以在 XHTML 版本中强制使用小写。

（2）常用标签

1）HTML 主体：通过<body>定义了 HTML 文档的主体。例：

```
<body>
<p>This is my first paragraph.</p>
</body>
```

2）HTML 标题：通过<h1>~<h6>等标签进行定义。例：

```
<h1>This is a heading</h1>
<h2>This is a heading</h2>
```

3）HTML 段落：通过<p>标签进行定义。例：

```
<p>This is a paragraph.</p>
```

4）HTML 折行：使用
标签在不产生一个新段落的情况下进行换行（新行），例：

<p>This is
a para
graph with line breaks</p>

元素是一个空的 HTML 元素。由于关闭标签没有任何意义，因此它没有结束标签。

5）HTML 链接：HTML 链接是通过<a>标签进行定义。例：

<a href="http://www.baidu.com">链接百度</a>

6）HTML 图像：HTML 图像是通过<img>标签进行定义。例：

<img src="#" src="../images/nav_bg.jpg" width="104" height="87" />

HTML 无序列表标签:<ul> 标签定义无序列表。例：

<ul>

  <li>首页</li>

  <li>最新动态</li>

  <li>活动专区</li>

</ul>

7）HTML 定义列表标签：<dl>标签定义了定义列表。例：

<dl>

  <dt>关于我们 || 产品目录 || 联系我们 || 友情链接 || 反馈问题 || 广告合作</dt>

  <dd>Copyright &copy;200-2010 aa25.cn All Rights Reserved
标准之路 版权所有 京 ICP 备 10007159 号

  </dd>

</dl>

8）HTML 盒模式：<div>可定义文档中的分区或节（division/section）。<div>标签可以把文档分割为独立的、不同的部分。它可以用做严格的组织工具，并且不使用任何格式与其关联。例：

<div id="header">

  <div id=" logo" >内容…</div>

</div>

9）HTML 表单标签：<form>标签用于为用户输入创建 HTML 表单。表单能够包含 input 元素，比如文本字段、复选框、单选框、提交按钮等。例：

<form action="" method="get">

搜索内容<input name="" type="text" /><input name="" type="button" class="btn_srh" />

</form>

10）HTML 行内元素标签：<span>标签被用来组合文档中的行内元素。以便通过样式来格式化它们。例：

<p><span>some text.</span>some other text.</p>

（3）标签属性

HTML 标签可以拥有属性。属性提供了有关 HTML 元素的更多的信息。

属性总是以名称/值对的形式出现，始终为属性值加引号。如 id="header"。

属性总是在 HTML 元素的开始标签中规定。例：HTML 链接由<a>标签定义。链接的地址在 href 属性中指定。

<a href="http://../news/1.html">链接到指定网页</a>

属性和属性值对大小写不敏感。不过，万维网联盟在其 HTML4 推荐标准中推荐小写的属性/属性值。而 XHTML 要求使用小写的属性/属性值。

2. 关于 CSS 样式

（1）CSS 概述

- CSS 是指层叠样式表（Cascading Style Sheets）。
- 样式定义如何显示 HTML 元素。
- 样式通常存储在样式表中。
- 把样式添加到 HTML 4.0 中，是为了解决内容与表现分离的问题。
- 外部样式表可以极大提高工作效率。
- 外部样式表通常存储在 CSS 文件中。
- 多个样式定义可层叠为一。
- 样式解决了一个普遍的问题。

（2）语法规则

```
选择符{属性 1：值 1；
属性 2：值 2；
属性 3：值 3；
……；
}
```

也可以写在一行：

选择符{属性 1：值 1；属性 2：值 2；属性 3：值 3；……}

书写时属性值要写在相应的花括号内，属性间用分号结束。

（3）选择器

基本选择器有 3 种：

1）id 选择器可以为标有特定 ID 的 HTML 元素指定特定的样式。ID 选择器以"#"来定义。

例：#containter{weith:900px;margin:0 auto;}

上述代码指定 ID="containter"的对象宽为 900px，边距上下为 0px，左右自动。

2）类选择器。类选择器允许以一种独立于文档元素的方式来指定样式。当需要应用样式而不考虑具体设计的元素时，最常用的方法就是使用类选择器。

例：.side_box{ margin-bottom:8px;}

上述代码指定 class="containter"的类，下边距为 8px。

3）标签选择符，对带有指定属性的 HTML 元素设置样式。

可以为拥有指定属性的 HTML 元素设置样式，而不仅限于 class 和 ID 属性。

例：body{
      margin:0 auto;
      font-size:12px;
      font-family:Verdana;
      line-height:1.5;
}

上述代码设置本文档的所有对象上下边距为 0px，左右边距自动，设置字号为 12px，字体为：Verdana，1.5 倍行高。

4）派生选择器。除上述 3 种基本选择器外，还有通过依据元素在其位置的上下文关系来定义样式的派生选择器，它可以使标记更加简洁，如图 2-117 所示。

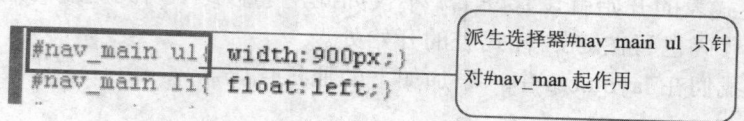

图 2-117   嵌入样式表

上述代码中设定的<ul>项目列表的宽度为 900px，只针对#nav_main 里的<ul>起作用，对其他的<ul>没有影响。

（4）应用 CSS 样式的 3 种方式

CSS 样式表文件与网页 HTML 文档间的关联有 3 种方式。

1）内联样式：将 CSS 样式表写在 XHTML 标签中，如图 2-118 所示。

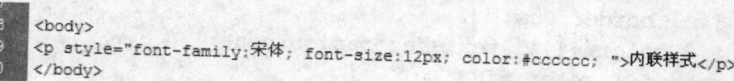

图 2-118   内联样式表

2）嵌入样式表：将 CSS 样式表统一放置在页面的一个固定的位置,样式表由<style></style>标签标记。这种应用形式只对当前页面有效，不能跨页面执行，如图 2-119 所示。

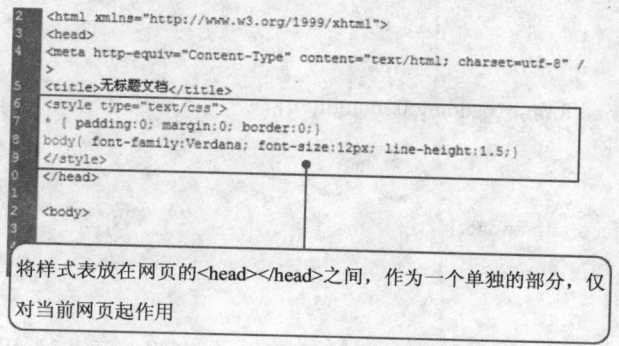

图 2-119   嵌入样式表

3）外部样式表：将 CSS 样式表代码单独编写在一个独立文件中，由网页进行调用，多个网页可以调用同一个外部样式表文件，能够实现代码的最大化使用及网站文件的最优化配置。

本项目中的例子就是应用外部样式表 layout.css，站内的各个网页的样式均由该文件控制。

触类旁通

1. 通用 CSS 样式

在利用 DIV+CSS 进行网页制作时，CSS 样式表中的标签都有自己默认的样式值，如很多标签（div、ul、a…）有默认的边距和填充，图像标签(img)、表格标签(table)有默认的边框线等，这些默认设置将影响到网页的布局，所以我们应在样式表的开始取消不必要的默认值；还有整体网站的页面文字设置（包括字号、字体、颜色）、超链接的样式等，习惯上也都在 CSS 样式表的开始就设置好了。不仅如此，考虑到不同浏览器的兼容问题，一般解决此类问题的代码也写在 CSS 样式表的开始处。

本实例中，我们在 layou.css 中，添加如下的通过代码。

```
1    @charset "utf-8";
2    /* CSS Document */
3    body{
4        margin:0 auto;
5        font-size:12px;
6        font-family:Verdana;
7        line-height:1.5;}
8    ul,dl,dd,h1,h2,h3,h4,h5,h6,form,p{padding:0; margin:0;}
9    ul{ list-style:none;}
10   img{ border:0px;}
11   a{ color:#444; text-decoration:none;}
12   a:hover{ color:#f00;}
```

Layout.css 中的代码：

```
body{
    margin:0 auto;
    font-size:12px;
    font-family:Verdana;
    line-height:1.5;}
ul,dl,dd,h1,h2,h3,h4,h5,h6,form,p{padding:0; margin:0;}
ul{ list-style:none;}
img{ border:0px;}
a{ color:#444; text-decoration:none;}
a:hover{ color:#f00;}
```

2．群选择器

当几个元素样式属性一样时，可以共同调用一个声明，元素之间用逗号分隔，形式如下。

```
ul,dl,dd,h1,h2,h3,h4,h5,h6,form,p{padding:0; margin:0;}
```

上述代码表示，本 CSS 样式表文档中的标签：ul,dl,dd,h1,h2,h3,h4,h5,h6,form,p 的边距、填充都设置为 0。

3．通配符选择器

"*" 为通配选择符。它的使用表示所有对象，包括所有不同 ID、不同 class 的 HTML 的所有标签。例：

```
3    *{ margin:0px; padding:0px;}
```

上述代码表示，本 CSS 样式表文档中的所有对象的边距、填充都设置为 0。

任务 4——网页美化与特效

> **知识要点**：利用 CSS 美化文字、链接、图片、表格、表单；相关 HTML 标记的使用；了解 JavaScript。

任务情境

　　好的网站制作不仅内容充实、新颖，满足浏览者的实用需求，其外在形式也很重要，一个平淡无趣的网站是不会引起浏览者的兴趣的。

　　网页不仅要把各种信息综合起来，并且表达清楚，还要考虑通过各种设计手段与技术技巧，让受众能更有效地接收网页上的各种信息从而对网站留下深刻印象，促进消费行为的产生，提供企业的品牌形象。

任务分析

　　比较下面的一组图片，如图 2-120 所示。

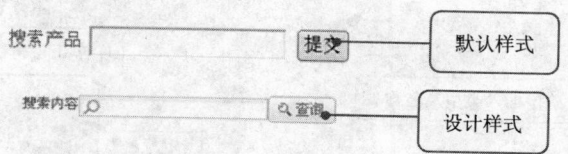

图 2-120　表单样式对比

　　从图 2-119 可以看出：设计样式中的头部设计草图中"文本框"和"按钮"都有自己的独特外形。它给浏览者的外观视觉效果比默认的样式好得多。

　　比较下面的第二组图片，如图 2-121 所示。

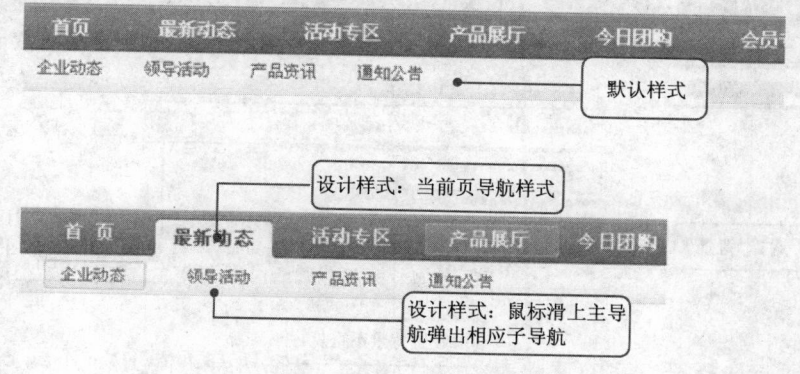

图 2-121　导航样式对比

　　从图 2-121 可以看出：导航设计草图中当前页主导航显示背景为白色，文字颜色为灰黑，且当鼠标滑上主导航按钮时弹出相应的子导航，滑出主导航按钮时隐藏子导航区。这样的显示效果不仅美观，而且更方便浏览了解自己当前处理的网站位置，及了解当前页所包含的有关内容。

任务实施

要实现任务分析中的相关效果，需要重新创建新样式并应用到相关对象上。

1. 文本框美化

（1）创建类样式

1）创建.inp_srh 的 CSS 样式。单击 CSS 样式面板下方的"新建 CSS 规则"按钮，在弹出的"新建 CSS 规则"对话框中作如图 2-122 所示的设置，设置完成后单击"确定"按钮。

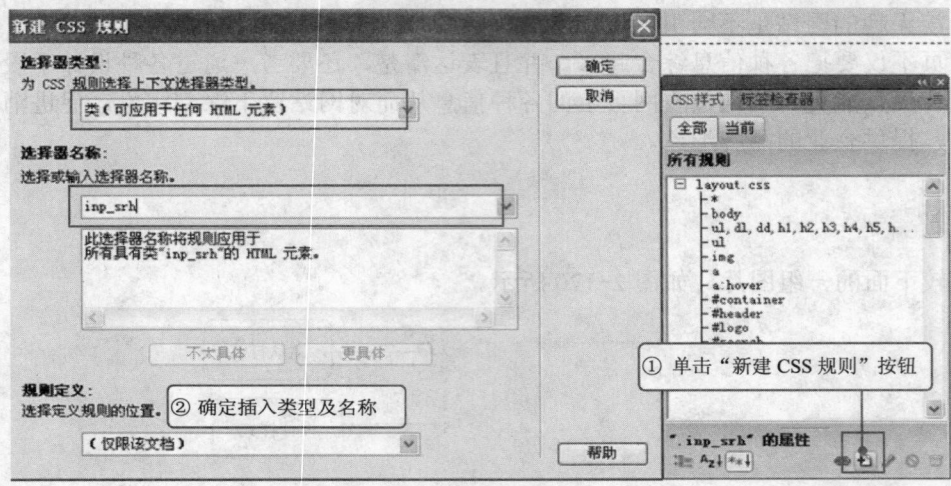

图 2-122　创建 .inp_srh 的 CSS 样式

2）单击"确定"按钮后，弹出".inp_srh 的 CSS 规则定义"对话框，设置它的背景图片及背景图片不重复，如图 2-123 所示。

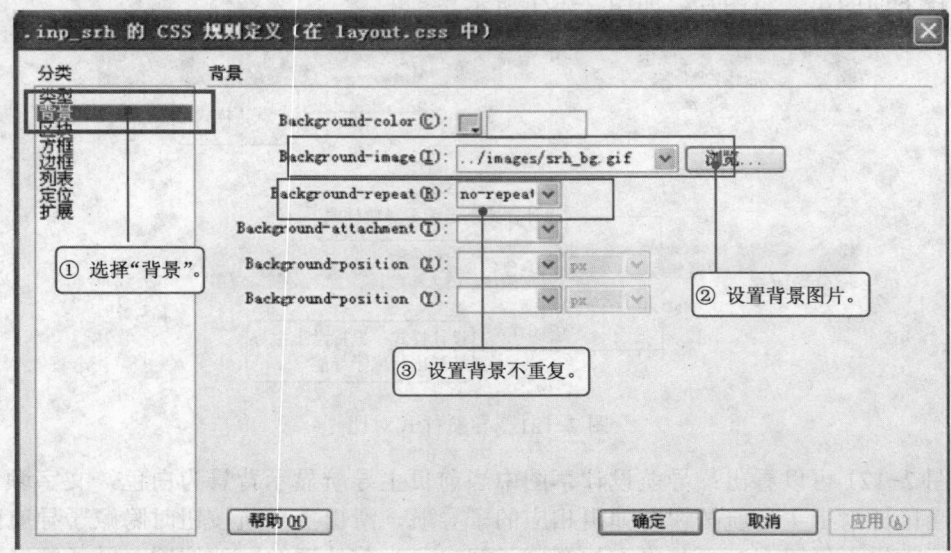

图 2-123　设置.inp_srh 的 CSS 背景样式

3）在方框样式中，设置它的宽度 140px，高度 17px，如图 2-124 所示。

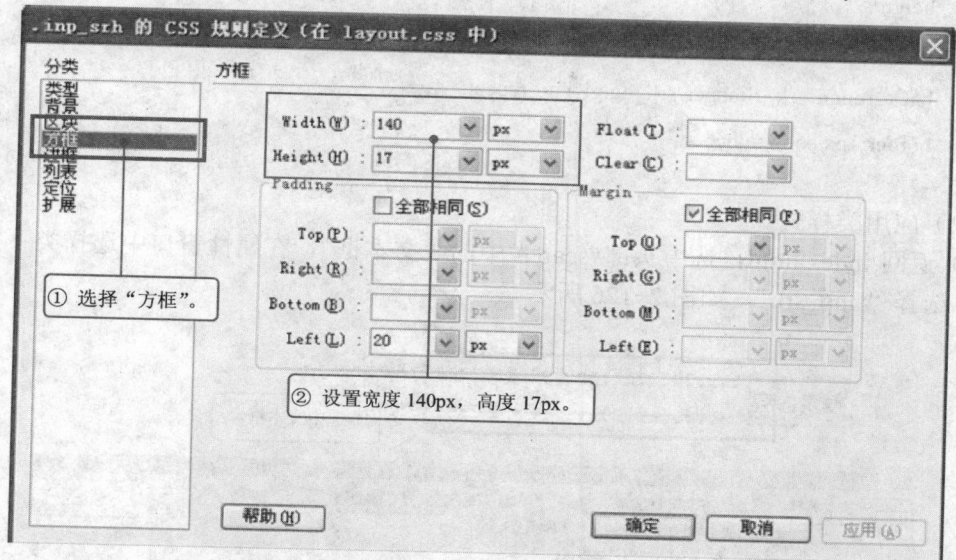

图 2-124 设置 .inp_srh 的 CSS 方框样式

4）在边框样式中，设置它的边框线样式（style）为实线（solid）、边线粗细（width）为 1px、边线颜色（Color）为#cbcbcb，如图 2-125 所示。

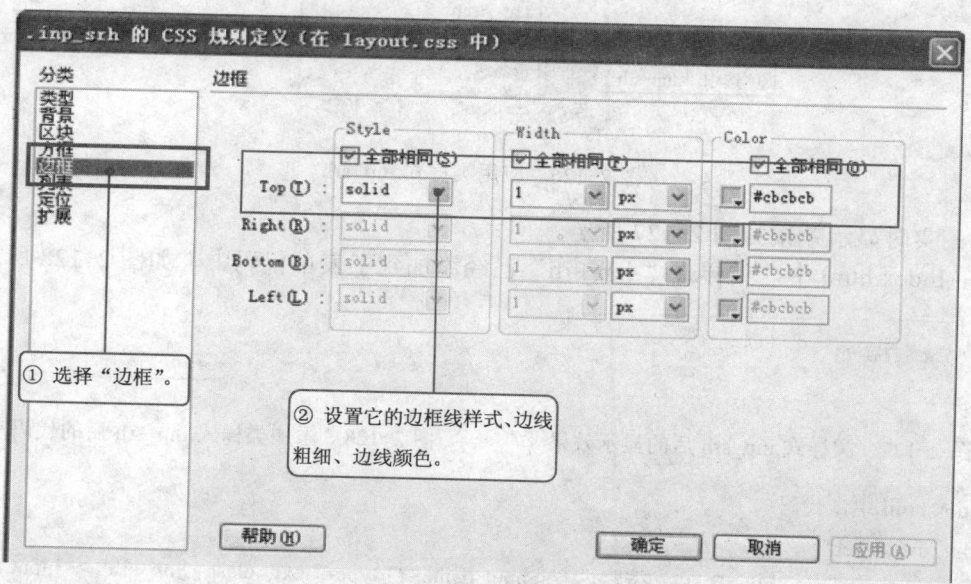

图 2-125 设置 .inp_srh 的 CSS 边框样式

Layout.css 中自动生成相应代码：

```
.inp_srh{
    width:140px;
```

```
        height:17px;
        padding-left:20px;
        background:url(../images/srh_bg.gif) no-repeat;
        border:1px solid #cbcbcb;
        }
```

（2）应用类样式

1）返回 index.html，选中头部#search 中的"文本框"，在属性窗口中选择类下拉列表菜单，选择".inp_srh"，如图 2-126 所示。

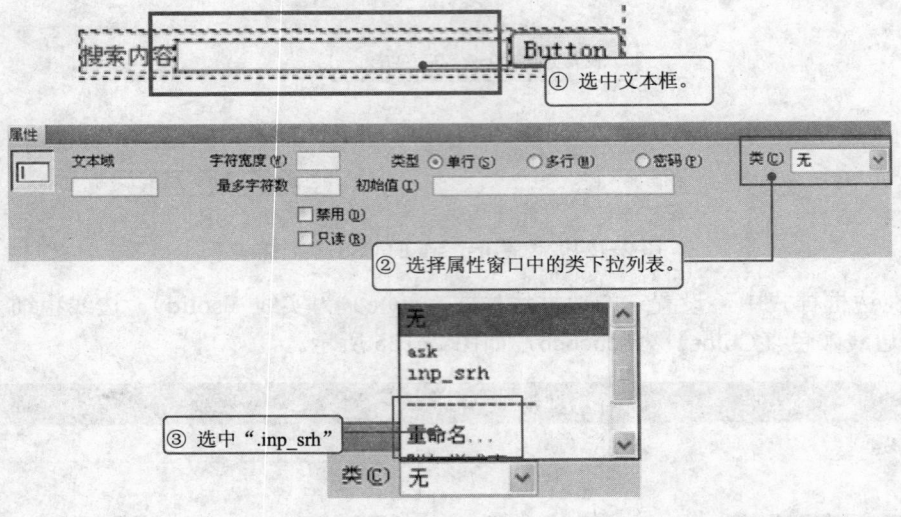

图 2-126　应用类样式.inp_srh

2）实时显示效果如图 2-127 所示。

在 Index.html 中，类样式".inp_srh"已经添加到了表单代码中，如图 2-128 所示。

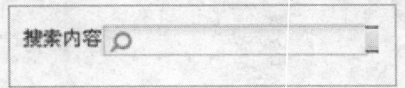

图 2-127　类样式.inp_srh 后的显示效果　　　图 2-128　添加类样式.inp_srh 后的代码

Index.html 中，代码：

```
<div id="search">
<form action="" method="get"> 搜索内容<input name="" type="text" class="inp_srh" ><input name="" type="button" />
</form>
</div>
```

2．按钮美化

（1）创建类样式

1）创建.btn_srh 的 CSS 样式。单击 CSS 样式面板下方的"新建 CSS 规则"按钮，在弹出的"新建 CSS 规则"对话框中作如图 2-129 所示的设置，设置完成后单击"确定"按钮。

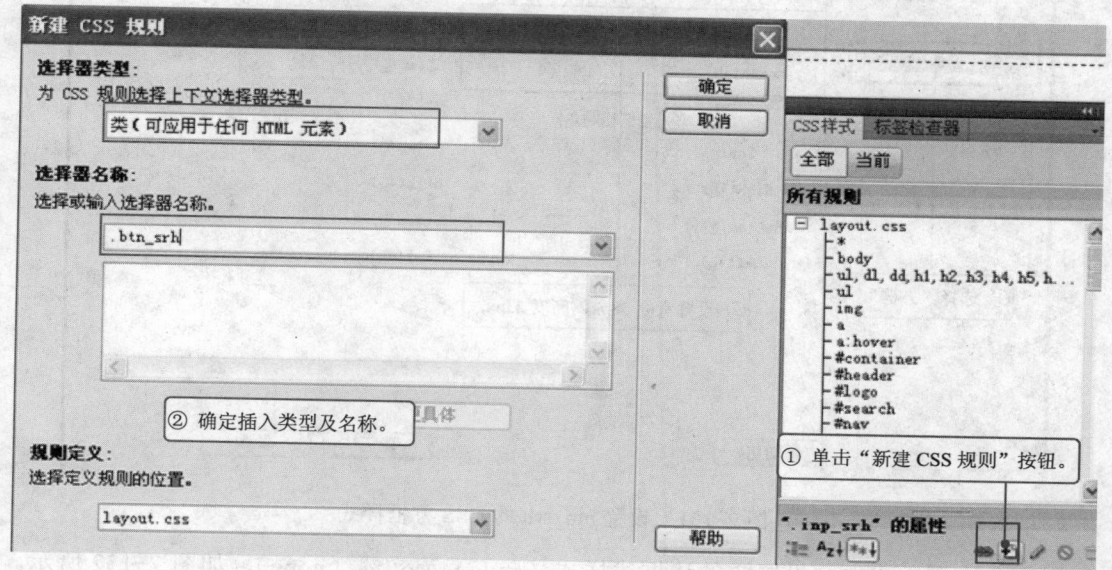

图 2-129　创建.btn_srh 的 CSS 样式

2）单击"确定"按钮后，弹出".btn_srh 的 CSS 规则定义"对话框，设置它的背景图片及背景图片不重复，如图 2-130 所示。

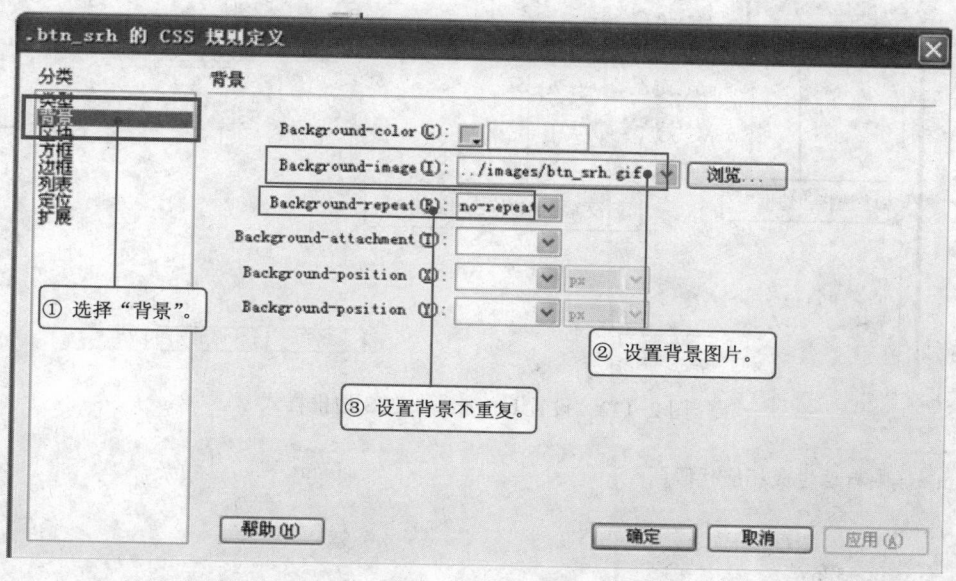

图 2-130　设置.btn_srh 的 CSS 背景样式

3）在方框样式中，设置它的宽度为 58px，高度为 23px，如图 2-131 所示。

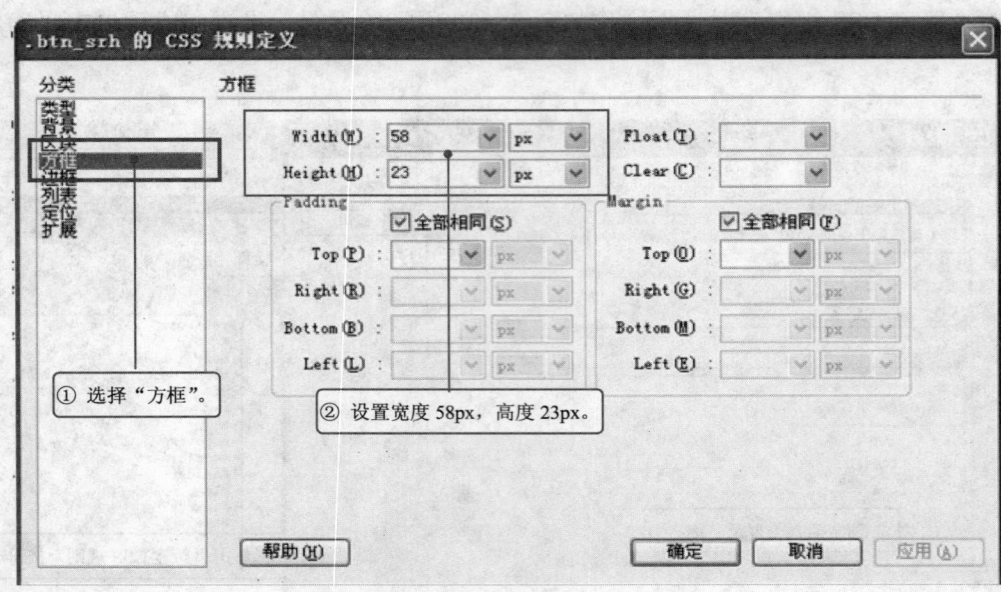

图 2-131　设置.btn_srh 的 CSS 方框样式

4）在边框样式中，设置它的边框线样式（style）为实线（none），如图 2-132 所示。

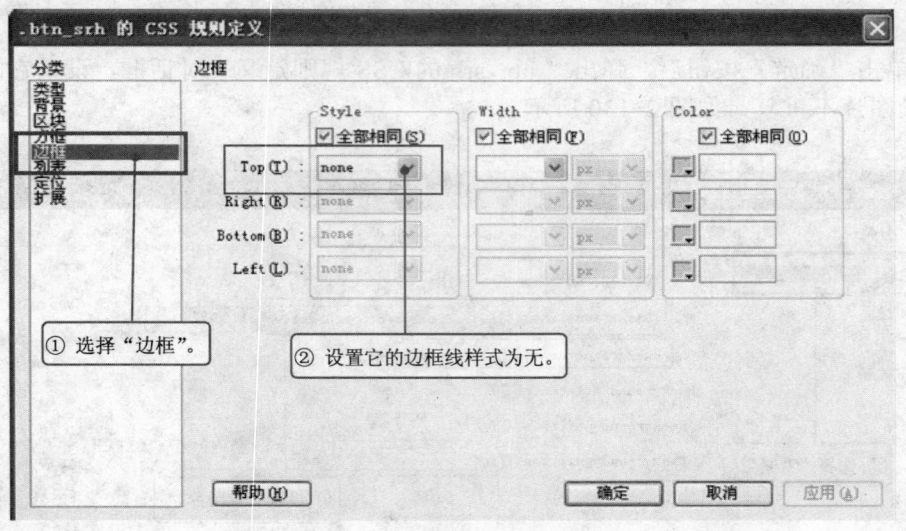

图 2-132　设置.btn_srh 的 CSS 边框样式

Layout.css 中自动生成相应代码：

```
.btn_srh{
        width:58px;
        height:23px;
```

```
background:url(../images/btn_srh.gif) no-repeat;

border:none;

cursor:pointer;

}
```

5）在扩展样式中，设置它的光标形状（Cursor）为手形样式（pointer），如图 2-133 所示。

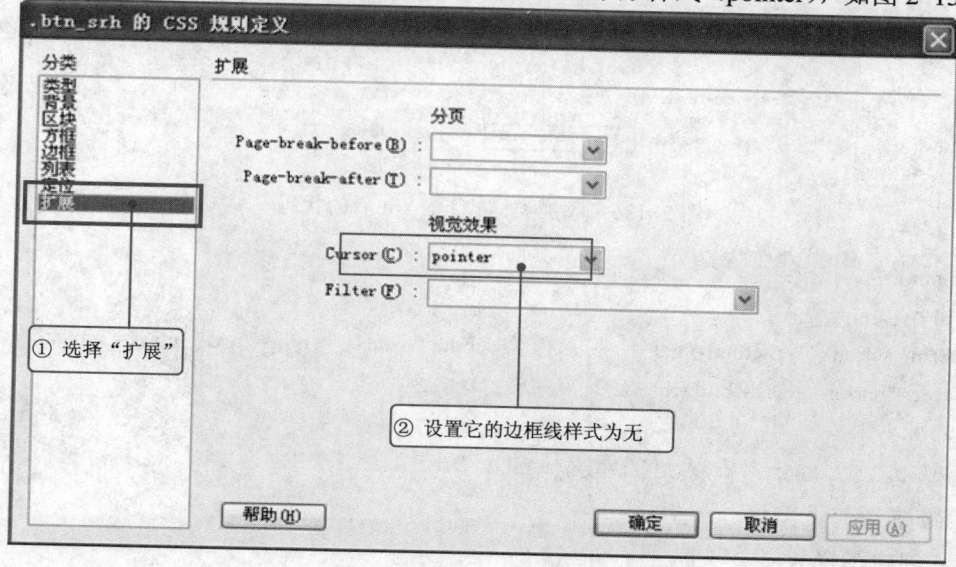

图 2-133　设置.btn_srh 的 CSS 扩展样式

（2）应用类样式

1）返回 index.html，选中头部#search 中的"按钮"，在属性窗口中选择类下拉列表菜单，选择".btn_srh"，如图 2-134 所示。

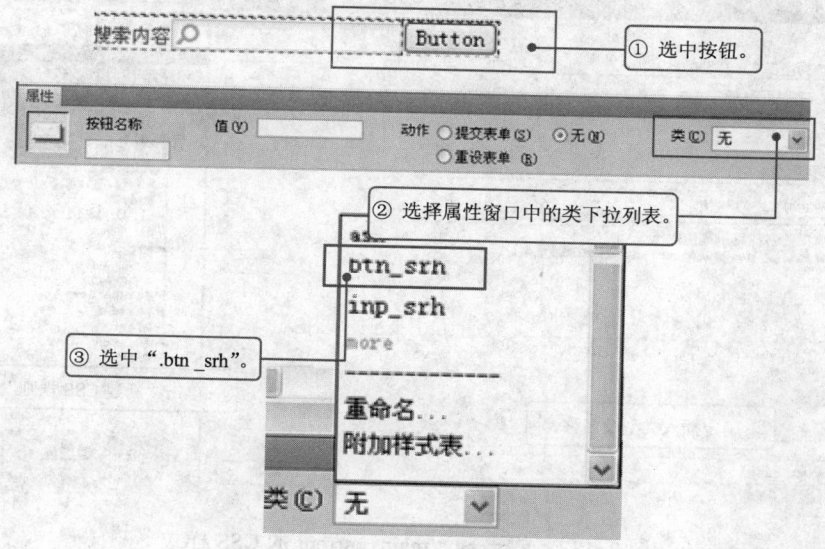

图 2-134　应用类样式.btn_srh

2）实时显示效果如图 2-135 所示。

图 2-135　类样式.btn_srh 后的显示效果

在 Index.html 中，类样式"·.btn_srh"已经添加到了表单代码中，如图 2-136 所示。

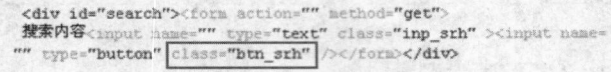

图 2-136　添加类样式.btn_srh 后的代码

Index.html 中，代码：

`<div id="search">`

　`<form action="" method="get">` 搜索内容`<input name="" type="text" class="inp_srh" ><input name="" type="button" class="btn_srh" />`

　`</form>`

`</div>`

3．导航当前页美化

（1）创建类样式

1）创建.nav_main_current 的 CSS 样式。单击 CSS 样式面板下方的"新建 CSS 规则"按钮，在弹出的"新建 CSS 规则"对话框中作如图 2-137 所示的设置，设置完成后单击"确定"按钮。

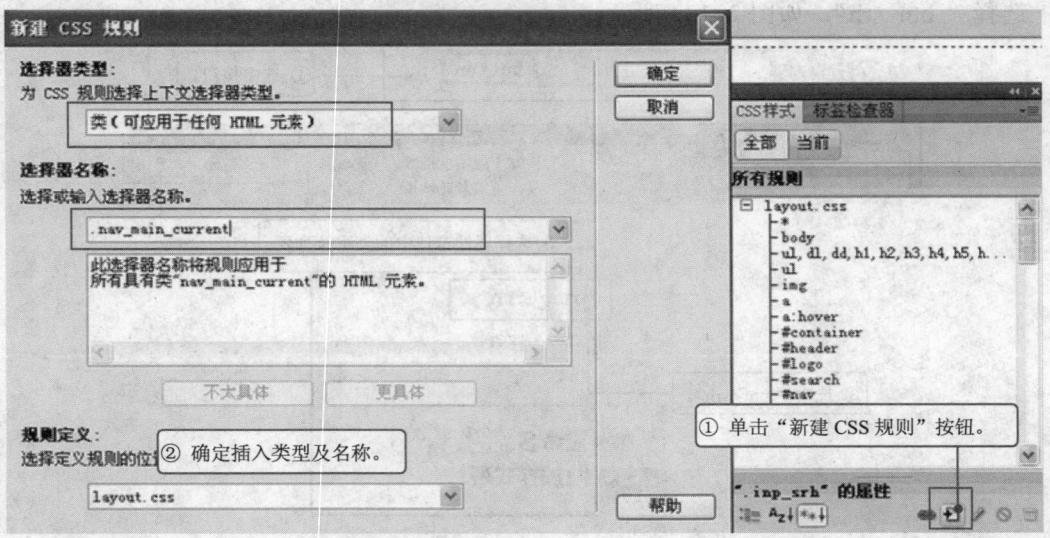

图 2-137　创建.nav_main_current 的 CSS 样式

2）单击"确定"按钮后，弹出".nav_main_current 的 CSS 规则定义"对话框，设置它的背景图片及背景图片不重复，如图 2-138 所示。

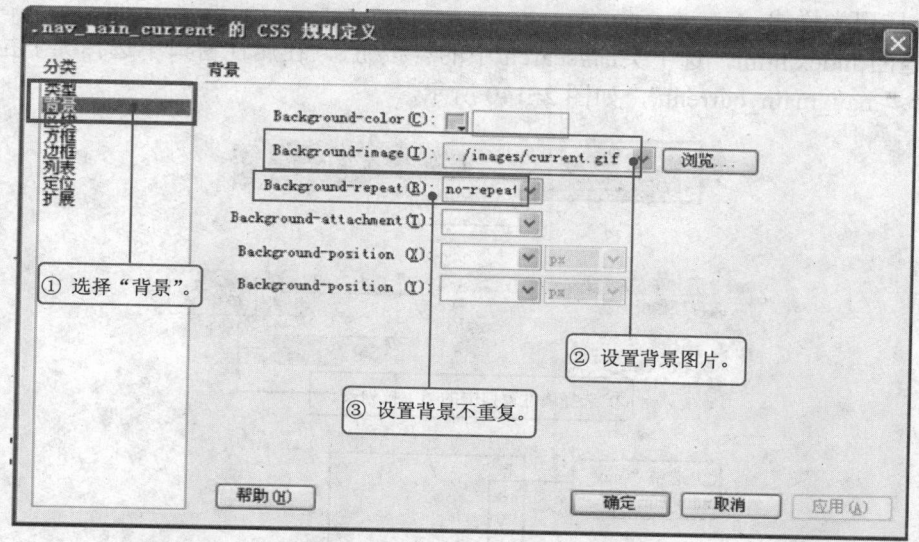

图 2-138　设置.nav_main_current 的 CSS 背景样式

3）在方框样式中，设置它的上填充为 5px，如图 2-139 所示。

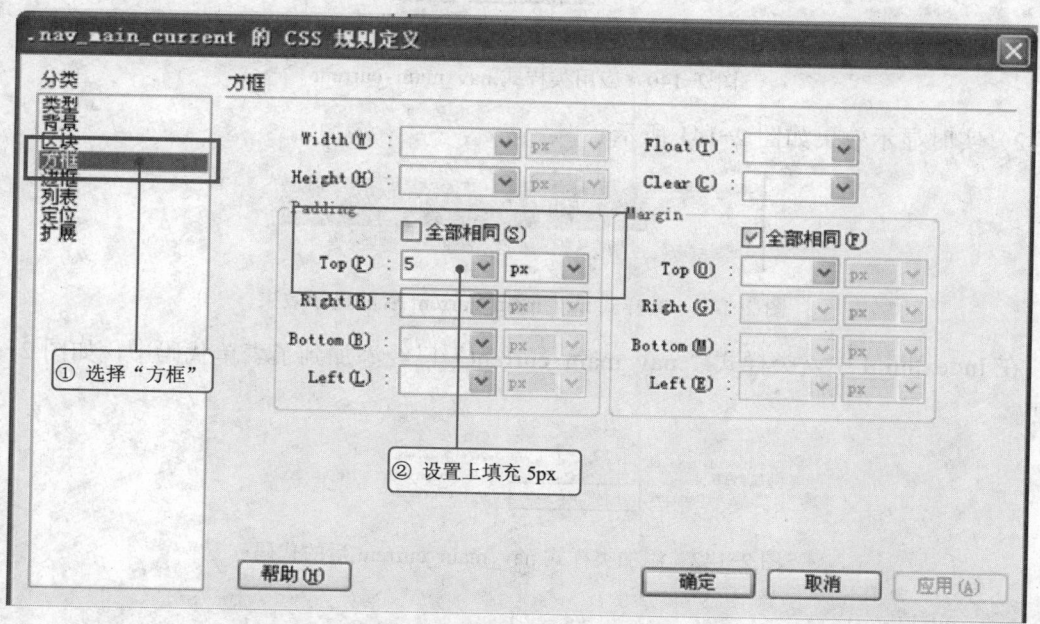

图 2-139　设置.nav_main_current 的 CSS 方框样式

Layout.css 中自动生成相应代码：

.nav_main_current{

        background:url(../images/current.gif) no-repeat;

```
                        padding-top:5px;
                    }
```

（2）应用类样式

1）返回 index.html，选中头部#search 中的"按钮"，在属性窗口中选择类下拉列表菜单，选择".nav_main_current"，如图 2-140 所示。

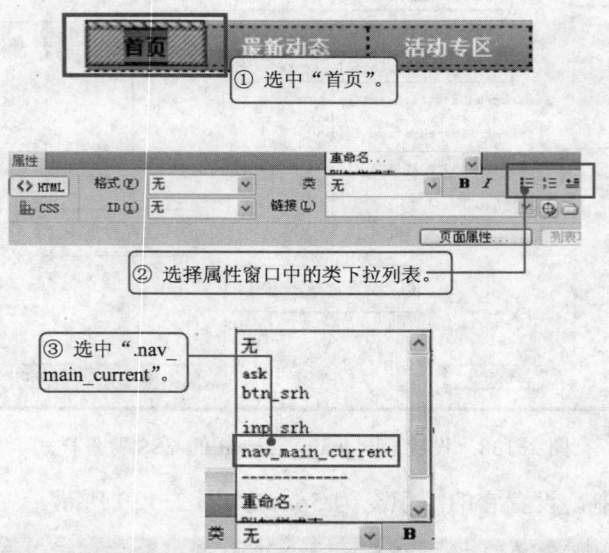

图 2-140　应用类样式.nav_main_current

2）实时显示效果如图 2-141 所示。

图 2-141　类样式.nav_main_current 后的显示效果

在 Index.html 中，类样式".nav_main_current"已经添加到了表单代码中，如图 2-142 所示。

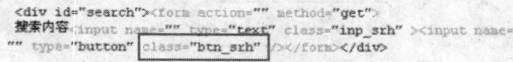

图 2-142　添加类样式.nav_main_current 后的代码

Index.html 中，代码：

```
<li ><a href="#"class="nav_main_current"
onmouseover="MM_showHideLayers ('nav_Son',",'show')"
onmouseout="MM_showHideLayers ('nav_son',",'hide')" >
<span>首页</span>
</a></li>
```

（3）设置当前页导航文字颜色。

由于背景设置成的白色与导航文字设置的颜色相同，影响显示效果，因此必须为当前导航文字重新设置一种颜色。

1）创建#nav_main span 的 CSS 样式。单击 CSS 样式面板下方的"新建 CSS 规则"按钮，在弹出的"新建 CSS 规则"对话框中作如图 2-143 所示的设置，设置完成后单击"确定"按钮。

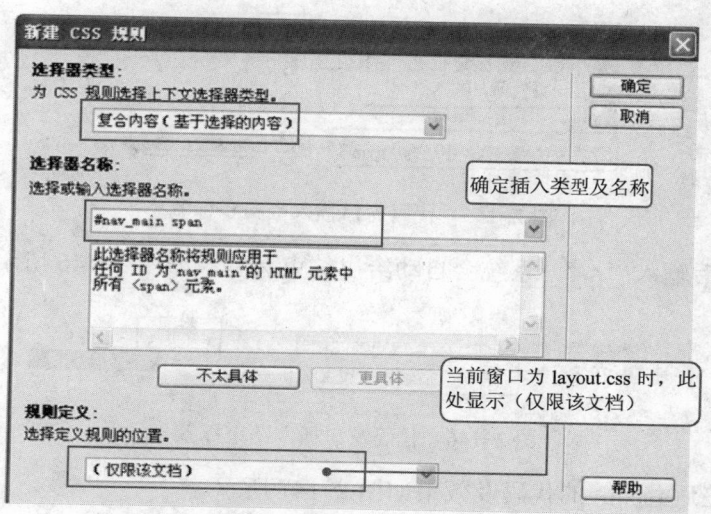

图 2-143　创建#nav_main span 的 CSS 样式

2）单击"确定"按钮后，弹出"#nav_main span 的 CSS 规则定义"对话框，在类型样式中，设置它的前景色(color)为#646464，如图 2-144 所示。

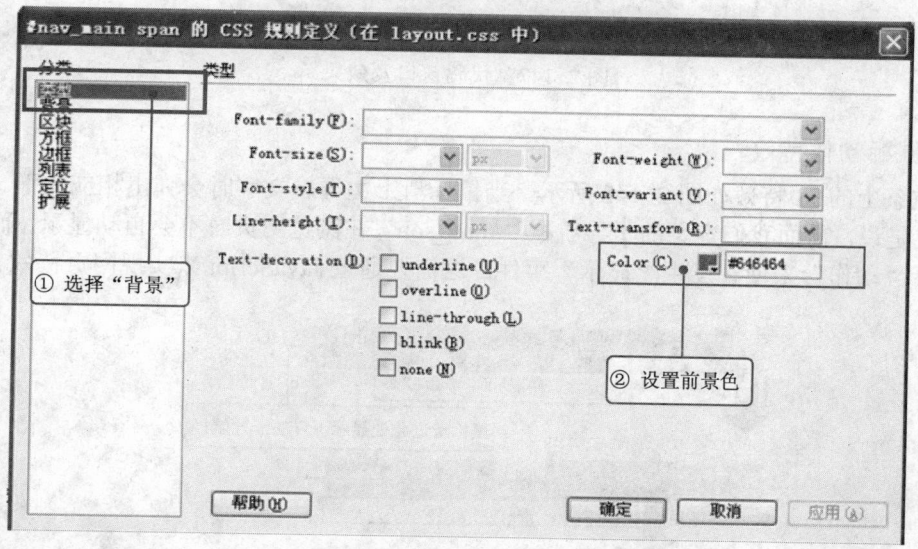

图 2-144　设置#nav_main span 的 CSS 类型样式

Layout.css 中自动生成相应代码：

`#nav_main span{ color:#646464;}`

3）返回 index.html 的代码窗口，光标定位在头部#nav_main 中的"首页"导航文字前，输入"<"（注意：一定是英文半角状态），系统会给出提示，输入"s"（代码一定要小写，上一节我们已经讲过。），所有"s"打头的标签全部显示出来，选中"span"（选择时用"方向"键或鼠标均可），如图 2-145 所示。

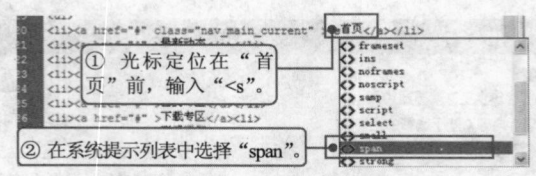

图 2-145　代码窗口插入<span>标签

4）"首页"后输入"</"，系统会自动给出结束标签，如图 2-146 所示。

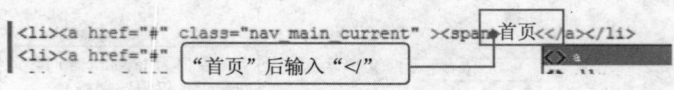

图 2-146　代码窗口插入结束标签

5）插入标签后<span>的代码及效果如图 2-147 所示。

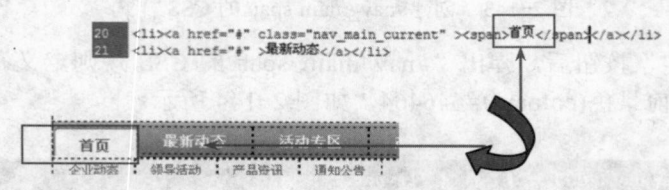

图 2-147　代码窗口及效果

4．鼠标动作特效

导航条上的 JS 特效如图 2-148 所示。当鼠标滑上主导航文字时会弹出相应的下一级导航条，也就是说，前面我们定义的子导航栏"#nav_son"在浏览网页时不会自动显示，而是通过一个鼠标"动作"来使它发生"显示"事件。这需要通过 JavaScript 来实现网页特效。

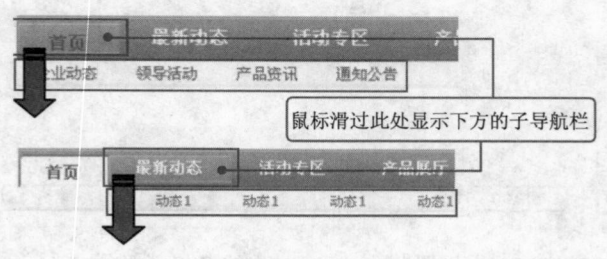

图 2-148　导航条上的 JS 特效

在制作下拉导航前必须了解两个概念：事件和行为。在此使用两个事件：

onMouseOver——鼠标移上。

onMouseOut——鼠标移开。

事件要附加到载体上，网页中事件的载体一般为网页元素。当对网页元素进行了某操作时，就执行了对应的事件并可以触发行为，这时将运行相应的 JS 程序。在本实例中，当发生鼠标"移上或移开"主导航链接文字事件时，会触发"显示或隐藏"相应的子导航栏行为。

1）选择"应用程序栏"→"窗口"→"行为"，调出"行为"面板，如图 2-149 所示。

2）选择"首页"超链接，单击"行为"面板中的 "增加行为"按钮 **+.**，在下拉选项中选择"显示-隐藏元素"，如图 2-150 所示。

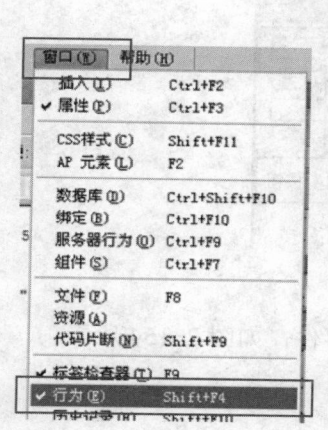

图 2-149　调出"行为"面板

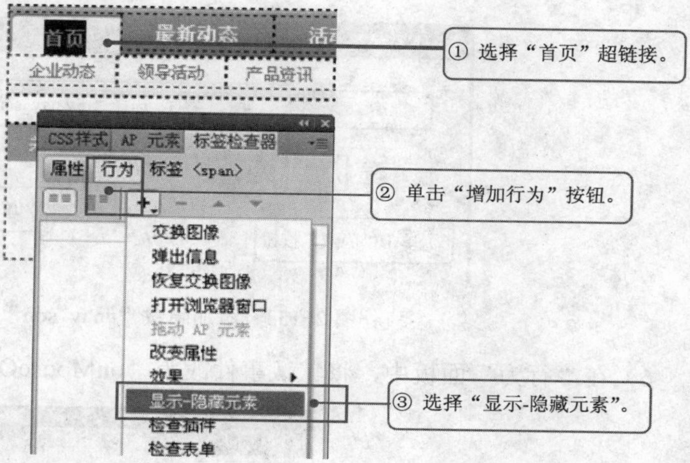

图 2-150　添加"显示-隐藏元素"行为

3）在弹出的"显示-隐藏元素"对话框中，选择"div nav_son"，单击"显示"按钮，此时在"元素"选项列表中，"div nav_son"后面多了"（显示）"，再单击"确定"按钮，如图 2-151 所示。

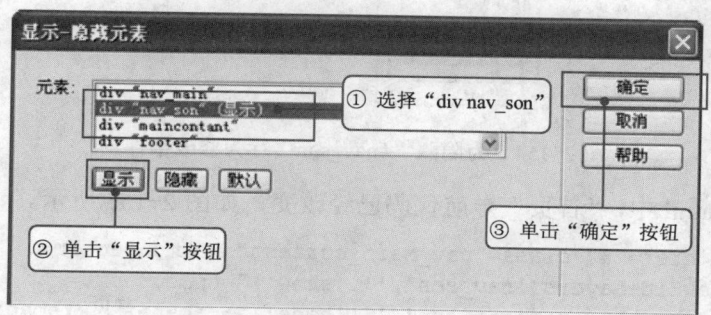

图 2-151　添加显示"#nav_son"行为

4）在"行为"面板中，将默认事件改为"onMouseOver"事件，如图 2-152 所示。

5）重复步骤 2），在弹出的"显示-隐藏元素"对话框中，选择"div nav_son"，单击"隐藏"按钮，此时在"元素"选项列表中，"div nav_son"后面多了"（隐藏）"，再单击"确定"按钮，如图 2-153 所示。

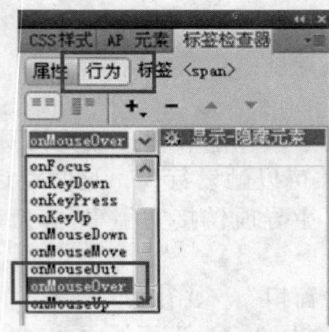

图 2-152　为显示"#nav_son"行为修改事件

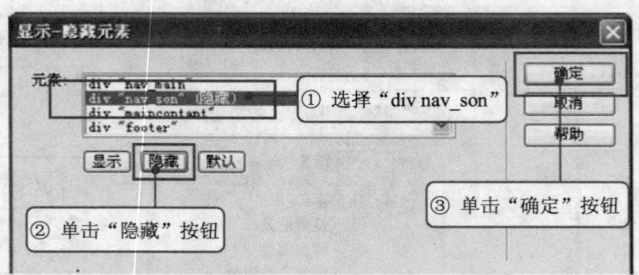

图 2-153　添加隐藏"#nav_son"行为

6）在"行为"面板中，将默认事件改为"onMouseOut"事件，如图 2-154 所示。

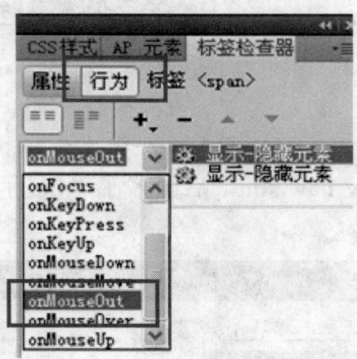

图 2-154　为隐藏"#nav_son"行为修改事件

7）在 index.html 中，"首页"导航代码已经改变，如图 2-155 所示。

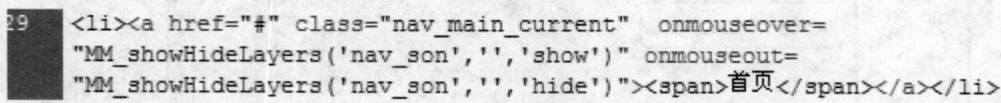

```
29  <li><a href="#" class="nav_main_current"  onmouseover=
    "MM_showHideLayers('nav_son','','show')" onmouseout=
    "MM_showHideLayers('nav_son','','hide')"><span>首页</span></a></li>
```

图 2-155　添加完鼠标事件的代码

Index.html 中的代码：
```
<li><a href="#"class="nav_main_current"
    onmouseover="MM_showHideLayers('nav_son','','show')"
```

```
onmouseout="MM_showHideLayers('nav_son','','hide')">
   <span>首页</span>
 </a>
</li>
```

注意：这段代码要加到超链接的开始标签（<a>）里。

8）因为子导航在网页浏览时是不显示的，所以应将"#main_son"的显示属性设置为隐藏。

① 编辑"#nav_son"的 CSS 样式表，如图 2-156 所示。

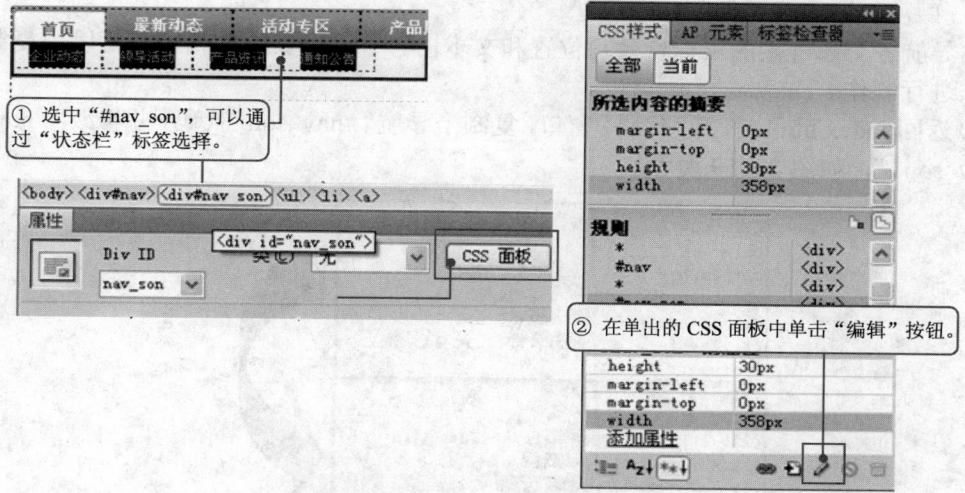

图 2-156 编辑"#main_son"的 CSS 样式表

② 在"#nav_son 的 CSS 规则定义"对话框中，在定位样式中，设置它的显示属性（visibility）为隐藏（hidden），如图 2-157 所示。

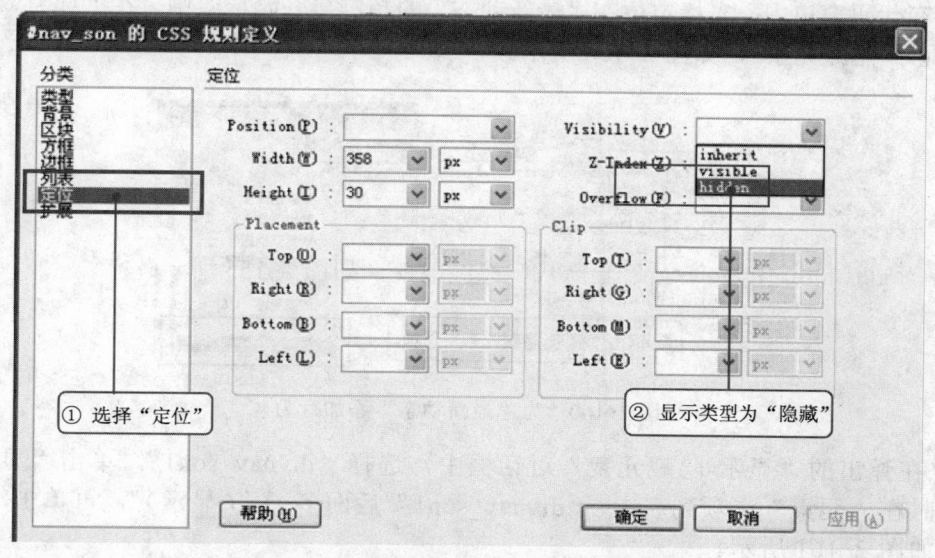

图 2-157 设置#nav_son 的显示属性为隐藏

9）在 Layout.css 中，修改后的代码如图 2-158 所示。

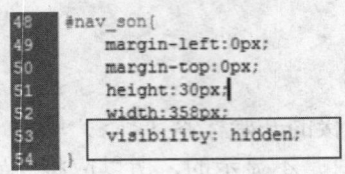

图 2-158　#nav_son 代码

5．制作导航"最新动态"的鼠标特效

主导航各个超链接的鼠标特效除位置和文本内容不同，其他均相同，可以用复制代码的方法进行制作。

1）返回 index.html，打开"代码"窗口，复制子导航"#nav_son"代码，并修改"#nav_son"为#nav_son1"，如图 2-159 所示。

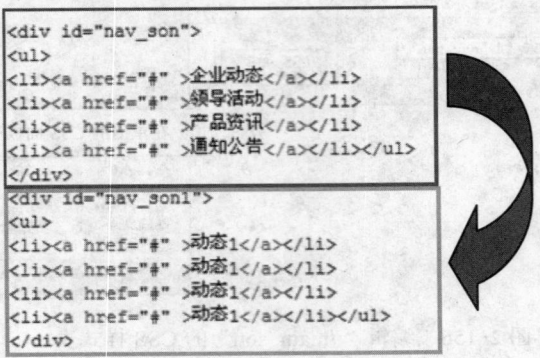

图 2-159　复制#nav_son 代码并修改 id=" #nav_son1"

2）在代码窗口中，光标定位在"最新动态"的超链接开始标签中，在"行为"面板中添加"显示-隐藏元素"，如图 2-160 所示。

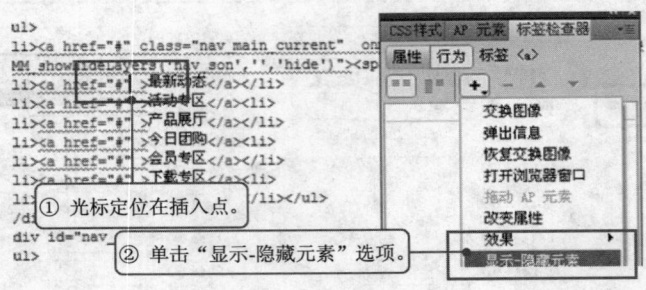

图 2-160　为"最新动态"添加行为

3）在弹出的"显示-隐藏元素"对话框中，选择"divnav_son1"，单击"显示"按钮，此时在"元素"选项列表中，"divnav_son1"后面多了"（显示）"，再单击"确定"按钮，如图 2-161 所示。

图 2-161　添加显示"#nav_son1"行为

4）修改事件为"onMouseOver"，在 index.html 中的代码如图 2-162 所示。

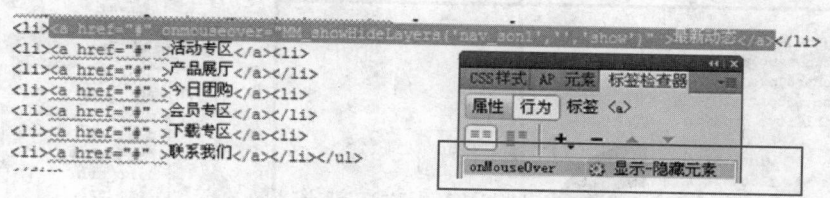

图 2-162　添加显示"#nav_son1"代码

5）重复步骤 2），在弹击的"显示-隐藏元素"对话框中，选择"div nav_son1"，单击"隐藏"按钮，此时在"元素"选项列表中，"div nav_son1"后面多了"（隐藏）"，再单击"确定"按钮，如图 2-163 所示。

图 2-163　添加隐藏"#nav_son1"行为

6）修改事件为"onMouseOut"。在 index.html 中的代码如图 2-164 所示。

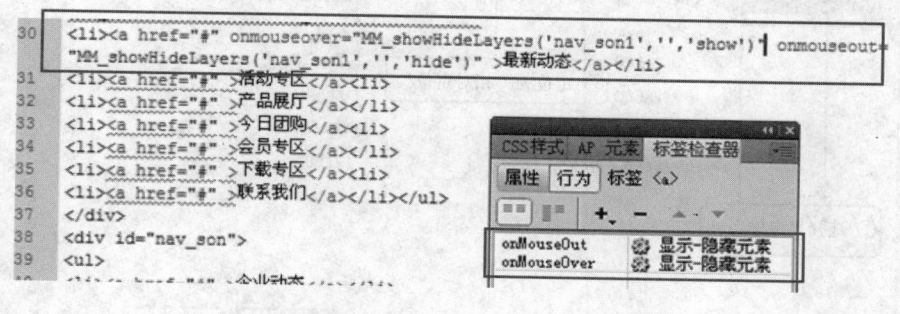

图 2-164　在"index.html"中的代码效果图

7）网页 index.html 中添加并修改了"#nav_son1"后，要为它创建相应的 CSS 样式。

"#nav_son1" 与 "#nav_son" 除了左边距不同，其他样式相同，这里可以直接复制、修改代码，如图 2-165 所示。

8）设置 "#nav_main" 的定位类型。因为多个子导航栏的位置都在主导航栏下方，所以位置重叠，需要设置 "position" 属性，即规定元素的定位类型。

① 在 CSS 样式面板中，选中 "#nav_main" 并双击，或单击进入 "#nav_main 的 CSS 规则定义"对话框，如图 2-166 所示。

② 设置它的定位（position）为相对定位（relative），如图 2-167 所示。

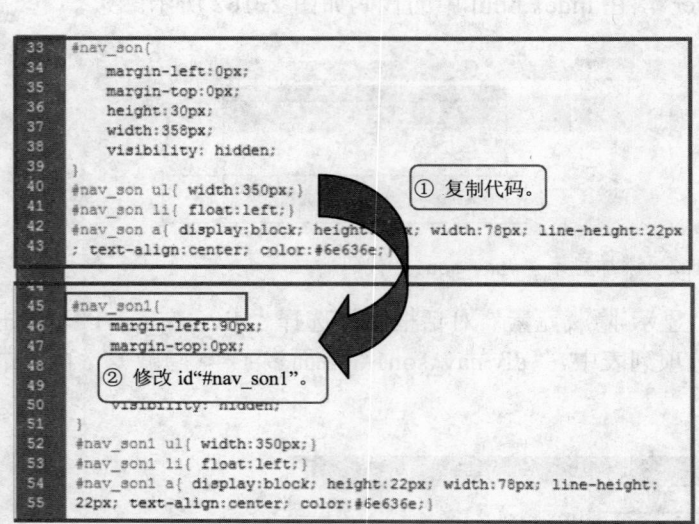

图 2-165　复制 "#nav_son1" 样式代码　　　　图 2-166　编辑 "#nav_main" 样式

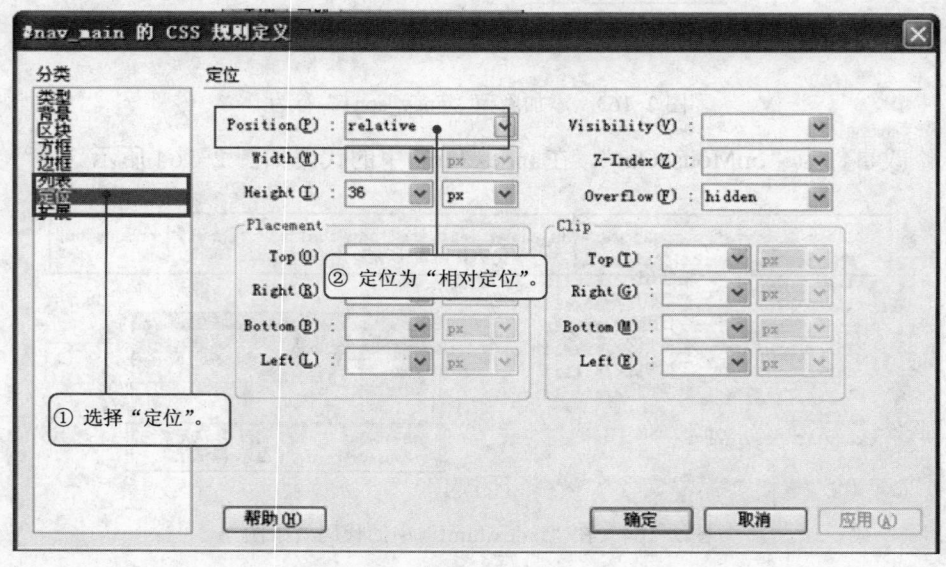

图 2-167　设置 "#nav_main" CSS 定位样式

③ 设置完成后的 CSS 样式代码如图 2-168 所示。

9）设置 "#nav_son"、"#nav_son1" 的定位。

① 在 CSS 样式面板中，选中 "#nav_son" 并双击，进入 "#nav_son 的 CSS 规则定义" 对话框，设置定位（position）为绝对定位（absolute），如图 2-169 所示。

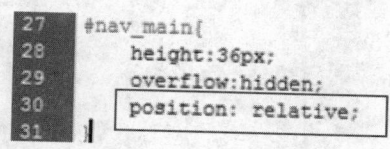

```
27  #nav_main{
28      height:36px;
29      overflow:hidden;
30      position: relative;
31  }
```

图 2-168 设置后的 "#nav_main" CSS 样式代码

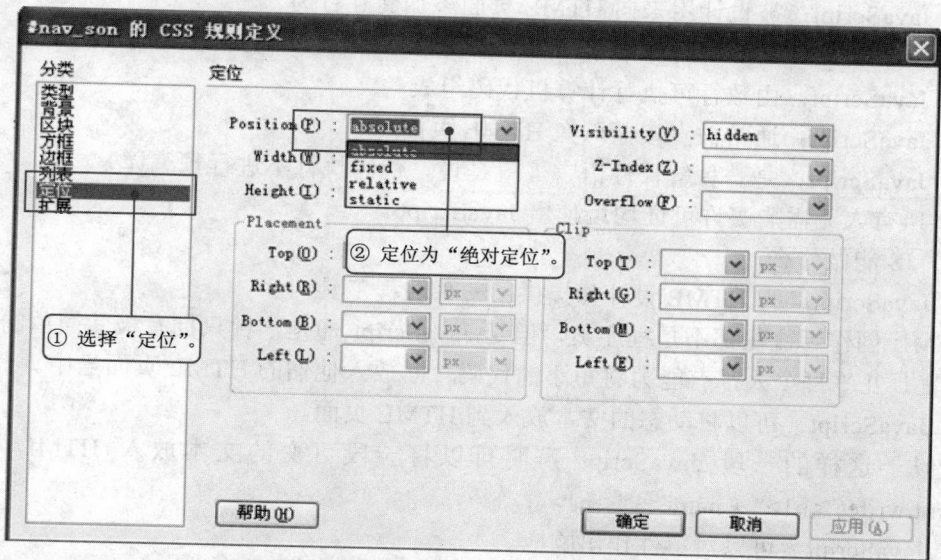

图 2-169 设置 "#nav_son" CSS 定位样式

② 在 layout.css 中，"#nav_son" 的代码中已经添加了相关代码，如图 2-170 所示。

③ 复制 "#nav_son" 中的 "position:absolute;" 一句到 "#nav_son1"，如图 2-171 所示。

```
52  #nav_son{
53      margin-left:0px;
54      margin-top:0px;
55      height:30px;
56      width:358px;
57      visibility: hidden;
58      position: absolute;
59  }
```

图 2-170 "#nav_son" CSS 样式代码

```
72  #nav_son1{
73      margin-left:100px;
74      margin-top:0px;
75      height:30px;
76      width:358px;
77      visibility: hidden;
78      position: absolute;
79  }
```

图 2-171 复制到 "#nav_son1" CSS 样式代码

用同样的方法制作 "活动专区"、"今日团购"、"会员专区"、"下载专区" 的导航特效。

6. 保存二级子页面框架

到此为止，本网站的网页框架基本完成，我们将此页面保存到各个二级页面的文件夹中，以备后续制作二级子页面使用。

1）打开 index.html，选择"文件"→"另存为"选项，在弹出的"另存为"对话框中选择保存到"../news"文件夹，文件名为 1.html。

2）依次把当前网页分别保存到各二级子页文件夹中。

任务拓展

1. 了解 JavaScript

（1）什么是 JS 特效

本节任务中，我们提到了 JS 特效，下面是有关 JS（JavaScript）的定义。

- JavaScript：被设计用来向 HTML 页面添加交互行为
- JavaScript：是一种脚本语言（脚本语言是一种轻量级的编程语言）
- JavaScript：由数行可执行计算机代码组成
- JavaScript：通常被直接嵌入在 HTML 页面
- JavaScript：是一种解释性语言（就是说，代码执行不进行预编译）
- 所有人无需购买许可证均可使用 JavaScript

（2）JS 能做什么

1）JavaScript 为 HTML 设计师提供了一种编程工具。

HTML 创作者往往都不是程序员，但是 JavaScript 却是一种只拥有极其简单的语法的脚本语言！几乎每个人都有能力将短小的代码片断放入他们的 HTML 页面当中。

2）JavaScript 可以将动态的文本放入到 HTML 页面。

类似于这样的一段 JavaScript 声明可以将一段可变的文本放入 HTML 页面：document.write("<h1>" + name + "</h1>")。

3）JavaScript 可以对事件作出响应。

可以将 JavaScript 设置为当某事件发生时才会被执行，例如，页面载入完成或者当用户单击某个 HTML 元素时。

4）JavaScript 可以读写 HTML 元素。

JavaScript 可以读取及改变 HTML 元素的内容。

5）JavaScript 可被用来验证数据。

在数据被提交到服务器之前，JavaScript 可被用来验证这些数据。

6）JavaScript 可被用来检测访问者的浏览器。

JavaScript 可被用来检测访问者的浏览器，并根据所检测到的浏览器，为这个浏览器载入相应的页面。

7）JavaScript 可被用来创建 cookies。

JavaScript 可被用来存储和取回位于访问者的计算机中的信息。如果 JS 被放在 HTML 页面中，则它必须被放置在<script>、</script>中间，例：

```
<html>
<body>
```

```
<script type="text/javascript">
document.write("Hello World!");
</script>
</body>
</html>
```

2. Spry 构件

本任务中，制作导航是通过设置项目列表及设置超链接样式等方法制作导航条，弹出菜单的方法是创建 div，并通过鼠标移上或移出事件触发"显示-隐藏"行为。其实导航条的制作方法有很多，在 Dreamweaver CS5 内置 JavaScript 库中，有一个 Spry 构件，可以很方便地实现菜单、折叠等各种效果。

1）光标定位，选择"插入"→"spry"→"spry 菜单栏"，插入菜单栏，如图 2-172 所示。

2）根据本实例要求，在弹出的"spry 菜单栏"对话框中选择"水平"选项，单击"确定"按钮，如图 2-173 所示。

图 2-172　选择"Spry 菜单栏"

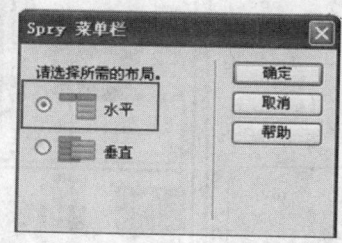

图 2-173　选择"水平"选项

3）菜单已经插入成功，如图 2-174 所示。

图 2-174　菜单插入成功后的效果图

最后根据需要修改菜单项内容，还可以为菜单重新设置 CSS 样式并应用。这里就不详细讲解了，感兴趣的同学课后可以参照相关课程的讲解，使用此种制作方法完善我们的网页制作。

本节任务中,导航特效只讲解到"最新动态",其他导航特效的制作方法相同,同学们可自行完成任务。

任务 5——完成首页主内容区制作

> **知识要点**:文字的输入与编辑;CSS 样式美化文字;CSS 样式美化图片。

任务情境

网站的主体框架建立好后,我们依次为各网页添加、美化主内容区。以下任务以首页为例,详细讲解网页主内容区的制作方法。

任务分析

主内容区的结构如图 2-175 所示。

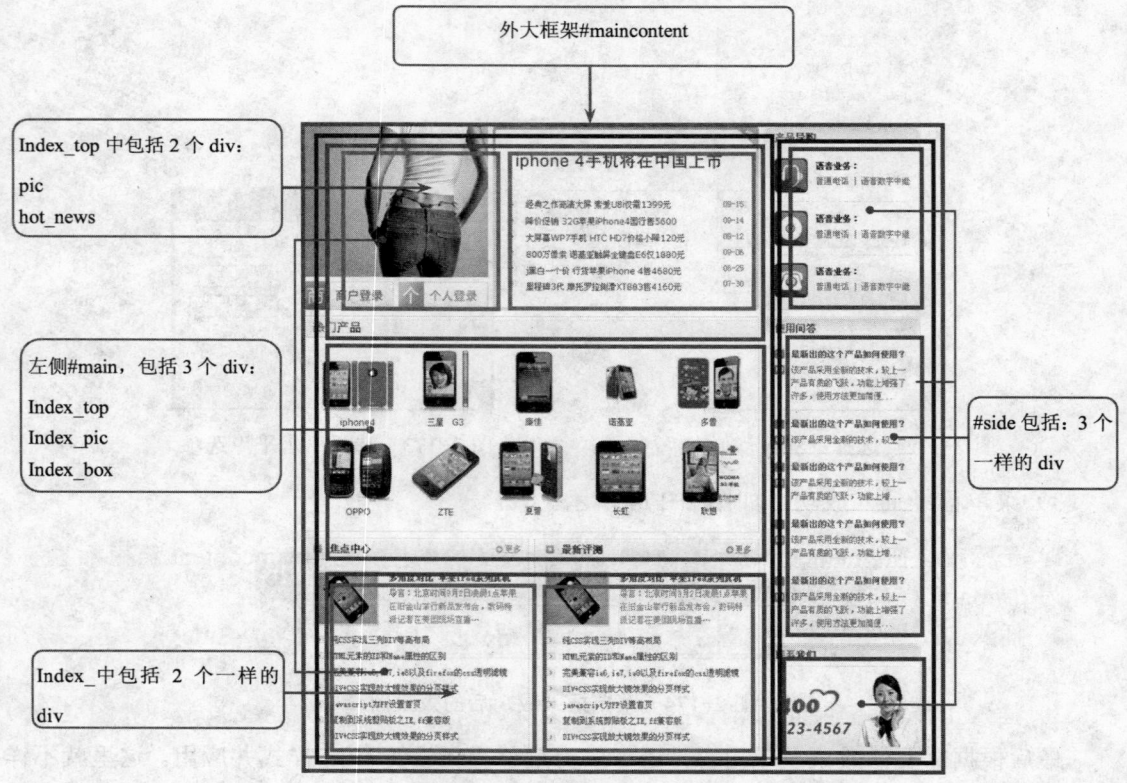

图 2-175　主内容区布局图

主内容区的主架框为#maincontent，内容包含左右两个部分：#main、#side。
在#main 中又分成上、中、下 3 个部分；在.side 中也包括上、中、下 3 个部分。

主内容区的层次嵌套得比较多，在制作过程中，要注意各部分之间的嵌套关系和位置关系，如#maincontent 中的#main 和.side 是左右分布，那么就需要设置浮动。而#main 中和.side 中是上中下结构，则无须设置浮动。

网页制作没有顺序要求，可以"先大架、再具体"；也可以按"从左到右、从上到下"的顺序，依个人的习惯而定。本实例按"先布局大框架，再按从左到右、从上到下"的顺序制作完成。

任务实施

1. 创建外大架框

外大架框结构如图 2-176 所示。

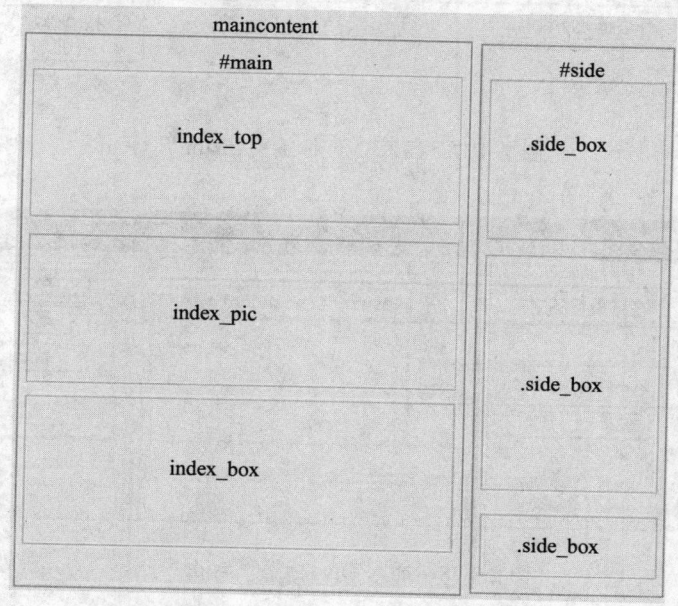

图 2-176 主内容区结构图

1）光标定位在#maincontent 中，插入 Div 标签，插入位置在#maincontent 结束标签前，名称为"#main"，如图 2-177 所示。

2）插入 Div 标签，插入位置在#maincontent 结束标签前，名称为"#side"，如图 2-178 所示。

3）插入 Div 标签，插入位置在#main 结束标签前，名称为"#index_top"，如图 2-179 所示。

4）插入 Div 标签，插入位置在#main 结束标签前，名称为"#index_pic"，如图 2-180 所示。

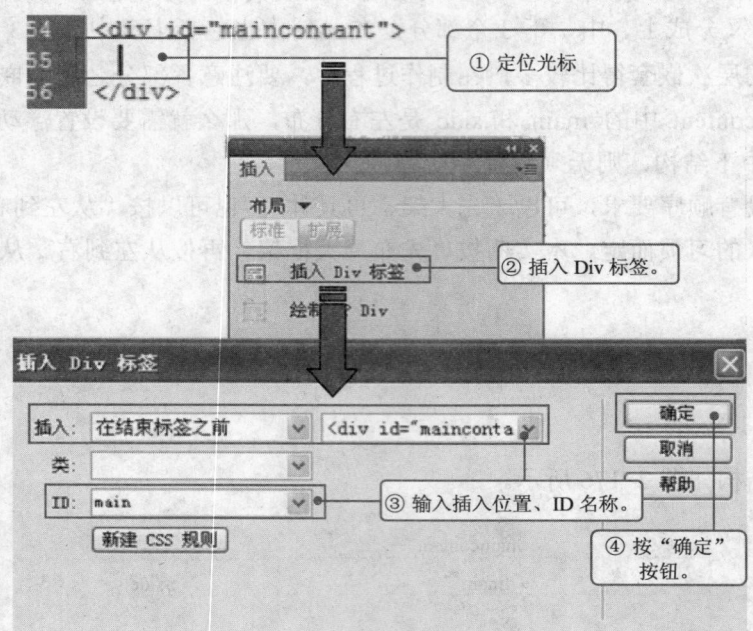

图 2-177　插入 Div 标签"#main"

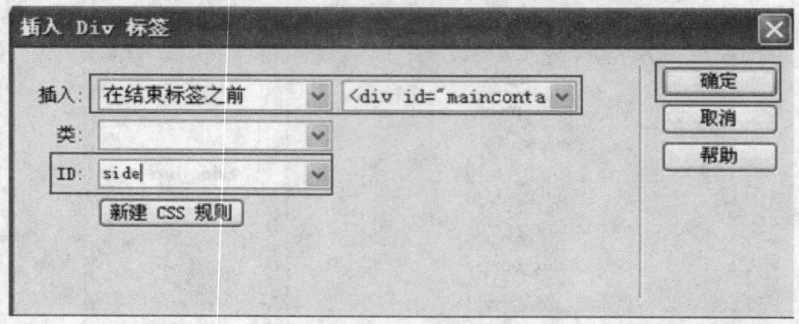

图 2-178　插入 Div 标签"#side"

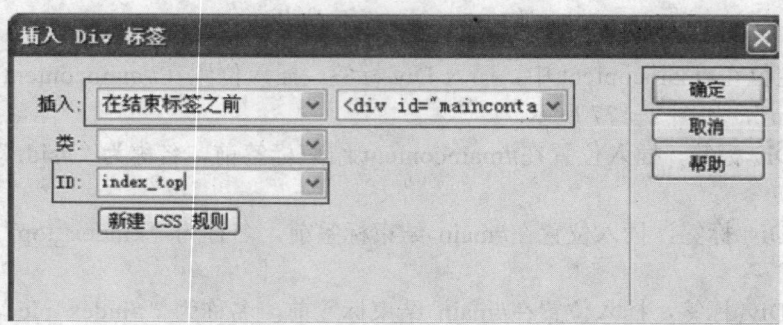

图 2-179　插入 Div 标签"#index_top"

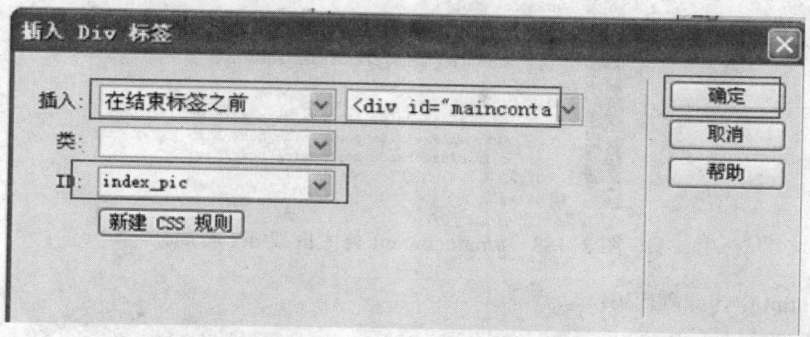

图 2-180 插入 Div 标签 "#index_pic"

5）插入 Div 标签，插入位置在#main 结束标签前，名称为"#index_box"，如图 2-181 所示。

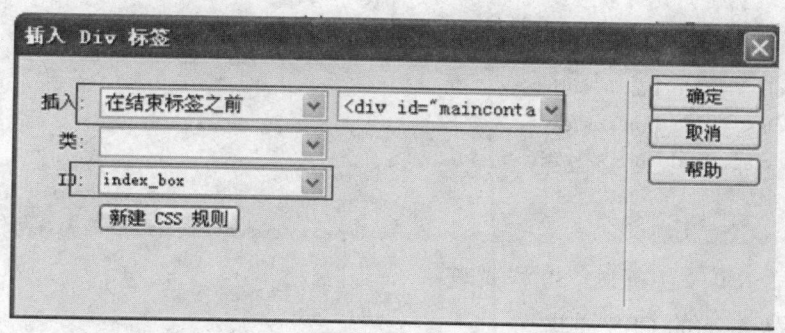

图 2-181 插入 Div 标签 "#index_box"

6）插入 Div 标签，插入位置在#side 结束标签前，类名称为".side_box"，如图 2-182 所示。

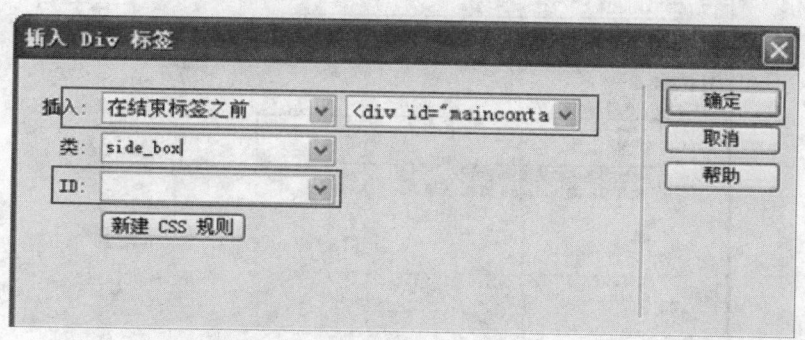

图 2-182 插入 Div 标签 ".side_box"

注意：此处 Div 标签的标识为类名称：.side_box。

重复步骤 6）两次，再插入两个同样的 Div 标签。在网页代码中的代码如图 2-183 所示。

```
71  <div id="maincontent">
72      <div id="main">
73          <div id="index_top">index_top</div>
74          <div id="index_pic">index_pic</div>
75          <div id="index_box">index_box</div>
76      </div>
77      <div id="side">
78          <div class="side_box">.side_box</div>
79          <div class="side_box">.side_box</div>
80          <div class="side_box">.side_box</div>
81      </div>
82  </div>
```

图 2-183   #maincontent 外大框架 div 布局

在 index.html 中，此段代码：
```
<div id="maincontent">
  <div id="main">
    <div id="index_top"> </div>
    <div id="index_pic"> </div>
    <div id="index_box"> </div>
  </div>
  <div id="side">
    <div class="side_box"> </div>
    <div class="side_box"> </div>
      <div class="side_box"> </div>
  </div>
</div>
```

2. 设置插入 Div 标签的 CSS 样式表

（1）设置#main 的 CSS 样式

1）创建#main 的 CSS 样式。单击 CSS 样式面板下方的"新建 CSS 规则"按钮，在弹出的"新建 CSS 规则"对话框中作如图 2-184 所示的设置，设置完成后单击"确定"按钮。

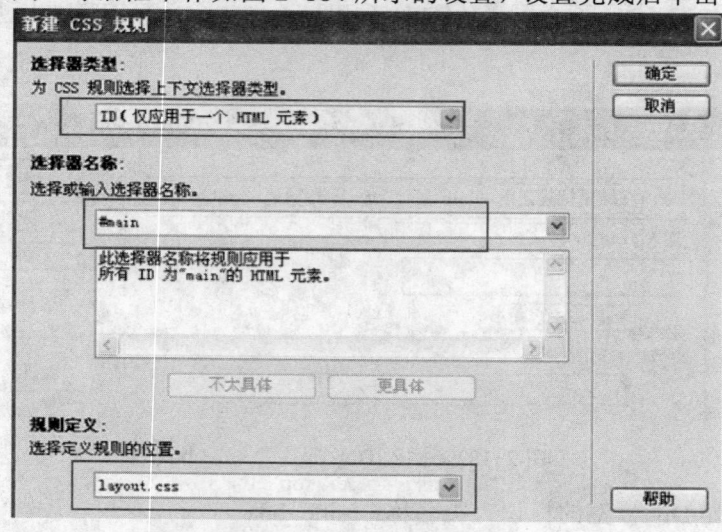

图 2-184   创建#main 的 CSS 样式

2）在方框样式中，设置它的宽度（width）为 664px，左浮动，如图 2-185 所示。

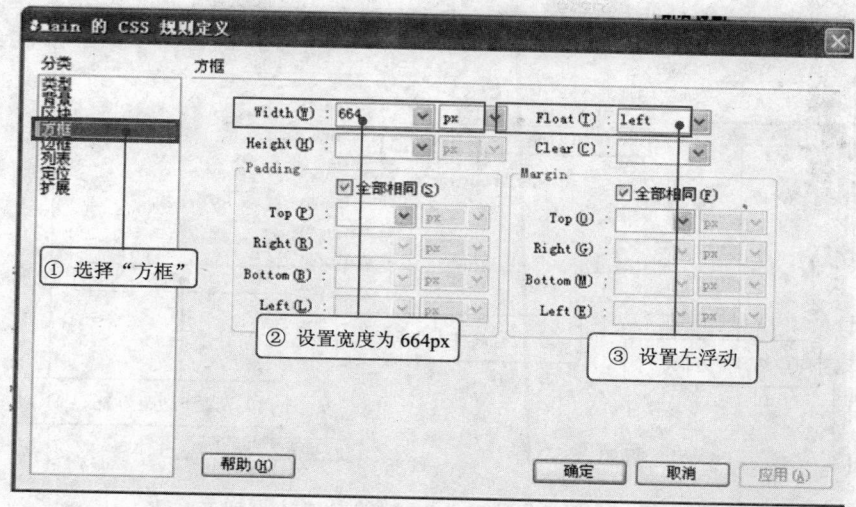

图 2-185　设置#main 的 CSS 方框样式

Layout.css 中自动生成相应代码：

```
61    #main{ float:left; width:664px;}
```

（2）设置#index_top 的 CSS 样式

1）创建#index_top 的 CSS 样式。单击 CSS 样式面板下方的"新建 CSS 规则"按钮，在弹出的"新建 CSS 规则"对话框中作如图 2-186 所示的设置，设置完成后单击"确定"按钮。

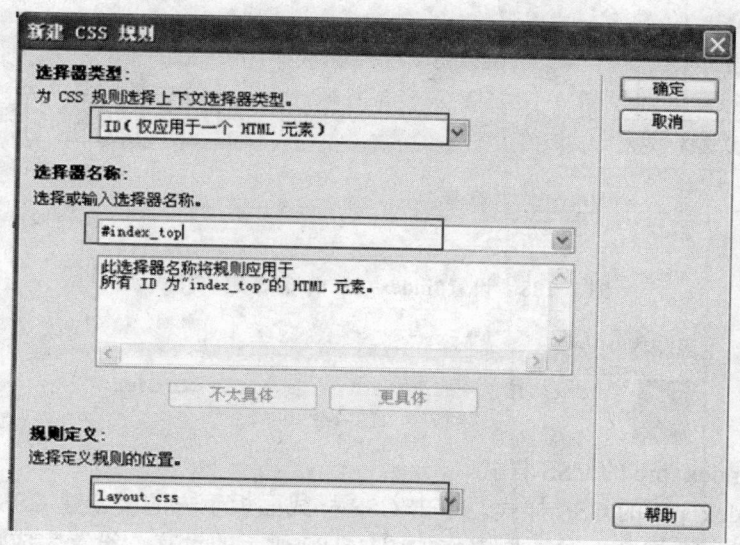

图 2-186　创建#index_top 的 CSS 样式

2）在方框样式中，设置它的高度（height）为 255px，下边距（margin-bottom）为 8px，如图 2-187 所示。

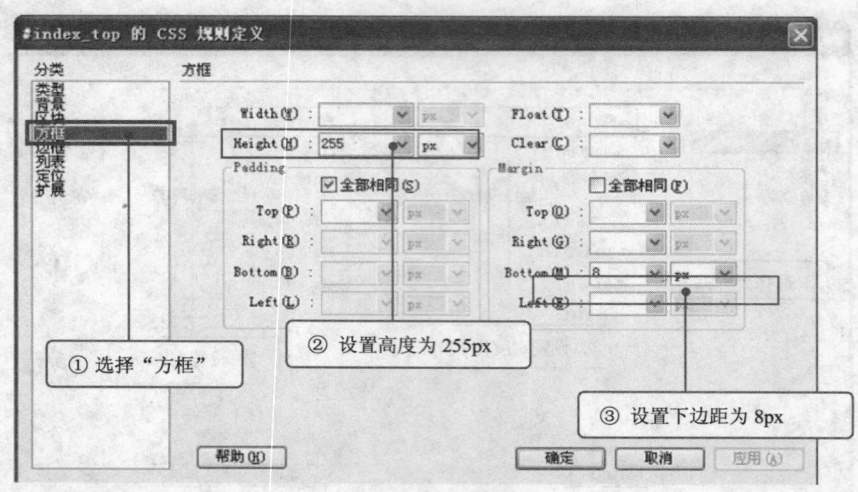

图 2-187 设置#index_top 的 CSS 方框样式

3）在定位样式中，设置它的内容超出（overflow）为隐藏（hidden），如图 2-188 所示。

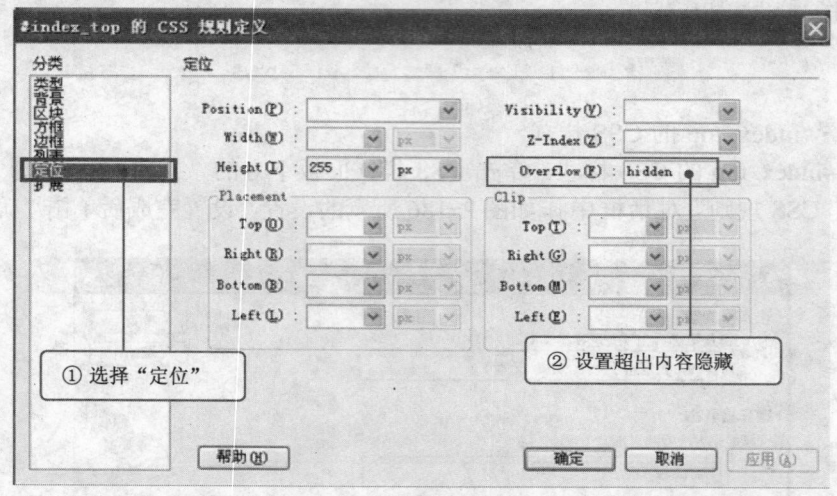

图 2-188 设置#index_top 的 CSS 定位样式

Layout.css 中自动生成相应代码：

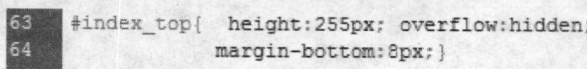

```
63    #index_top{ height:255px; overflow:hidden;
64              margin-bottom:8px;}
```

（3）设置#index_pic 的 CSS 样式

1）创建#index_pic 的 CSS 样式。单击 CSS 样式面板下方的"新建 CSS 规则"按钮，在弹出的"新建 CSS 规则"对话框中作如图 2-189 所示的设置，设置完成后单击"确定"按钮。

2）在方框样式中，设置它的下边距（margin-bottom）为 8px，如图 2-190 所示。

3）在边框样式中，设置它的边框线样式（style）为实线（solid），设置线粗细（width）为 1px，设置边框线的颜色（color）为#dbdbdb，如图 2-191 所示。

项目 2　电子类企业网站设计

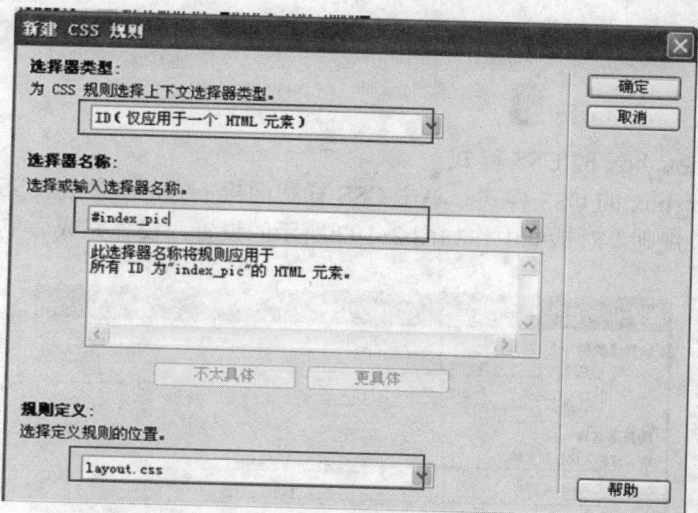

图 2-189　创建#index_pic 的 CSS 样式

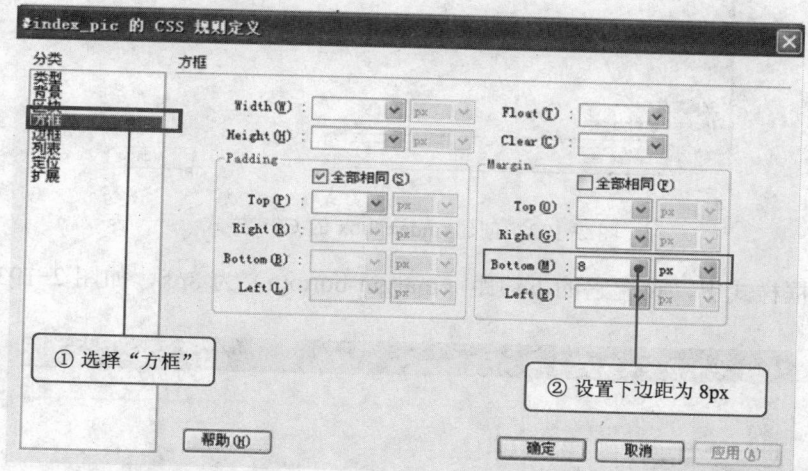

图 2-190　设置#index_pic 的 CSS 方框样式

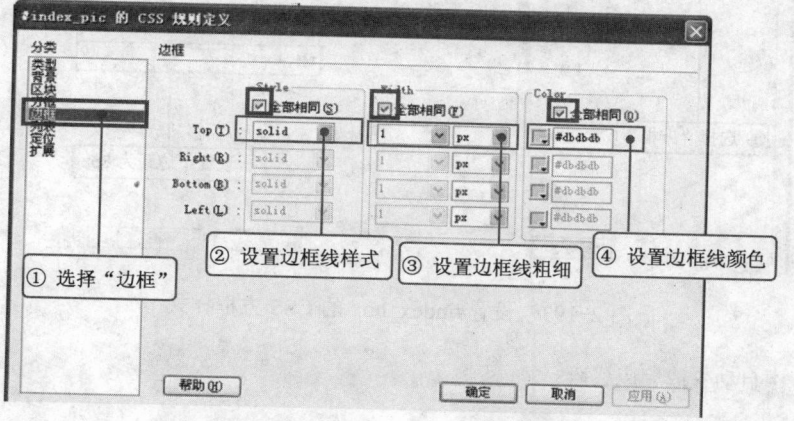

图 2-191　设置#index_pic 的 CSS 边框样式

227

Layout.css 中自动生成相应代码：

```
56   #index_pic{ border:1px solid #dbdbdb;
57              margin-bottom:8px;}
```

（4）设置#index_box 的 CSS 样式

1）创建#index_box 的 CSS 样式。单击 CSS 样式面板下方的"新建 CSS 规则"按钮，在弹出的"新建 CSS 规则"对话框中作如图 2-192 所示的设置，设置完成后单击"确定"按钮。

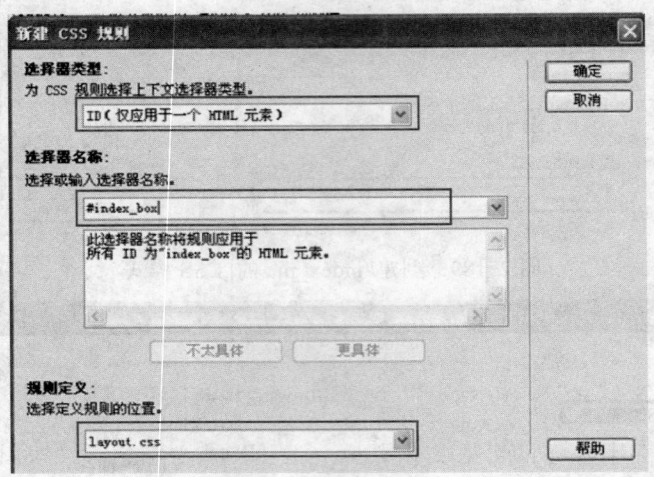

图 2-192　创建#index_box 的 CSS 样式

2）在方框样式中，设置它的下边距（margin-bottom）为 8px，如图 2-193 所示。

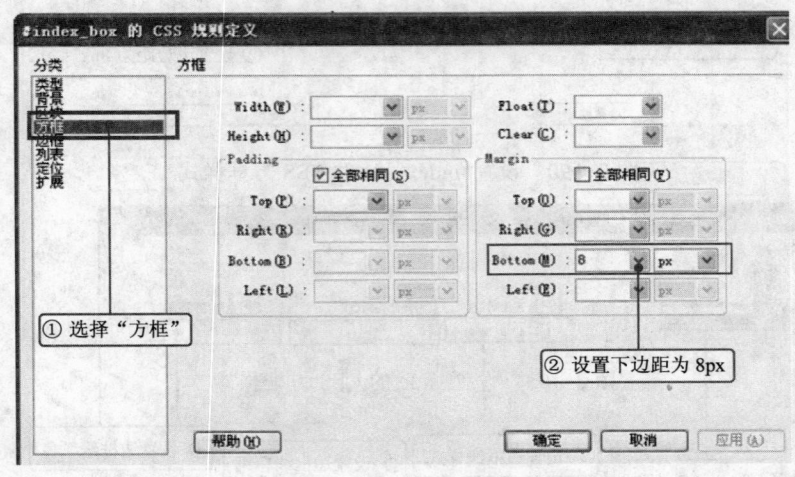

图 2-193　设置#index_box 的 CSS 方框样式

Layout.css 中自动生成相应代码：

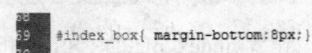

```
59   #index_box{ margin-bottom:8px;}
```

（5）设置#side 的 CSS 样式

1）创建# side 的 CSS 样式。单击 CSS 样式面板下方的"新建 CSS 规则"按钮，在弹出的"新建 CSS 规则"对话框中作如图 2-194 所示的设置，设置完成后单击"确定"按钮。

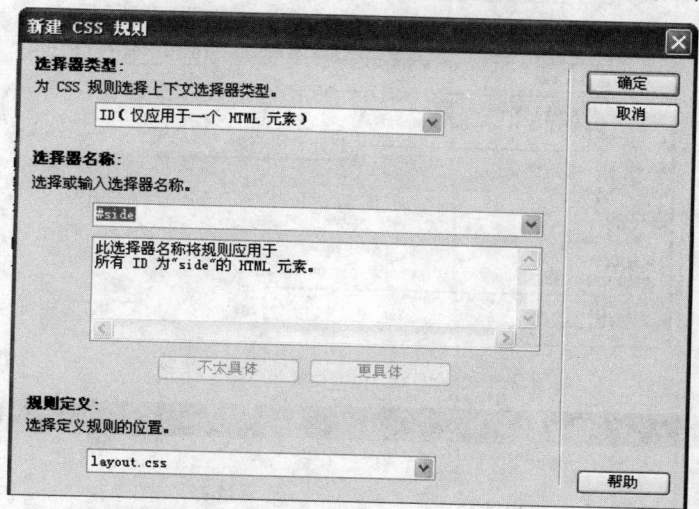

图 2-194　创建#side 的 CSS 样式

2）在方框样式中，设置它的宽度（width）为 228px，左浮动，如图 2-195 所示。

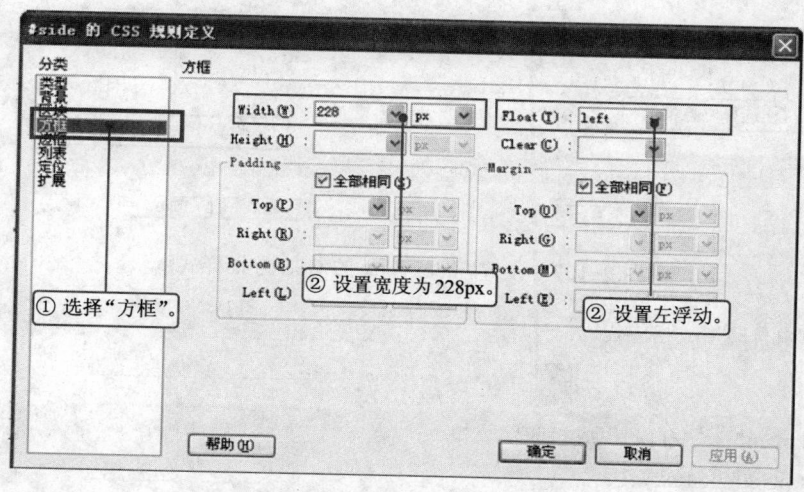

图 2-195　设置#side 的 CSS 方框样式

Layout.css 中自动生成相应代码：

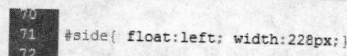

（6）设置.side_box 的 CSS 样式

1）创建.side_box 的 CSS 样式。单击 CSS 样式面板下方的"新建 CSS 规则"按钮，在弹出的"新建 CSS 规则"对话框中作如图 2-196 所示的设置，设置完成后单击"确定"按钮。

2）在方框样式中，设置它的下边距（margin-bottom）为 8px，如图 2-197 所示。

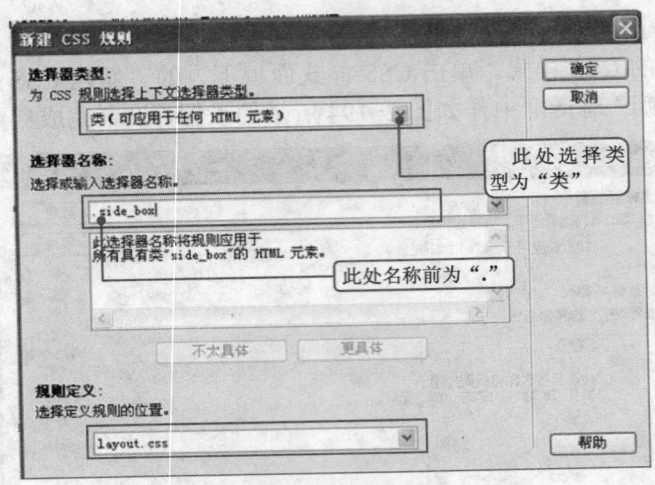

图 2-196　创建 .side_box 的 CSS 样式

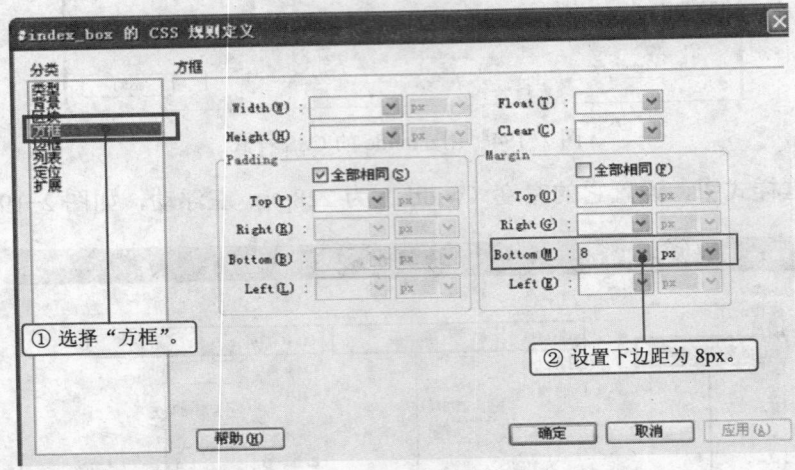

图 2-197　设置 #index_box 的 CSS 方框样式

Layout.css 中自动生成相应代码：

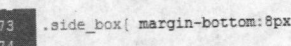

上述操作在 Layout.css 中自动生成相应代码如下：

```
#main{ float:left; width:664px;}
#index_top{   height:255px; overflow:hidden; margin-bottom:8px;}
#index_pic{ border:1px solid #dbdbdb; margin-bottom:8px;}
#index_box{ margin-bottom:8px;}
#side{ float:left; width:228px;}
.side_box{ margin-bottom:8px;}
```

　　3. Index_top 制作

　　#index_top 在 #main 的上部，包括左侧的"flash"及登录区；右侧的新闻列表区。其结构如图 2-198 所示。

图 2-198　#index_top 结构图

（1）创建#index_top 内的布局

1）插入#pic。插入 Div 标签，插入位置在#index_top 结束标签前，名称为"#pic"，如图 2-199 所示。

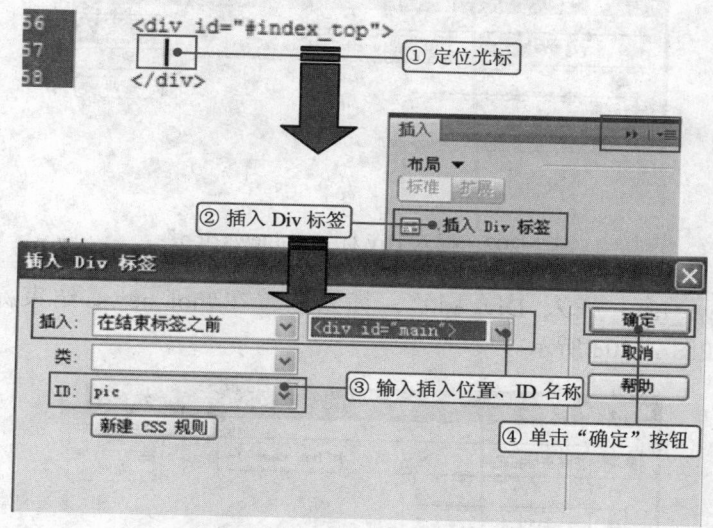

图 2-199　插入 Div 标签"#pic"

2）插入#hot_news。插入 Div 标签，插入位置在#index_top 结束标签前，名称为"#hot_news"，如图 2-200 所示。

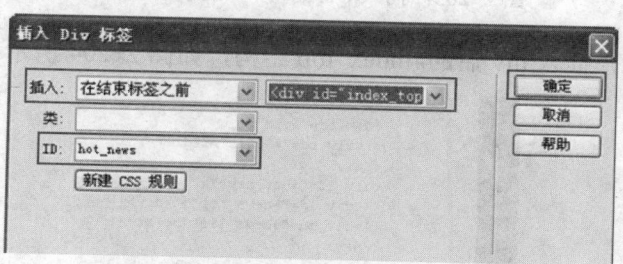

图 2-200　插入 Div 标签"#hot_news"

3）插入#login。插入 Div 标签，插入位置在#pic 结束标签前，名称为"#login"，如图 2-201 所示。

4）插入#news_top。插入 Div 标签，插入位置在#hot_news 结束标签前，名称为

"#news_top"，如图 2-202 所示。

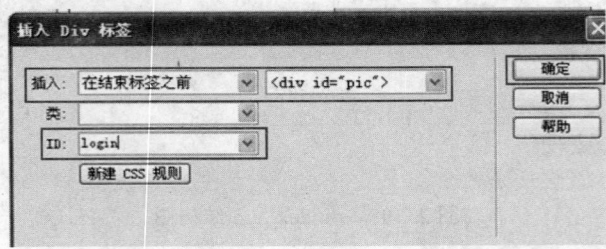

图 2-201　插入 Div 标签 "#login"

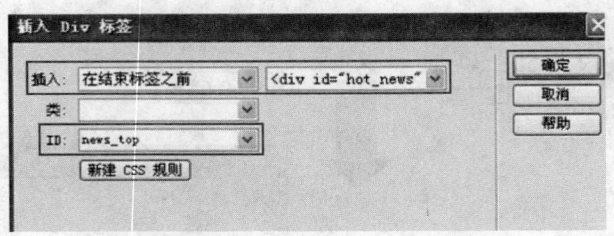

图 2-202　插入 Div 标签 "#news_top"

5）插入#news_list。插入 Div 标签，插入位置在#hot_news 结束标签前，名称为 "#news_list"，如图 2-203 所示。

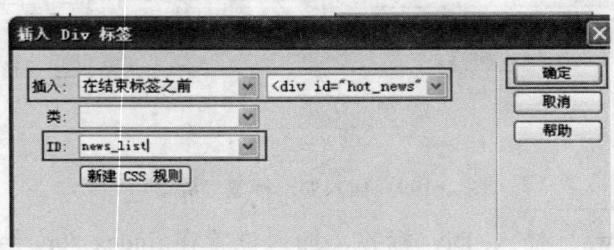

图 2-203　插入 Div 标签 "#news_list"

在 index.html 中，插入 div 后的#index_top 结构，如图 2-204 所示。

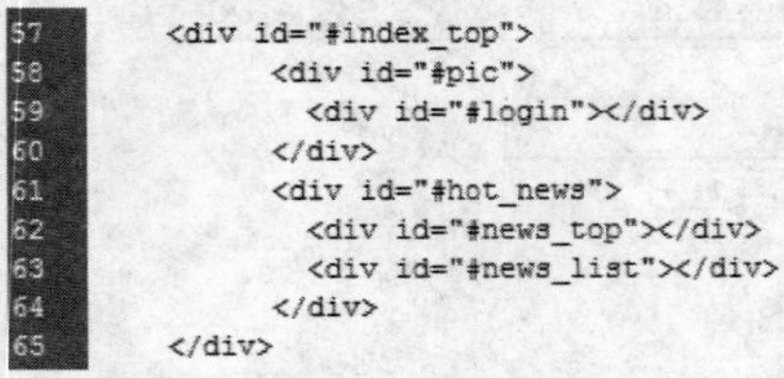

```
57    <div id="#index_top">
58        <div id="#pic">
59          <div id="#login"></div>
60        </div>
61        <div id="#hot_news">
62          <div id="#news_top"></div>
63          <div id="#news_list"></div>
64        </div>
65    </div>
```

图 2-204　网页代码窗口中的#index_top 内部代码

（2）设置#index_top 内 div 的 CSS 样式
1）设置#pic 的 CSS 样式。
① 创建#pic 的 CSS 样式。单击 CSS 样式面板下方的 "新建 CSS 规则" 按钮，在弹出

的"新建 CSS 规则"对话框中作如图 2-205 所示的设置，设置完成后单击"确定"按钮。

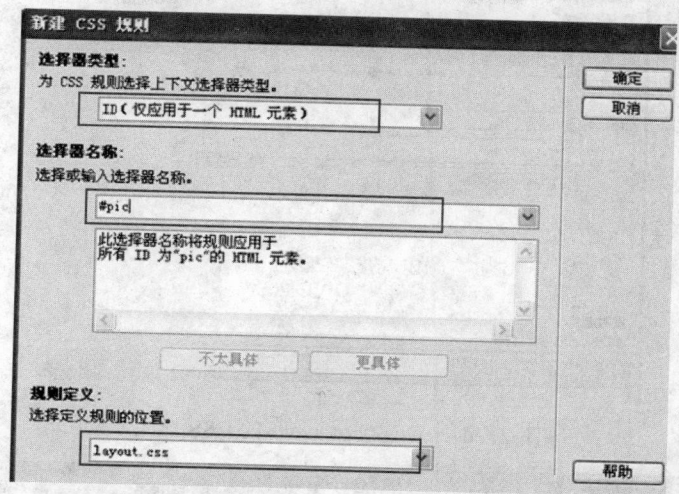

图 2-205　创建#pic 的 CSS 样式

② 在方框样式中，设置它的宽度为 269px，左浮动，如图 2-206 所示。

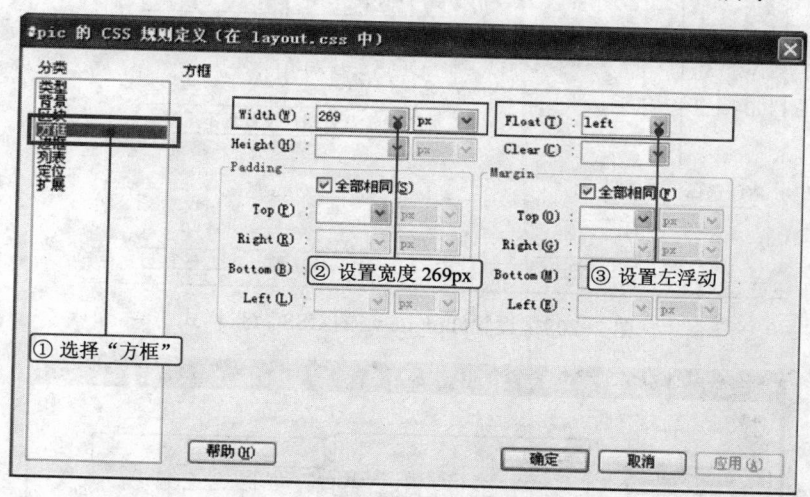

图 2-206　设置#pic 的 CSS 方框样式

Layout.css 中自动生成相应代码：

```
67    #pic { float:left; width:269px;}
```

2）设置#hot_news 的 CSS 样式。

① 创建#hot_news 的 CSS 样式。单击 CSS 样式面板下方的"新建 CSS 规则"按钮，在弹出的"新建 CSS 规则"对话框中作如图 2-207 所示的设置，设置完成后单击"确定"按钮。

② 在背景样式中，设置它的背景图片为 hot_bg.gif（在默认的网站图片文件夹 images 中），背景图片不重复，如图 2-208 所示。

③ 在方框样式中，设置它的宽度为 358px、高度为 255px，右浮动，如图 2-209 所示。

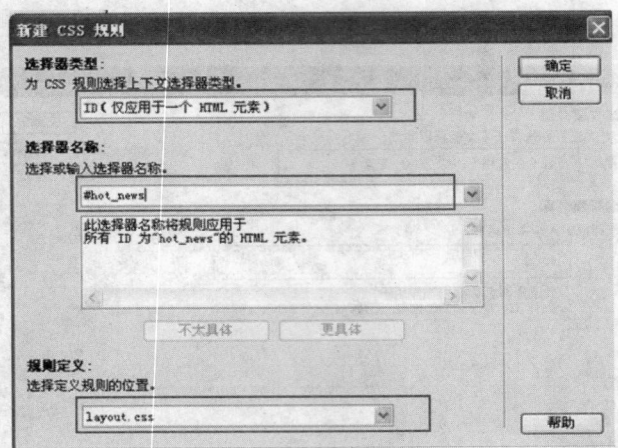

图 2-207　创建#hot_news 的 CSS 样式

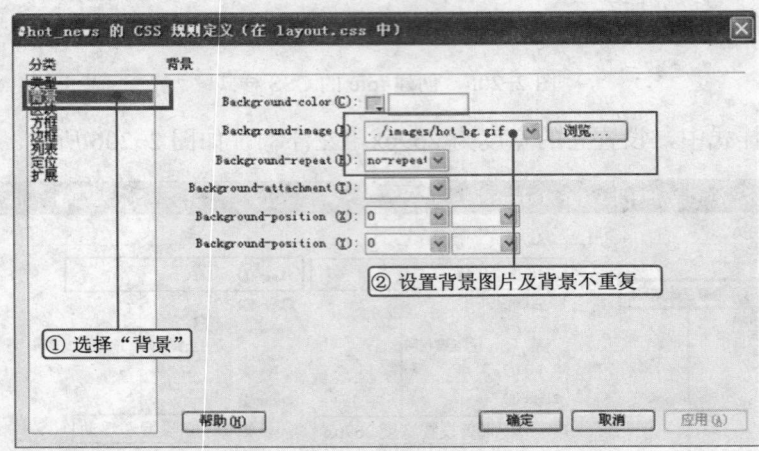

图 2-208　设置#hot_news 的 CSS 背景样式

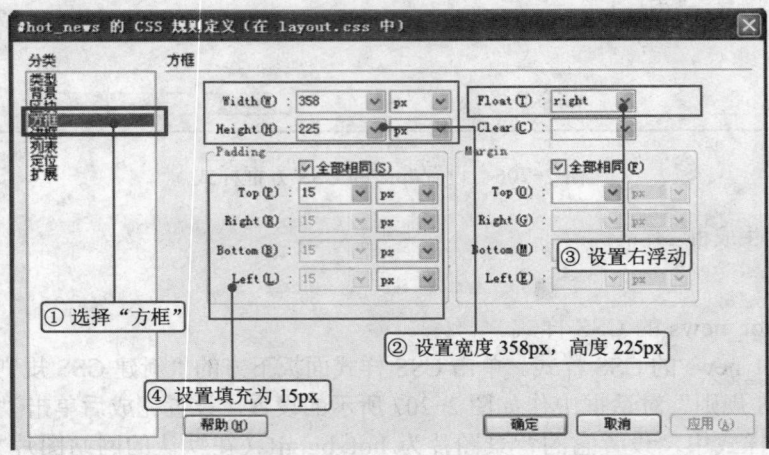

图 2-209　设置#hot_news 的 CSS 方框样式

Layout.css 中自动生成相应代码：

```
71  #hot_news { float:right; width:358px; height:225px; padding:15px;
    background:url(../images/hot_bg.gif) 0 0 no-repeat;}
```

3）设置#login 的 CSS 样式。

① 创建#login 的 CSS 样式。单击 CSS 样式面板下方的"新建 CSS 规则"按钮，在弹出的"新建 CSS 规则"对话框中作如图 2-210 所示的设置，设置完成后单击"确定"按钮。

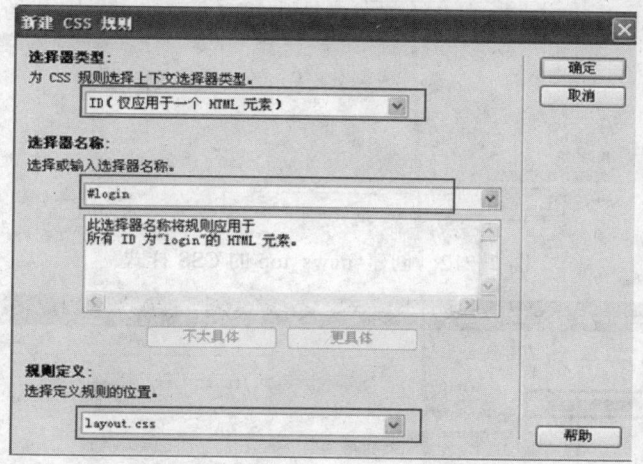

图 2-210　创建#login 的 CSS 样式

② 在方框样式中，设置它的上边距为 6px，如图 2-211 所示。

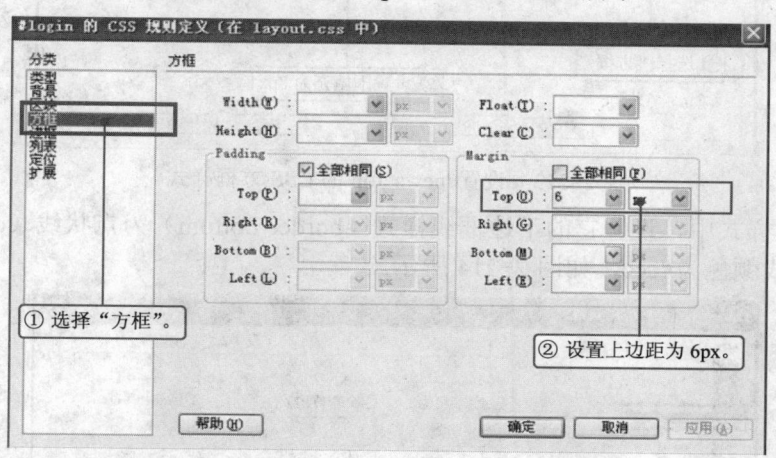

图 2-211　设置#login 的 CSS 方框样式

Layout.css 中自动生成相应代码：

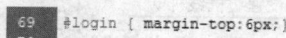

```
69  #login { margin-top:6px;}
```

4）设置#news_top 的 CSS 样式。

① 创建#news_top 的 CSS 样式。单击 CSS 样式面板下方的"新建 CSS 规则"按钮，在弹出的"新建 CSS 规则"对话框中作如图 2-212 所示的设置，设置完成后单击"确定"按钮。

② 在方框样式中，设置它的下填充为 8px，如图 2-213 所示。

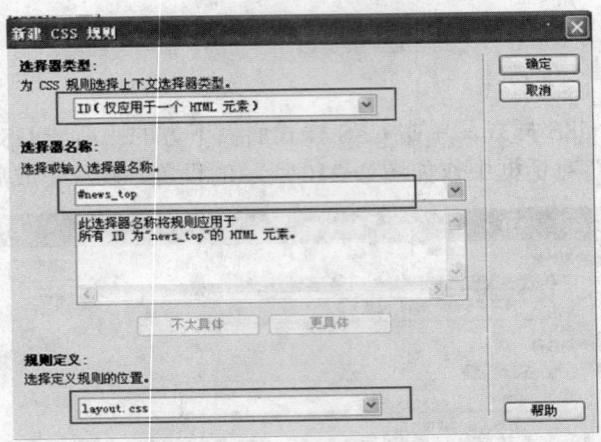

图 2-212　创建#news_top 的 CSS 样式

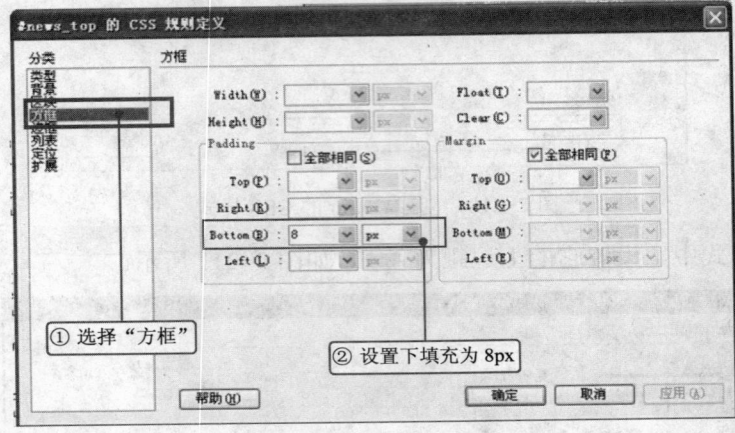

① 选择"方框"
② 设置下填充为 8px

图 2-213　设置#news_top 的 CSS 方框样式

③ 在边框样式中，设置它的下边框线样式（border-bottom）为点状线（dotted），线粗细 1px，边框线颜色为#ccc，如图 2-214 所示。

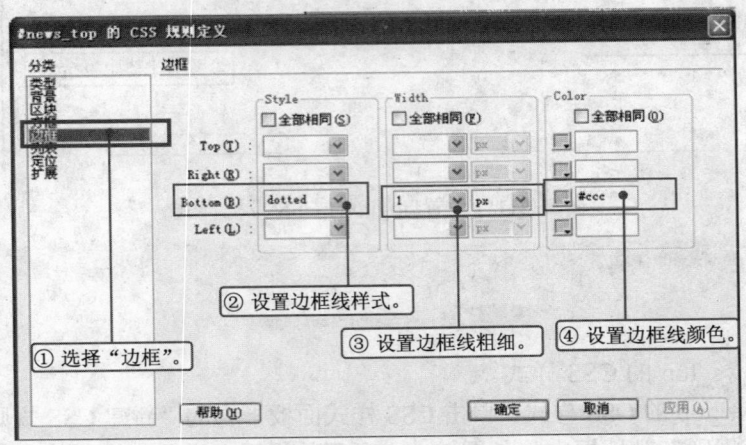

② 设置边框线样式。
③ 设置边框线粗细。
④ 设置边框线颜色。
① 选择"边框"。

图 2-214　设置#news_top 的 CSS 边框样式

Layout.css 中自动生成相应代码：

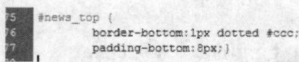

5）设置#news_list 的 CSS 样式。

① 创建#news_list 的 CSS 样式。单击 CSS 样式面板下方的"新建 CSS 规则"按钮，在弹出的"新建 CSS 规则"对话框中作如图 2-215 所示的设置，设置完成后单击"确定"按钮。

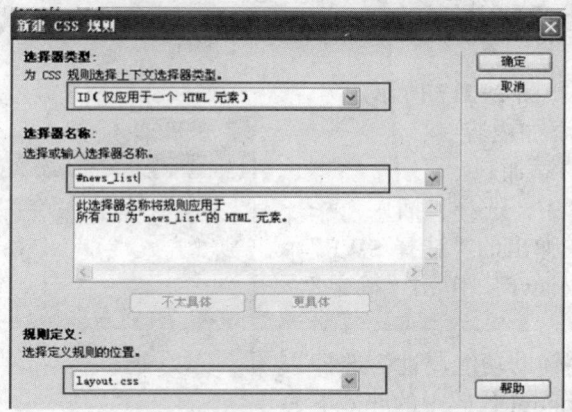

图 2-215　创建#news_list 的 CSS 样式

② 在方框样式中，设置它的上填充为 6px，如图 2-216 所示。

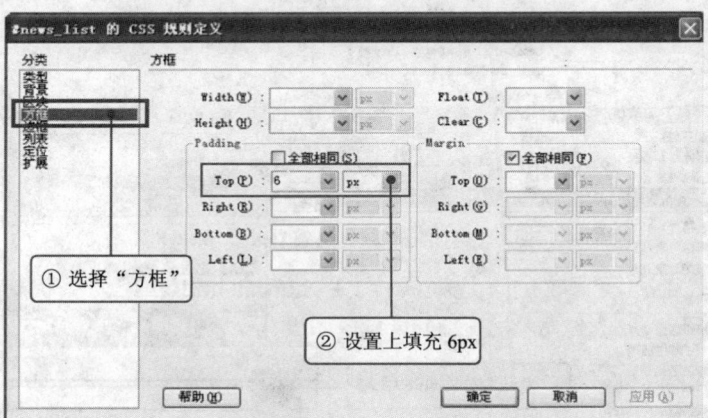

图 2-216　设置 news_list 的 CSS 方框样式

Layout.css 中自动生成相应代码：

```
78    #news_list { padding-top:6px;}
```

上述操作在 layout.css 文档中的代码为：

```
#pic { float:left; width:269px;}
#login { margin-top:6px;}
#hot_news { Z
          float:right;
          width:358px;
          height:225px;
```

```
                padding:15px;
                 background:url(../images/hot_bg.gif) 0 0 no-repeat;
                }
#news_top {
                border-bottom:1px dotted #ccc;
                padding-bottom:8px;}
#news_list { padding-top:6px;}
```

设计窗口中的效果如图 2-217 所示。

（3）为#index_top 添加内容

1）在#pic 中内容的添加。

① 光标定位在#pic 中，选择"插入"→
"媒体"→"SWF"，在弹出的"选择 SWF"
对话框中找到"indexpic.swf"，单击"确定"
按钮，如图 2-218 所示。

② 对于"对象标签辅助功能属性"选择
"取消"即可，在 index.html 代码中的#pic 下
出现一段 JS 代码，即插入 SFW 文档的代码。

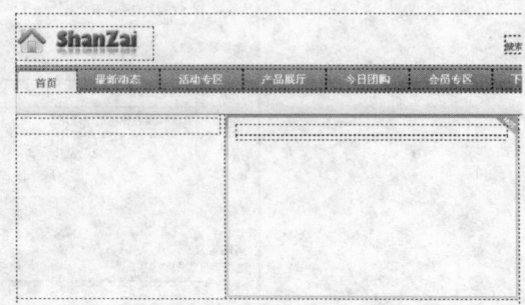

图 2-217　设计窗口中的效果图

```
<div id="pic">
<script language='javascript' type="text/javascript">
        linkarr = new Array();
        picarr = new Array();
        textarr = new Array();
        var swf_width=269;
```

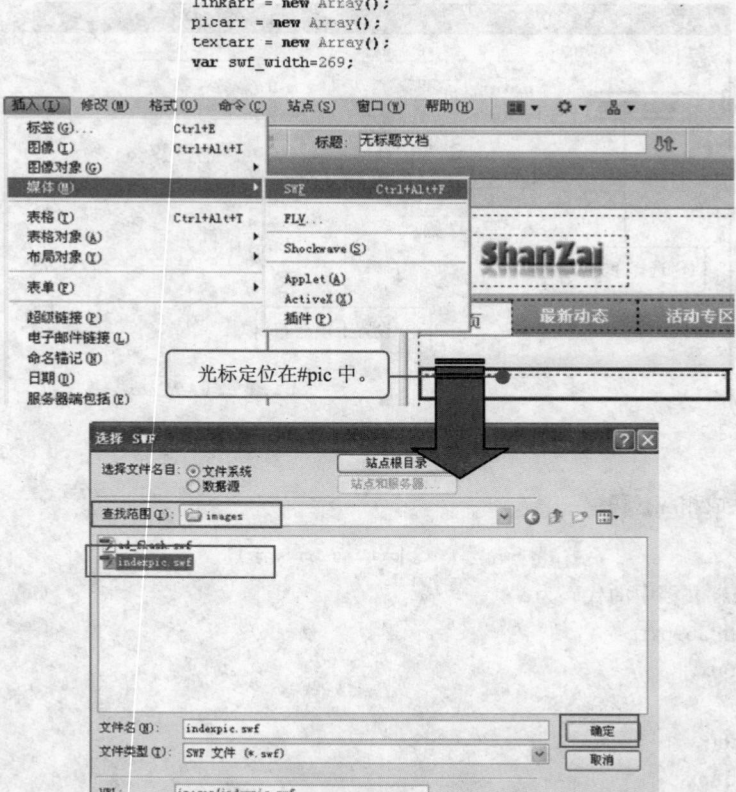

图 2-218　插入 SWF

③ 插入"登录"图片。光标定位在#login 中，选择"插入"→"图像"，在"选择图像源文件"对话框中找到"btn_login.gif"，单击"确定"按钮，如图 2-219 所示。

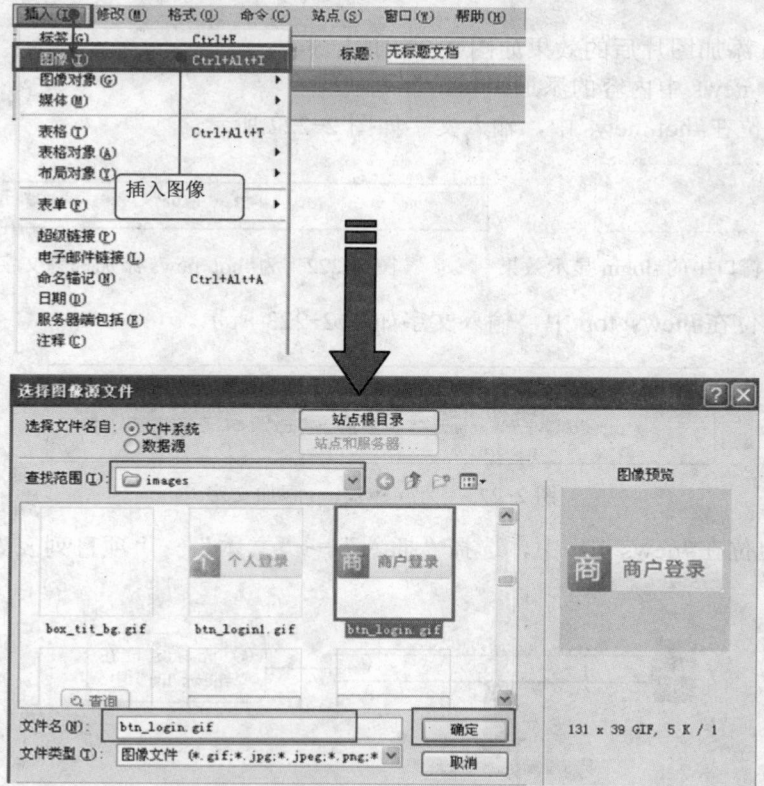

图 2-219　在#login 中插入"登录"图片

④ 插入图片后的效果如图 2-220 所示。

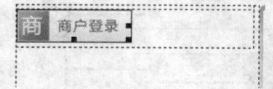

图 2-220　设计窗口中的显示效果

在 index.html 中的代码如下。

```
78        <div id="login">
79        <img src="images/btn_login.gif" width="131" height="39" />
80        </div>
```

⑤ 重复步骤③，插入图片"btm_login1.gif"，也可直接在代码窗口复制并修改代码，如下。

```
78    <div id="login">
79      <img src="images/btn_login.gif" width="131" height="39" />
80      <img src="images/btn_login1.gif" width="131" height="39" />
81    </div>
```

Index.html 中代码：
<div id="login">

```
        <img src="images/btn_login.gif" width="131" height="39" />
        <img src="images/btn_login1.gif" width="131" height="39" />
</div>
```

⑥ #login 添加图片后的效果如图 2-221 所示。

2）在#hot_news 中内容的添加。

① 光标定位在#hot_news 中，输入文字如图 2-222 所示。

 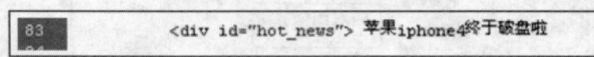

图 2-221　设计窗口中的#login 显示效果　　　　图 2-222　为#hot_news 添加标题文字

② 光标定位在#news_top 中，输入文字如图 2-223 所示。

图 2-223　为#news_top 添加文字

③ 光标定位在#news_list 中，选择"插入"→"文本"→"项目列表"，输入文字如图 2-224 所示。

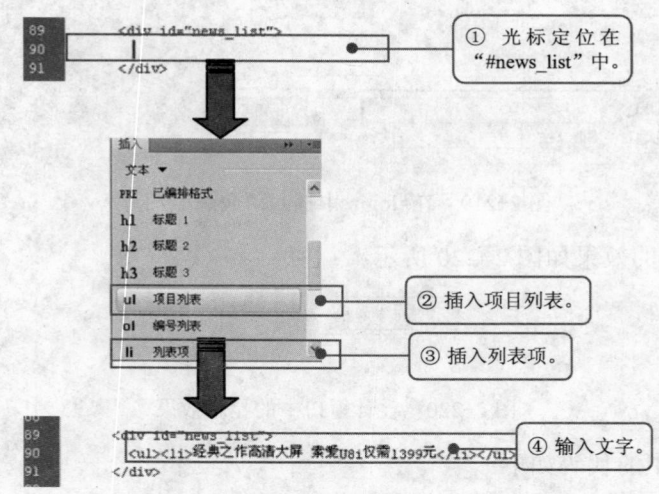

图 2-224　为#news_list 添加项目列表

④ 选中列表文字，在下面属性栏中为列表文字添加链接，如图 2-225 所示。

⑤ 在 index.html 中生成的代码如图 2-226 所示。

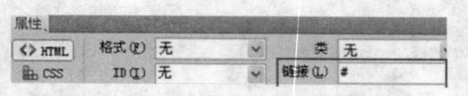 

图 2-225　为项目列表文字添加链接　　　　图 2-226　代码窗口添加项目列表文字

⑥ 复制并修改代码，完成#news_list 中的项目列表，如图 2-227 所示。

```
90          <div id="news_list">
91              <ul>
92                  <li><a href="#">经典之作高清大屏 索爱U8i仅需1399元 </a></li>
93                  <li><a href="#">降价促销 32G苹果iPhone4国行售5600 </a></li>
94                  <li><a href="#">大屏幕WP7手机 HTC HD7价格小降120元 </a></li>
95                  <li><a href="#">800万像素 诺基亚触屏全键盘E6仅1880元 </a></li>
96                  <li><a href="#">黑白一个价 行货苹果iPhone 4售4680元 </a></li>
97                  <li><a href="#">里程碑3代 摩托罗拉侧滑XT883售4160元</a></li>
98              </ul>
99          </div>
```

图 2-227　完成#news_list 中的项目列表

Index.html 中代码：
```
<div id="news_list">
    <ul>
        <li><a href="#">经典之作高清大屏  索爱 U8i 仅需 1399 元 </a> </li>
        <li>><a href="#">降价促销 32G 苹果 iPhone4 国行售 5600 </a></li>
        <li><a href="#">大屏幕 WP7 手机  HTC HD7 价格小降 120 元 </a></li>
        <li><a href="#">800 万像素  诺基亚触屏全键盘 E6 仅 1880 元 </a></li>
         <li><a href="#">j 黑白一个价  行货苹果 iPhone 4 售 4680 元 </a></li>
        <li><a href="#">里程碑 3 代  摩托罗拉侧滑 XT883 售 4160 元</a></li>
    </ul>
</div>
```

（4）CSS 样式美化

1）标题美化 CSS 样式。

① 创建#news_top h1 CSS 样式。单击 CSS 样式面板下方的"新建 CSS 规则"按钮，在弹出的"新建 CSS 规则"对话框中作如图 2-228 所示的设置，设置完成后单击"确定"按钮。

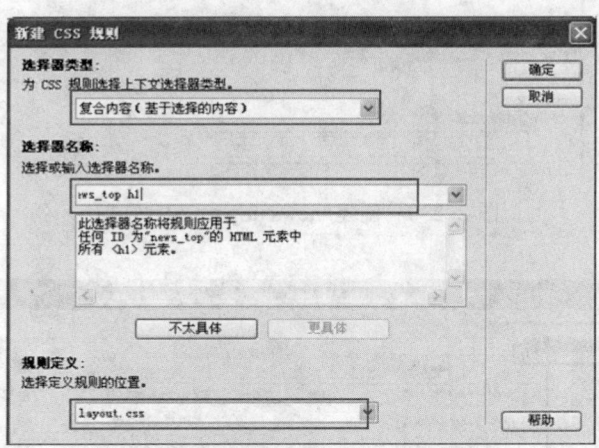

图 2-228　创建#news_top h1 CSS 样式

② 在类型样式中，设置它的字体（font-family）为雅黑（yahei），字号（font-size）为 16px，行高 2.2 倍，颜色（color）为#444，如图 2-229 所示。

③ 创建#news_topp CSS 样式。单击 CSS 样式面板下方的"新建 CSS 规则"按钮，在弹出的"新建 CSS 规则"对话框中作如图 2-230 所示的设置，设置完成后单击"确定"按钮。

④ 在类型样式中，设置它的颜色（color）为#999，如图 2-231 所示。

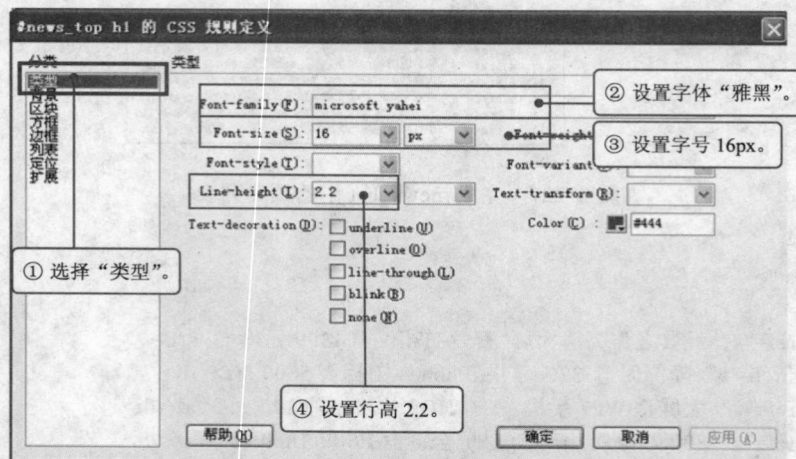

图 2-229　设置#news_top h1 CSS 类型样式

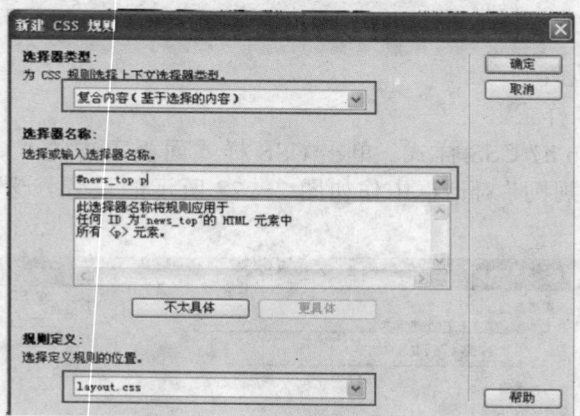

图 2-230　创建#news_top p CSS 样式

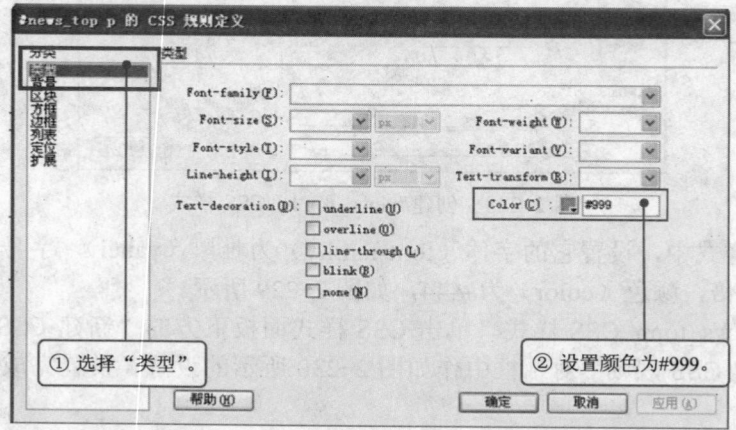

图 2-231　设置#news_top p CSS 类型样式

Layout.css 中代码：

```
#news_top h1 {
                font-size:16px;
                line-height:2.2;
                font-family:"microsoft yahei";
                color:#444;
              }
```

#news_top p { color:#999;}

⑤ 应用 CSS 样式。返回 index.html 的设计窗口，选中#hot_news 中的标题文字，选择"插入"→"文本"→"h2"，如图 2-232 所示。

图 2-232　应用#news_top p CSS 样式

⑥ 也可以用手输入代码的方法添加标题样式。方法如下。

返回 index.html 的代码窗口，光标定位在#hot_news 中的标题文字处，用手输入代码"<h"（注意：代码为英文半角小写），此时系统给出提示，选中"<>h2"并按回车键，或直接用手输入"<h2>"，如图 2-233 所示。

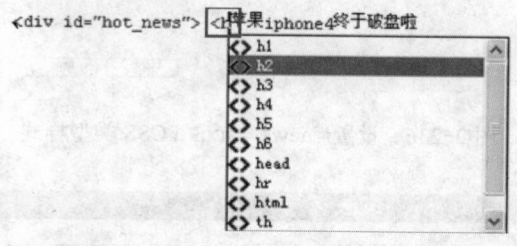

图 2-233　用手输入代码添加标题文字处

在标题文字结尾，用手输入"</"，系统自动给出结束符"</h2>"，如图 2-234 所示。

图 2-234　用手输入代码添加标题文字结尾

2）项目列表美化 CSS 样式

① 创建"# news_list ul li" CSS 样式。单击 CSS 样式面板下方的"新建 CSS 规则"按钮，在弹出的"新建 CSS 规则"对话框中作如图 2-235 所示的设置，设置完成后单击"确定"按钮。

② 在类型样式中，设置它的行高为 1.9，如图 2-236 所示。

③ 在背景样式中，设置它的背景图片（backgroud-iamges）为"icon.gif"，设置背景不

重复，设置背景位移 x 方向为 0，y 方向为–300px，如图 2-237 所示。

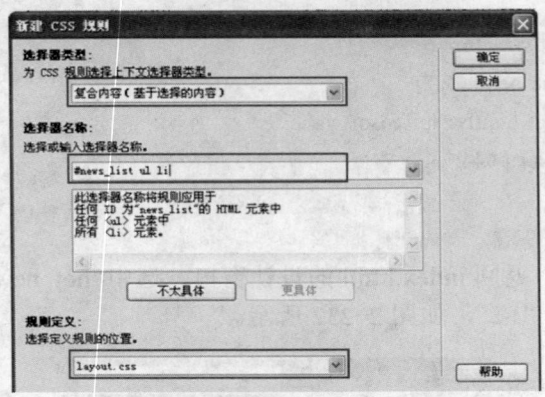

图 2-235 创建#news_list ul li CSS 样式

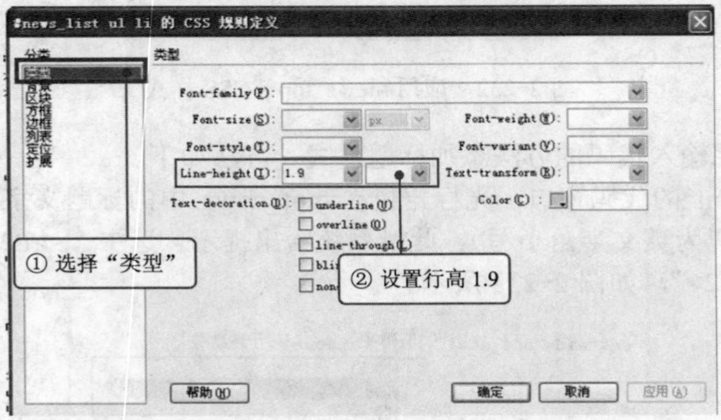

图 2-236 设置# news_list ul li CSS 类型样式

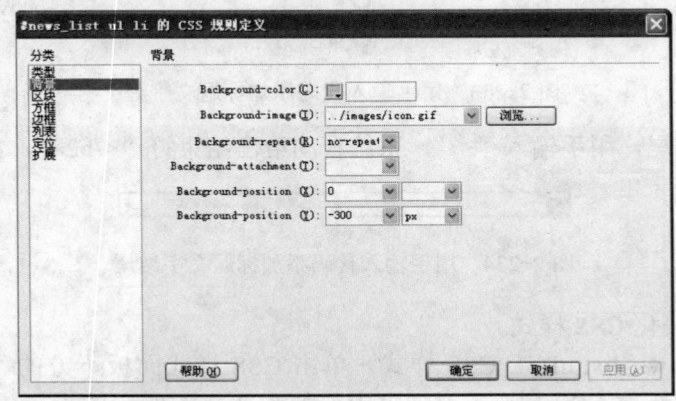

图 2-237 设置# news_list ul li CSS 背景样式

④ 在方框样式中，设置它的左填充（padding-left）为 20px，如图 2-238 所示。

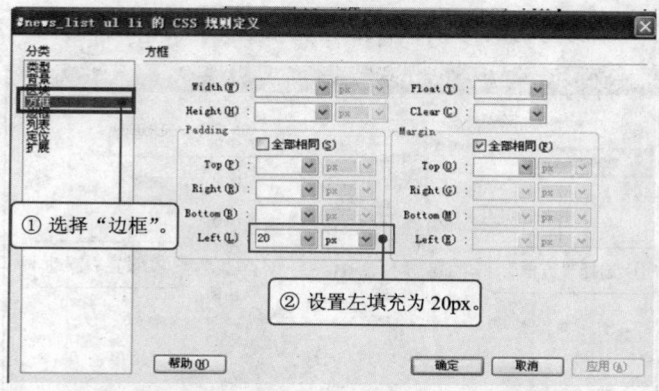

图 2-238　设置# news_list ul li CSS 方框样式

layout.css 代码窗口显示如下。

```
15  #news_list ul li {
16  background:url(../images/icon.gif) 0 -300px no-repeat;
17  padding-left:20px; line-height:1.9;
18  }
```

⑤ 创建 "# news_list ul li span" CSS 样式。单击 CSS 样式面板下方的 "新建 CSS 规则" 按钮，在弹出的 "新建 CSS 规则" 对话框中作如图 2-239 所示的设置，设置完成后单击 "确定" 按钮。

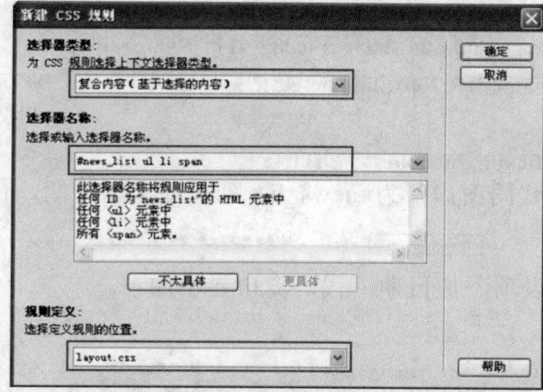

图 2-239　创建# news_list ul li span CSS 样式

⑥ 在类型样式中，设置它的颜色（color）为#579f11，如图 2-240 所示。

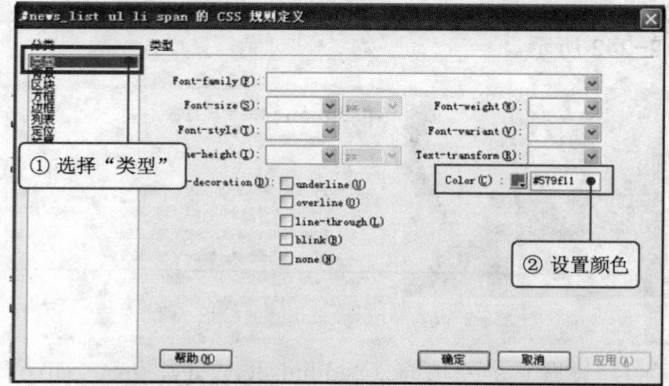

图 2-240　设置# news_list ul li span CSS 类型样式

⑦ 在方框样式中，设置它的浮动（float）为右浮动（right），如图 2-241 所示。

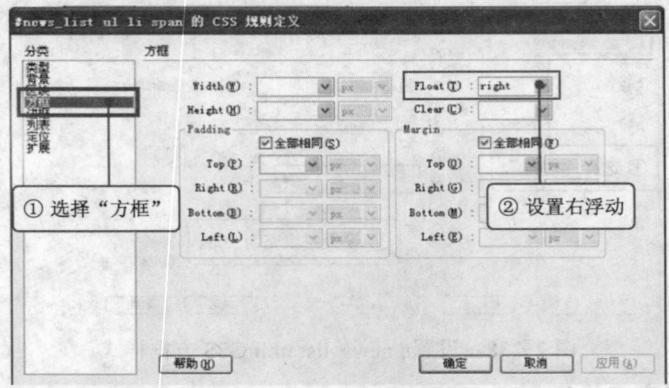

图 2-241 设置# news_list ul li span CSS 方框样式

Layout.css 代码窗口显示如下。

```
121    #news_list ul li span { float:right; color:#579f11;}
```

上述操作在 Layout.css 中自动生成的代码：

```
#news_list ul li {
               background:url(../images/icon.gif) 0 -300px no-repeat;
               padding-left:20px; line-height:1.9;
               }
#news_list ul li span { float:right; color:#579f11;}
```

⑧ 返回 index.html 代码窗口，为#news_list 列表项添加日期，代码如下。

```
<li><span>9-22</span><a href="#">经典之作高清大屏 索爱U8i仅需1399元 </a></li>
```

复制代码，为各列表项添加日期，代码窗口显示如下。

```
<div id="news_list">
<ul>
    <li><span>9-22</span><a href="#">经典之作高清大屏 索爱U8i仅需1399元 </a></li>
    <li><span>9-22</span><a href="#">降价促销 32G苹果iPhone4国行售5600 </a></li>
    <li><span>9-22</span><a href="#">大屏幕WP7手机 HTC HD7价格小降120元</a></li>
    <li><span>9-22</span><a href="#">800万像素 诺基亚触屏全键盘E6仅1880元</a></li>
    <li><span>9-22</span><a href="#">黑白一个价 行货苹果iPhone 4售4680元 </a></li>
    <li><span>9-22</span><a href="#">里程碑3代 摩托罗拉侧滑XT883售4160元</a></li>
</ul>
</div>
```

最终效果如图 2-242 所示。

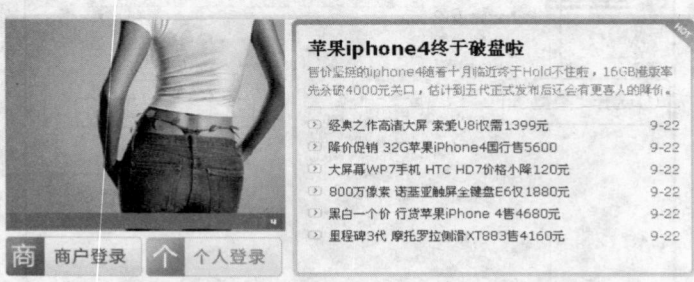

图 2-242 #index_top 的最终效果

4. #Index_pic 制作

（1）添加产品图片

1）光标定位在#pic 中，选择"插入"→"常用"→"图像"，在弹出的"选择图像源文件"对话框中找到"../images/1.jpg"，单击"确定"按钮，如图 2-243 所示。

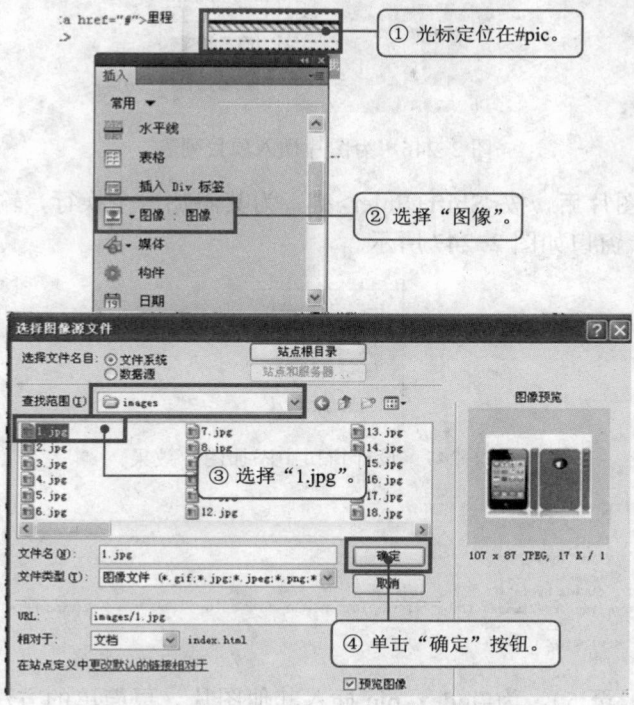

图 2-243　在#index_pic 中插入图片

2）在"图像标签辅助功能属性"对话框中，替换文本为"产品说明"，此项功能在网页浏览过程中可以帮助阅读显示内容，如图 2-244 所示。

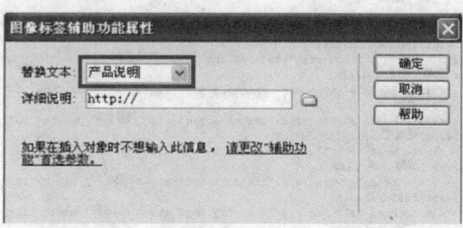

图 2-244　输入替换文本为"产品说明"

3）为图片添加链接。选中图片，在下方的属性面板中添加空链接，如图 2-245 所示。

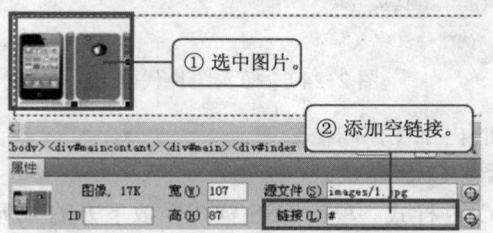

图 2-245　为图片添加空链接

4）选中图片，为其插入"项目列表"，如图 2-246 所示。

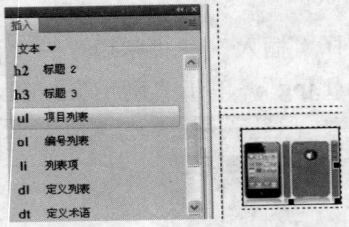

图 2-246　为图片插入项目列表

5）光标定位在图片后，按<Shift+Enter>键，为其添加一个换行，输入图片的说明文字为"iphone 4"，设计窗口如图 2-247 所示。

图 2-247　设计窗口中添加图片效果

代码窗口显示如下。

```
<div id="index_pic">
  <ul>
    <li><a href="#">
    <img src="images/1.jpg" width="107" height="87" /alt="产品说明" ><br />iphone 4
    </a></li>
  </ul>
</div>
```

6）重复步骤 1）至 5），为#index_pic 插入其他图片。更简单的方法是通过复制代码，修改相应的参数来完成其他图片的插入。

返回 index.html 代码窗口，复制并修改代码如图 2-248 所示。

```
04      <div id="index_pic">
05        <ul>
06          <li><a href="#"><img src="images/1.jpg" alt="产品名称" width="107" height=
"87" /></br>iphone4</a></li>
07          <li><a href="#"><img src="images/2.jpg" alt="产品名称" width="107" height="87"
 /></br>三星 G3</a></li>
08          <li><a href="#"><img src="images/3.jpg" alt="产品名称" width="107" height=
"87" /></br>康佳</a></li>
09          <li><a href="#"><img src="images/4.jpg" alt="产品名称" width="107" height=
"87" /></br>诺基亚</a></li>
10          <li><a href="#"><img src="images/5.jpg" alt="产品名称" width="107" height=
"87" /></br>多普</a></li>
11          <li><a href="#"><img src="images/6.jpg" alt="产品名称" width="107" height=
"87" /></br>OPPO</a></li>
12          <li><a href="#"><img src="images/7.jpg" alt="产品名称" width="107" height=
"87" /></br>ZTE</a></li>
13          <li><a href="#"><img src="images/8.jpg" alt="产品名称" width="107" height=
"87" /></br>夏普</a></li>
14          <li><a href="#"><img src="images/9.jpg" alt="产品名称" width="107" height=
"87" /></br>长虹</a></li>
15          <li><a href="#"><img src="images/10.jpg" alt="产品名称" width="107" height=
"87" /></br>联想</a></li>
16        </ul>
17      </div>
```

图 2-248　插入图片代码

（2）创建#index_pic 的内部 CSS 样式

1）设置#index_pic 标题 CSS 样式。

① 创建#index_pic h2 CSS 样式。单击 CSS 样式面板下方的"新建 CSS 规则"按钮，在弹出的"新建 CSS 规则"对话框中作如图 2-249 所示的设置，设置完成后单击"确定"按钮。

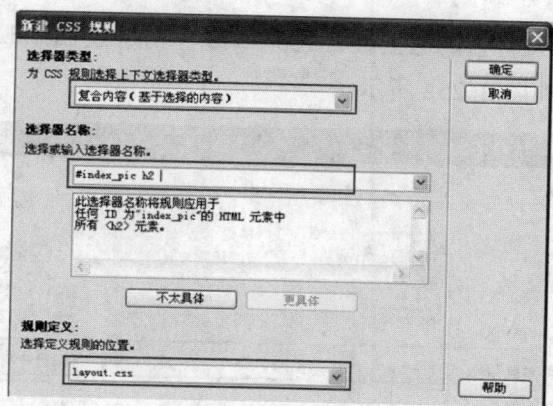

图 2-249 创建# index_pic h2 CSS 样式

② 在背景样式中，设置它的背景图片（back-ground）为 "box_tit_bg.gif"，如图 2-250 所示。

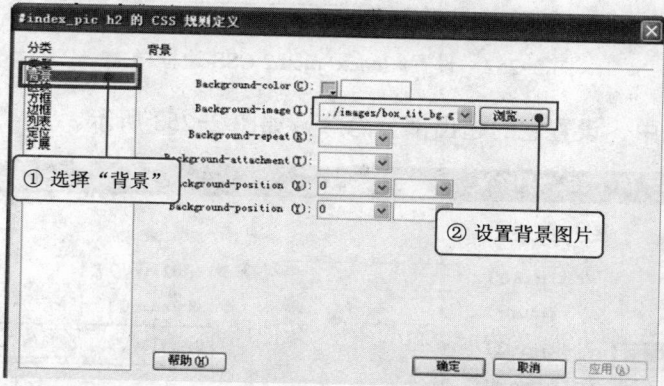

图 2-250 设置# index_pic h2 CSS 背景样式

③ 在方框样式中，设置它的高度（height）为 28px，如图 2-251 所示。

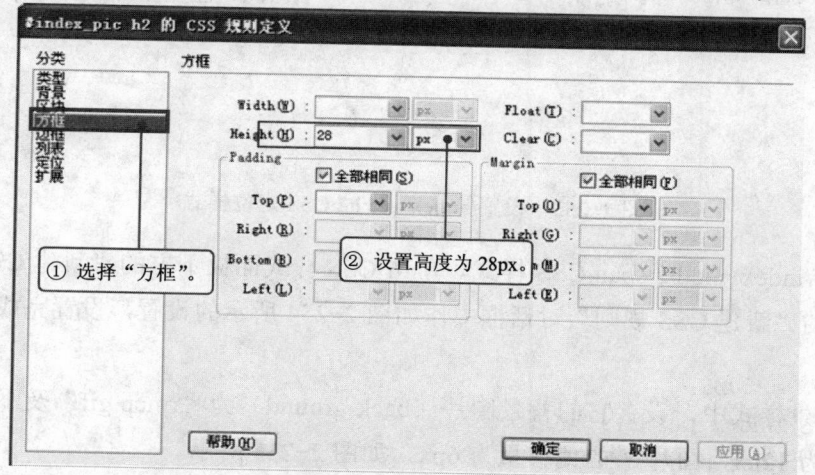

图 2-251 设置# index_pic h2 CSS 方框样式

④ 在边框样式中，设置它的边框线样式（style）为实线（solid），线粗细（width）为 1px，颜色为#dbdbdb，如图 2-252 所示。

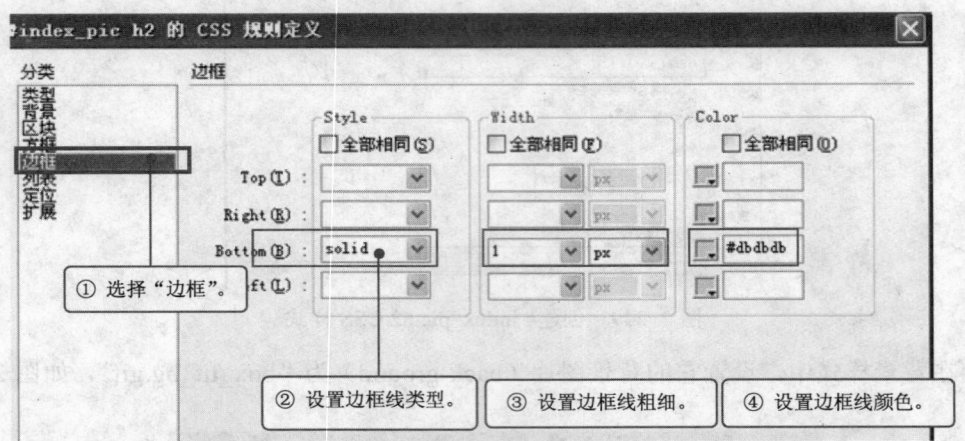

图 2-252　设置# index_pic h2 CSS 边框样式

⑤ 在定位样式中，设置它的超出部分隐藏，如图 2-253 所示。

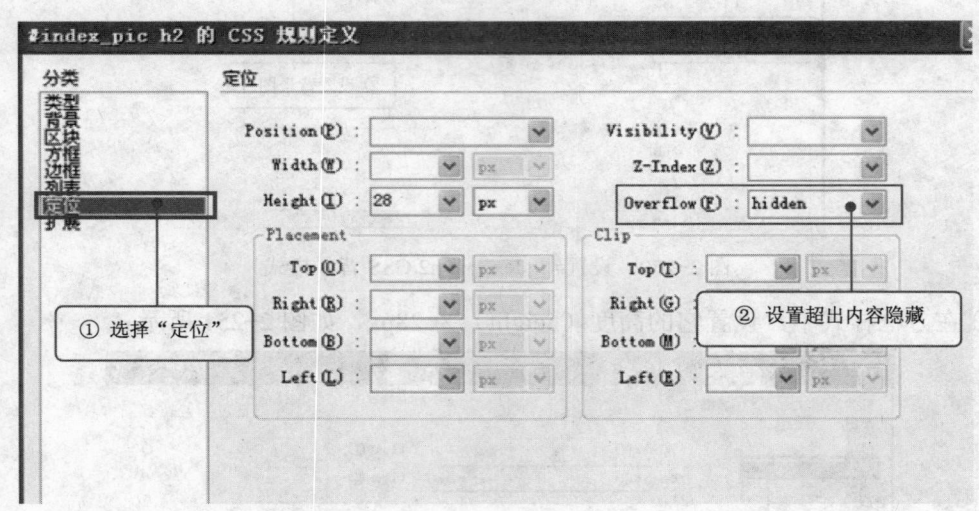

图 2-253　设置#index_pic h2 CSS 定位样式

⑥ 创建#index_pic h2 span CSS 样式。单击 CSS 样式面板下方的"新建 CSS 规则"按钮，在弹出的"新建 CSS 规则"对话框中作如图 2-254 所示的设置，设置完成后单击"确定"按钮。

⑦ 在背景样式中，设置它的背景图片（back-ground）为"rmcp.gif"及不重复，图片 X 的偏移量为 12px，图片 Y 的偏移量为 6px，如图 2-255 所示。

⑧ 在区块样式中，设置它的显示（Display）为区块（block），如图 2-256 所示。

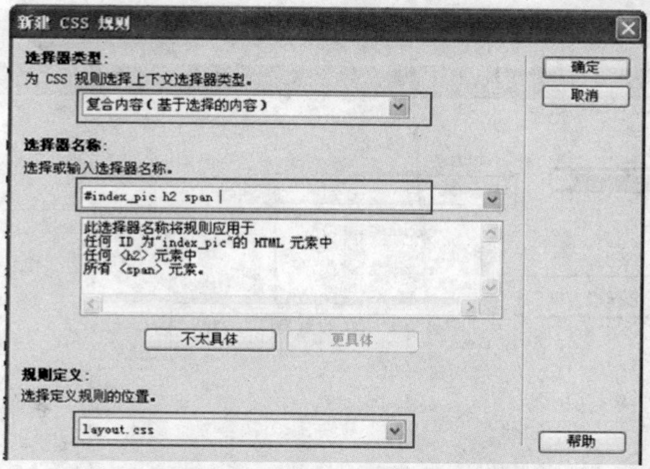

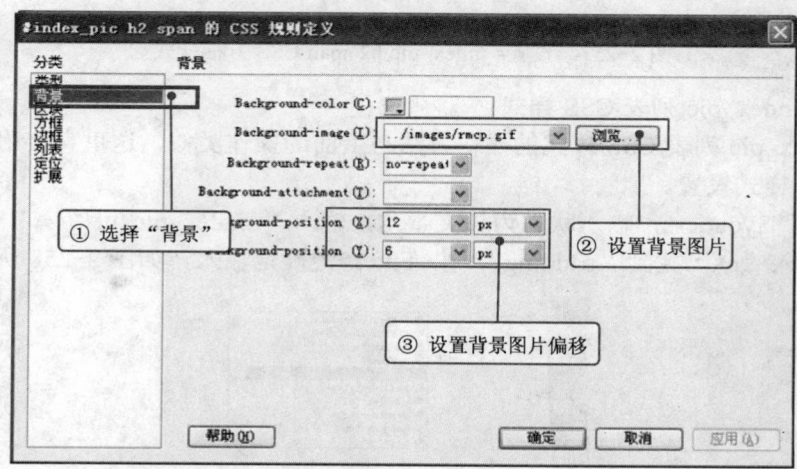

图 2-254　创建# index_pic h2 span CSS 样式

图 2-255　设置# index_pic h2 span CSS 背景样式

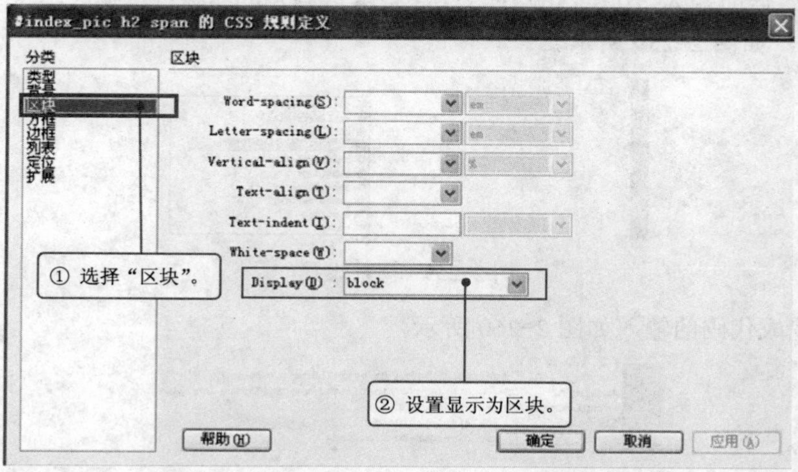

图 2-256　设置# index_pic h2 span CSS 区块样式

⑨ 在方框样式中，设置它的高度（height）为 25px，如图 2-257 所示。

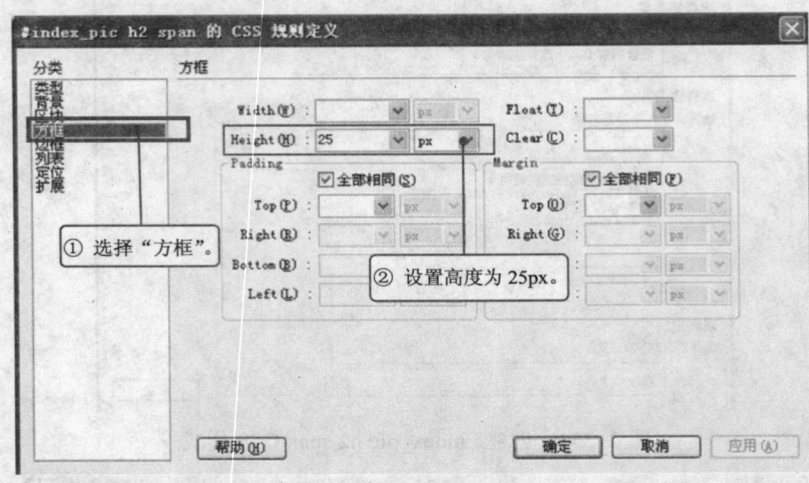

图 2-257　设置# index_pic h2 span CSS 方框样式

2）设置#index_pic 列表 CSS 样式。

设置#index_pic 列表 CSS 样式的操作方法与上面的操作类似，这里直接用手写代码的方法完成 CSS 样式设置。

① 返回到 layout.css，输入状态为英文半角，输入"#index_pic ul{"＋"空格"，系统出现提示，输入"p"，找到"padding"，按<Enter>键确定输入，如图 2-258 所示。

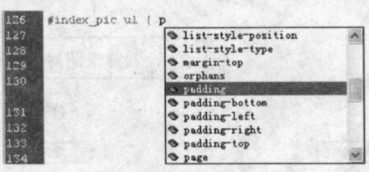

图 2-258　找到 padding

② 在"："后面输入"0 0 15px 0;"，按<空格>或<Enter>键，再输入字母"o"编辑下一组属性设置。如图 2-259 所示。

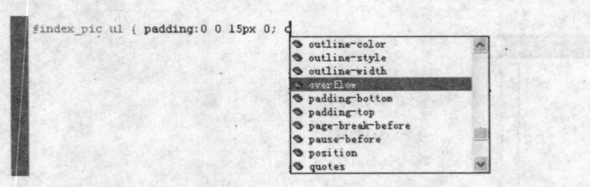

图 2-259　属性设置

③ 最终完成代码的输入如图 2-260 所示。

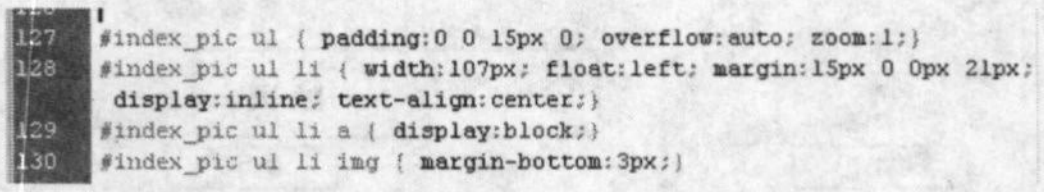

```
127  #index_pic ul { padding:0 0 15px 0; overflow:auto; zoom:1;}
128  #index_pic ul li { width:107px; float:left; margin:15px 0 0px 21px;
     display:inline; text-align:center;}
129  #index_pic ul li a { display:block;}
130  #index_pic ul li img { margin-bottom:3px;}
```

图 2-260　#index_pic ul CSS 样式代码

Layout.css 代码：

```css
#index_pic h2 {
        height:28px;
        background:url(../images/box_tit_bg.gif) 0 0;
        border-bottom:1px solid #dbdbdb;
        overflow:hidden;
        }
#index_pic h2 span
        {
        display:block;
        height:25px;
        background:url(../images/rmcp.gif) 12px 6px no-repeat;
        }
#index_pic ul {
        padding:0 0 15px 0;
        overflow:auto; zoom:1;
        }
#index_pic ul li {
        width:107px;
        float:left; margin:15px 0 0px 21px;
        display:inline;
        text-align:center;
        }
#index_pic ul li a { display:block;}
#index_pic ul li img { margin-bottom:3px;}
```

（3）插入#index_pic 标题

1）返回 index.html 代码窗口，光标定位在#index_pic 内，选择"插入"→"文本"→"标题 2"，如图 2-261 所示。

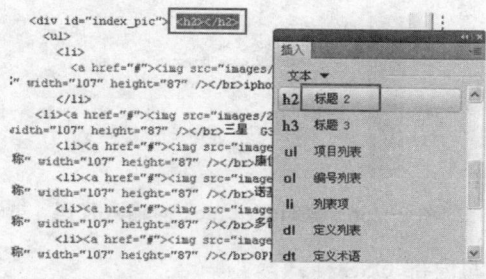

图 2-261　#index_pic 插入标题 CSS 样式

2）光标定位在<h2></h2>中间，插入<span>标签，如图 2-262 所示。

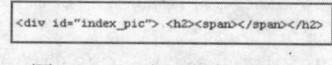

图 2-262　插入<span>标签

#index_pic 样式完成后的最终结果如图 2-263 所示。

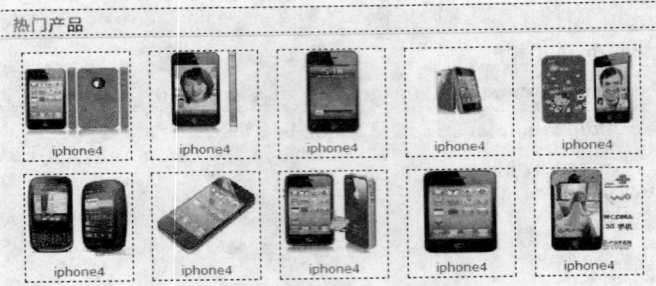

图 2-263　#index_pic 最终效果图

5. #index_box 制作

#index_box 内的内容分为左右两个部分，左侧为.box（“焦点中心”区），右侧为.box_box1（“最新评测”区）。其结构如图 2-264 所示。

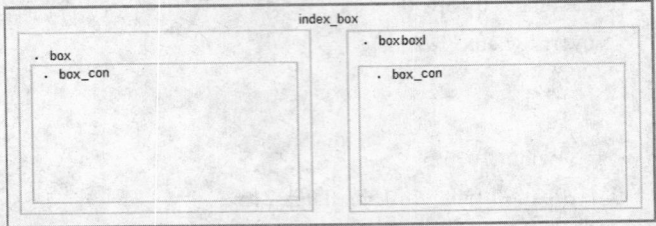

图 2-264　#index_box 结构图

（1）创建#index_box 的布局结构

1）返回 index.html 的代码窗口，光标定位在#index_box 中，如图 2-265 所示。

```
<div id="index_box"></div>
```

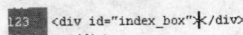

图 2-265　光标定位在#index_box 中

2）输入代码如图 2-266 所示。

```
<div id="index_box">
    <div class="box">
        <div class="box_con"></div>
    </div>

    <div class="box">
        <div class="box_con"></div>
    </div>
</div>
```

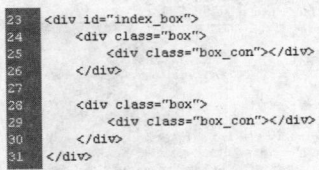

图 2-266　在#index_box 内输入代码

（2）创建#index_box 的内部 CSS 样式

打开 layout.css，输入代码如图 2-267 所示。

```
.box { width:326px; float:left; border:1px solid #dbdbdb;}
.box1 { float:right;}
.box_con { height:243px; padding:15px 15px 0 15px;
overflow:hidden;}
```

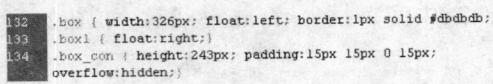

图 2-267　创建#index_box CSS 的样式代码

（3）添加内容

1）返回 index.html 的代码窗口，光标定位在第一个 ".box" 中输入文字并为标题文字插入 "标题 2"、"链接" 及 "行内样式"，如图 2-268 所示。

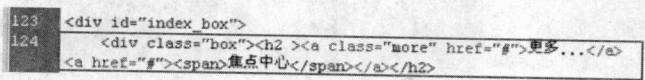

图 2-268   在.box 中添加内容

2）光标定位在 ".box_con" 中，输入代码如图 2-269 所示。

图 2-269   在.box_con 中输入代码

在这段代码中：

<dt>定义术语标签、<dl>定义列表标签、<ul>定义项目列表、<li>定义列表项、<a>定义链接的添加可以参见前面章节的讲解。

此时 index.html 中的代码如下：

```
<div class="box">
        <h2 ><a class="more" href="#">更多...</a>
        <a href="#"><span>焦点中心</span></a></h2>


        <div class="box_con">
        <dl>
        <dt><a href="#"><img src="images/pic5.gif" alt="多角度对比 苹果 iPod 系列真机" width="91" height="70" /></a></dt>
        <dd><a href="#"><strong>多角度对比 苹果 iPod 系列真机</strong></a>
        导言：北京时间 9 月 2 日凌晨 1 点苹果在旧金山举行新品发布会，数码特派记者在美国现场直播;</dd>
        </dl>
        <ul>
        <li><a href="#">•    主打性价比 1GHz 主频中端智能手机搜索</a></li>
        <li><a href="#">•    本周行情：多款智能新机小幅跌价</a></li>
        <li><a href="#">•    从 700 元至 9000 元 中秋国庆礼品手机推荐</a></li>
        <li><a href="#">•    迎接新学期 千元内高性价比学生手机推荐</a></li>
        <li><a href="#">最高 2299 元 超值实用 WP7 系统手机推荐</a></li>
```

```
            <li><a href="#">•    永远的"里程碑" 摩托 ME722/XT883 对比评测</a></li>
            <li><a href="#">•    玩出你的个性 市售造型独特手机推荐</a></li>
        </ul>
    </div>
</div>
```

3）复制并修改代码。

两个“box”除文本内容有改变外，其样式相同，可以将步骤 2）中的代码复制并修改文本内容，代码窗口显示如图 2-270 所示。

```
    <div class="box"><h2><a class="more" href="#">更多...</a><a href="#">
<span>最新评测</span></a></h2>
<div class="box_con">
    <dl>
      <dt><a href="#"><img src="images/pic5.gif" alt="多角度对比 苹果
iPod系列真机" width="91" height="70" /></a></dt>
      <dd><a href="#"><strong>多角度对比 苹果iPod系列真机</strong></a> 导言
：北京时间9月2日凌晨1点苹果在旧金山举行新品发布会，数码特派记者在美国现场直播
&hellip;</dd>
    </dl>
        <ul>
          <li><a href="#">3G双模双待 金立翻盖商务手机W100评测 </a></li>
          <li><a href="#">人气双核强机 小米手机与LG P990对比 </a></li>
          <li><a href="#">挑战背照CMOS 酷派9930/iPhone4拍照对比 </a></li>
          <li><a href="#">智能Walkman音乐 索尼爱立信WT19i评测 </a></li>
          <li><a href="#">3.5英寸大屏中端配置 华为C8650真机图赏 </a></li>
          <li><a href="#">首款WVGA黑莓 1.2GHz Torch 9850简要评测 </a></li>
          <li><a href="#">11.2mm超薄机身 华为TD触控机T8300评测 </a></li>
        </ul>
</div></div>
```

图 2-270　在.box_con 中插入项目列表

```
<di 此时 index.html 中的代码如下：
<div class="box"><h2><a class="more" href="#">更多...</a><a href="#"><span>最新评测</span></a></h2>
<div class="box_con">
    <dl>
      <dt><a href="#"><img src="images/pic5.gif" alt="多角度对比 苹果 iPod 系列真机" width="91" height="70" /></a></dt>
      <dd><a href="#"><strong>多角度对比 苹果 iPod 系列真机</strong></a> 导言：北京时间 9 月 2 日凌晨 1 点苹果在旧金山举行新品发布会，数码特派记者在美国现场直播&hellip;</dd>
    </dl>
        <ul>
          <li><a href="#">3G 双模双待 金立翻盖商务手机 W100 评测 </a></li>
          <li><a href="#">人气双核强机 小米手机与 LG P990 对比 </a></li>
          <li><a href="#">挑战背照 CMOS 酷派 9930/iPhone4 拍照对比 </a></li>
          <li><a href="#">智能 Walkman 音乐 索尼爱立信 WT19i 评测 </a></li>
          <li><a href="#">3.5 英寸大屏中端配置 华为 C8650 真机图赏 </a></li>
          <li><a href="#">首款 WVGA 黑莓 1.2GHz Torch 9850 简要评测 </a></li>
          <li><a href="#">11.2mm 超薄机身 华为 TD 触控机 T8300 评测 </a></li>
        </ul>
</div></div>
```

（4）样式美化

打开 layout.css，创建#index.html 内列表项及超链接样式，可参见前面章节的窗口操作，也可以用手输入代码。Layout.css 窗口代码显示如图 2-271 所示。

```
36  .box h2 { height:23px; padding:5px 10px 0 10px; font-size:14px;
    background:url(../images/box_tit_bg.gif) 0 0; border-bottom:1px solid
    #dbdbdb; color:#444; overflow:hidden;}
37  .box h2 span { display:block; height:25px; background:
    url(../images/icon.gif) 0 -3px no-repeat; padding-left:20px;}
38  .more { float:right; padding-left:13px; font-size:12px; font-weight:
    normal; color:#db8d3b; background:url(../images/icon.gif) 0 -46px
    no-repeat;}
39  .more:hover { color:#cb6d0a; background:url(../images/icon.gif) 0 -96px
    no-repeat;}
40
41  .box_con dl { height:74px; overflow:hidden;}
42  .box_con dl dt { float:left; padding:1px; border:1px solid #d8d8d8;}
43  .box_con dl dd { float:right; width:188px; color:#888; line-height:1.5;}
44  .box_con dl dd a { display:block; margin-bottom:3px; color:#05a;}
45  .box_con ul { margin-top:10px;}
46  .box_con ul li { background:url(../images/icon.gif) 0 -300px no-repeat;
    padding-left:20px; line-height:1.8;}
```

图 2-271　代码窗口显示

```
.box h2 {
        height:23px;
        padding:5px 10px 0 10px;
        font-size:14px;
        background:url(../images/box_tit_bg.gif) 0 0;
        border-bottom:1px solid #dbdbdb;
        color:#444;
        overflow:hidden;
        }
.box h2 span {
        display:block;
        height:25px;
        background:url(../images/icon.gif) 0 -3px no-repeat;
        padding-left:20px;
        }
.more {
        float:right;
        padding-left:13px;
        font-size:12px;
        font-weight:normal;
        color:#db8d3b;
        background:url(../images/icon.gif) 0 -46px no-repeat;
        }
.more:hover {
        color:#cb6d0a;
        background:url(../images/icon.gif) 0 -96px no-repeat;}
        .box_con dl {
        height:74px;
```

```
                    overflow:hidden;
                    }
.box_con dl dt {
                    float:left;
                    padding:1px;
                    border:1px solid #d8d8d8;}
.box_con dl dd {
                    float:right;
                    width:188px;
                    color:#888;
                    line-height:1.5;
                    }
.box_con dl dd a {
                    display:block;
                    margin-bottom:3px;
                    color:#05a;
                    }
.box_con ul { margin-top:10px;}
.box_con ul li {
                    background:url(../images/icon.gif) 0 -300px no-repeat;
                    padding-left:20px;
                    line-height:1.8;
                    }
```

#index_box 完成后的最终结果如图 2-272 所示。

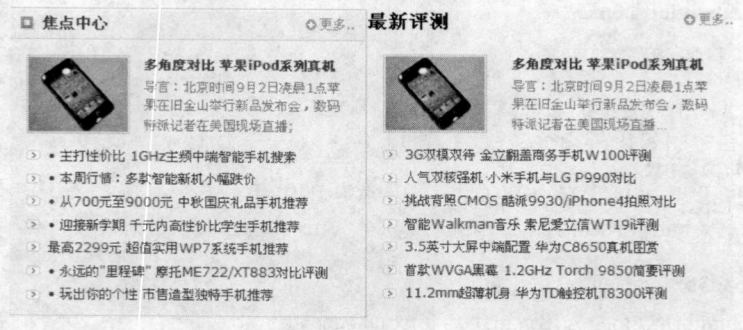

图 2-272　#index_box 的最终结果图

6．右侧的#side 制作

#side 的内容分成上中下 3 个部分,这 3 个部分都应用了同一个类.side_box。每个.side_box 又应用了不同的样式。其结构如图 2-273 所示。

（1）创建".side"的内部布局结构

前面我们讲解了用窗口菜单形式和用手输入代码形式创建 html 标签代码，从中看出用手输入代码的好处优于使用窗口菜单的方法：手写代码简洁清晰，不易生出多余的"废码"，重复部分可以复制后再修改，方便快捷；插入标签时定位准确，易于查错。在实际工作中网站开发人员也都使用手写代码。本例中我们使用手写代码与窗口操作结合的方法。

返回 index.html 代码窗口，在".side"中输入代码如图 2-274 所示。

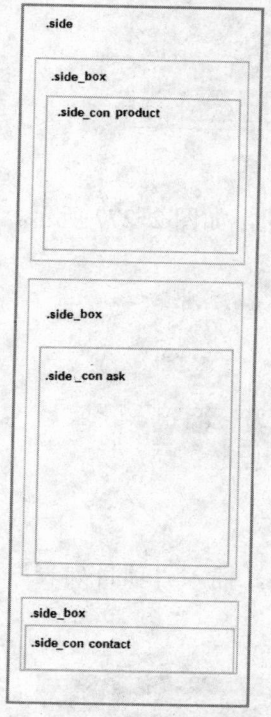

图 2-273   #side 的结构图

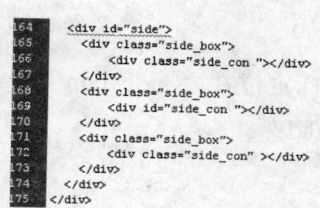

图 2-274   #side 的结构图

（2）创建".side"的内部 CSS 样式

上述结构中".side"、".side_con"的样式已经在"构建网页架框"章节完成设置，这里只设置".side_con"的样式。设置它的填充（padding）为上、下为 0，左右为 10px；设置它的背景图片（background）及背景不重复（no-repeat）。

Layout.css 代码如下：

```
.side_con {
        padding:0 10px;
         background:url(../images/side_bg.gif) 0 bottom no-repeat;
         }
```

（3）添加内容

1）添加"产品导购"内容。

① 光标定位在".side_box"中，输入文字，如图 2-275 所示。

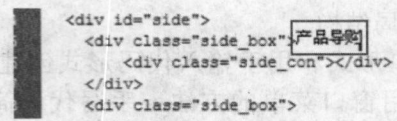

图 2-275 添加"产品导购"标题

② 选中"产品导购"文字,插入"标题 2",如图 2-276 所示。

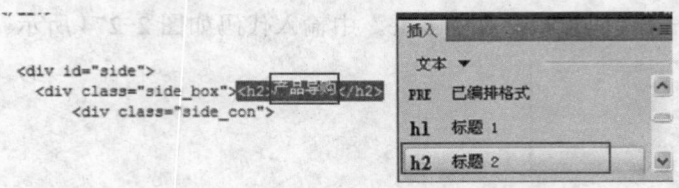

图 2-276 为"产品导购"添加标题样式

③ 选中"产品"文字,单击属性面板中的"加粗"按钮,如图 2-277 所示。

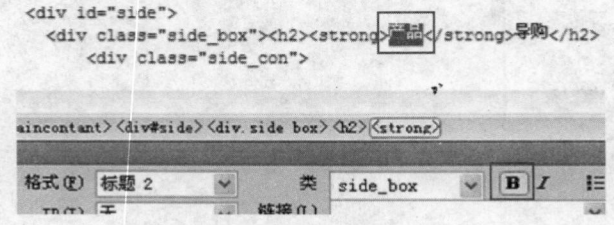

图 2-277 为"产品"添加粗体样式

④ 光标定位在".side_con"中,输入文字,选中文字,插入"项目列表"标签,如图 2-278 所示。

图 2-278 为".side_con"添加项目列表

⑤ 选中文字,插入"列表项",如图 2-279 所示。

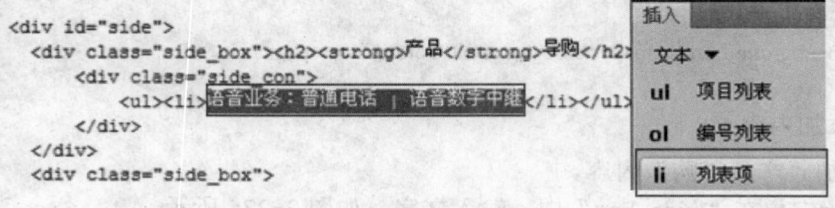

图 2-279 插入列表项

⑥ 选中文字"语音业务:",单击"粗体"按钮,如图 2-280 所示。

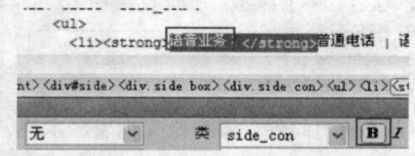

图 2-280　为标题文字添加粗体样式

⑦ 选中文字,添加链接,如图 2-281 所示。

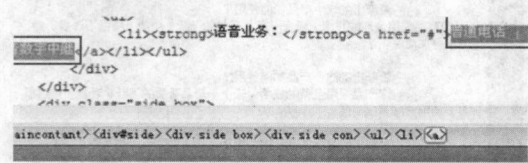

图 2-281　为标题文字添加链接

⑧ 复制代码,index.html 代码窗口显示如图 2-282 所示。

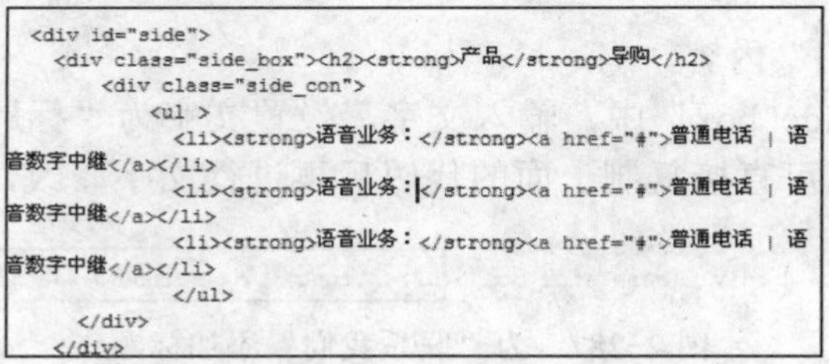

```
<div id="side">
    <div class="side_box"><h2><strong>产品</strong>导购</h2>
        <div class="side_con">
            <ul >
                <li><strong>语音业务:</strong><a href="#">普通电话 | 语
音数字中继</a></li>
                <li><strong>语音业务:</strong>|</strong><a href="#">普通电话 | 语
音数字中继</a></li>
                <li><strong>语音业务:</strong><a href="#">普通电话 | 语
音数字中继</a></li>
            </ul>
        </div>
    </div>
```

图 2-282　为"产品导购"添加列表项代码

设计窗口显示效果如图 2-283 所示。

图 2-283　"产品导购"设计效果图

2)添加"使用问答"内容。

① 光标定位在".side_box"中,输入文字,设置文字为"标题 2",字体"粗体",操作步骤参照步骤 1),也可直接复制上面的代码后再进行文字修改,如图 2-284 所示。

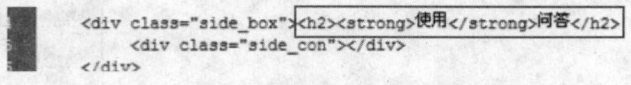

图 2-284　为"使用问答"添加标题

② 光标定位在".side_con"中,输入文字,选中文字,插入"定义列表、术语、说明"标签,如图 2-285 所示。

```
</ul>
    </div>
  </div>
  <div class="side_box"><h2><strong>使用</strong>问答</h2>
      <div class="side_con">
      <dl> <dt>最新出的这个产品如何使用？</dt>
<dd>该产品采用全新的技术，较上一产品有质的飞跃，功能上增强了许多，使
用方法更加简便...</dd></dl>
      </div>
```

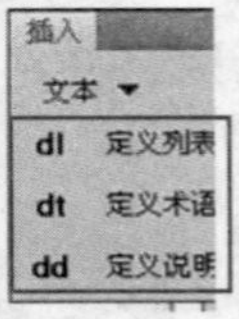

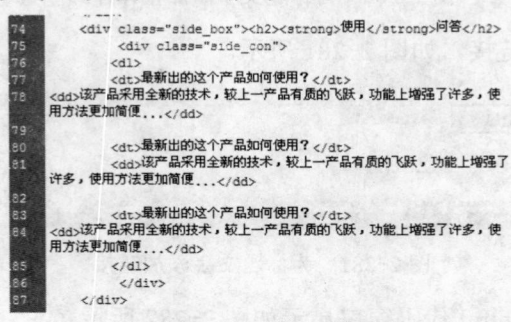

图 2-285　为“使用问答”添加定义列表、术语、说明标签

③ 复制内容后修改文本，如图 2-286 所示。

```
<div class="side_box"><h2><strong>使用</strong>问答</h2>
      <div class="side_con">
      <dl>
      <dt>最新出的这个产品如何使用？</dt>
<dd>该产品采用全新的技术，较上一产品有质的飞跃，功能上增强了许多，使
用方法更加简便...</dd>

      <dt>最新出的这个产品如何使用？</dt>
      <dd>该产品采用全新的技术，较上一产品有质的飞跃，功能上增强了
许多，使用方法更加简便...</dd>

      <dt>最新出的这个产品如何使用？</dt>
<dd>该产品采用全新的技术，较上一产品有质的飞跃，功能上增强了许多，使
用方法更加简便...</dd>
      </dl>
    </div>
  </div>
```

图 2-286　添加代码文本内容

3）添加“联系我们”内容。

① 光标定位在“.side_box”中，输入文字，设置文字为“标题 2”，字体“粗体”，操作步骤参照步骤 1），也可直接复制上面的代码后再进行文字修改，如图 2-287 所示。

```
<div class="side_box">
  <div class="side_con"><h2><strong>联系</strong>我们</h2>
```

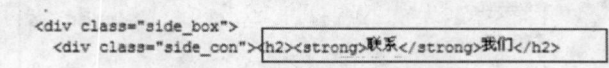

图 2-287　为“联系我们”添加标题

② 光标定位在“.side_con”中，插入图片，如图 2-288 所示。

“#side”最终效果如图 2-289 所示。

```
<div class="side_box">
  <div class="side_con"><h2><strong>联系</strong>我们</h2>
  <img src="images/tel.gif" alt="图片说明" />
  </div>
</div>
```

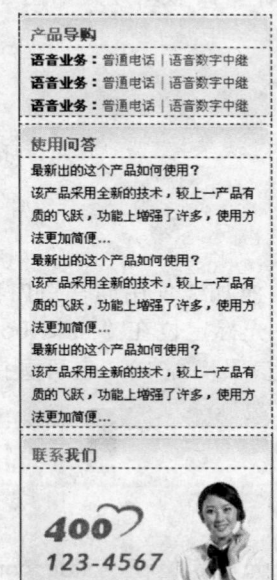

图 2-288　为“联系我们”添加图片

图 2-289　“#side”设计效果图

（4）美化样式

为"#side"中的列表项、定义术语、定义说明设置 CSS 样式。操作步骤上面已经详细讲解这里不再赘述。

1）"产品导购"CSS 样式美化（列表项）。

Layout.css 中代码：

```
.product { padding:3px 10px;}
.product ul { background:url(../images/icon2.gif) 5px 12px no-repeat;}
.product ul li { height:58px;
                 padding:14px 0 0 64px;
                 border-bottom:1px dashed #dcdcdc;
                 color:#777;
                 }
.product ul li strong { display:block; height:24px; color:#333;}
.product ul li a { color:#777;}
.product ul li a:hover { text-decoration:underline;}
.product ul li product { border-bottom:none;}
```

2）"使用问答"CSS 样式美化。

Layout.css 中代码：

```
.ask dl { padding:9px 0; border-bottom:1px dashed #dcdcdc;}
.ask dl dt { height:22px; overflow:hidden; font-weight:bold;
             background:url(../images/icon.gif) 0 -149px no-repeat;
             padding-left:20px;
             }
.ask dl dt a { color:#666;}
.ask dl dd { color:#666;
             background:url(../images/icon.gif) 0 -198px no-repeat;
             padding-left:20px;
```

3）"联系我们"CSS 样式美化。

Layout.css 中代码：

```
.contact { padding:2px;}
```

Layout.css 文档代码窗口显示效果如图 2-290 所示。

图 2-290　Layout.css 文档代码窗口显示效果

4）应用设置好的 CSS 样式。

① 返回 index.html，光标定位在"产品导购"的".side_con"开始标签中，为其添加设置好的类样式"product"，如图 2-291 所示。

② 光标定位在"使用问答"的".side_con"开始标签中，为其添加设置好的类样式"ask"，如图 2-292 所示。

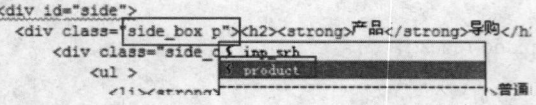

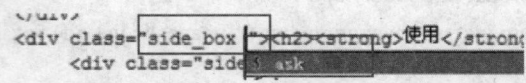

图 2-291　为"产品导购"添加类样式"product"　　图 2-292　为"使用问答"添加类样式"ask"

③ 光标定位在"联系我们"的".side_con"开始标签中，为其添加设置好的类样式"contact"，如图 2-293 所示。

此时的"#side"的显示效果如图 2-294 所示。

图 2-293　为"联系我们"添加类样式"contact"　　图 2-294　"#side"最终效果图

至此整个首页制作完成。

任务评价

1. 两种标识方式

本任务中，在创建 Div 标签时，我们采用两种标识方式，即"id"和"class"。它们的区别如下。

264

1）id 属性可以为当前 Div 指定一个 id 名称，以便 css 中使用 id 选择符进行样式编写。同样，也可以使用 class 属性，在 css 中使用 class 选择符进行样式编写。

2）使用 id 属性时，形如 id="main"定义的，在 CSS 中是这样设置其样式的：#main{ 样式列表；}。

使用 class 属性时，形如 class="side_box"形式定义的，在 CSS 中设置样式为：bbb{ 样式列表 }。

3）同一名称的 id 值在当前 HTML 页面中，不管是应用到 DIV 还是其他对象的 id 中，只允许使用一次，而 class 名称则可以重复使用。

2. html5 新增属性

html5 新增了 2 个属性，分别是 overflow 属性和 zoom 属性。

当子元素浮动且未知高度时，怎么使父容器适应子元素的高度？这种情况可在父窗口加上 overflow:auto;zoom:1;这两个样式属性，overflow:auto;是让父容器来自适应内部容器的高度，zoom:1;是为了兼容 IE6 而使用的 CSS HACK。

触类旁通

在学习网站制作的初期，网页编辑可以通过设计窗口、选项、菜单进行设计，在此过程中要有意识地让自己熟悉代码的编写格式。之后，逐步脱离设计窗口，改用代码编写网页。使用代码编写网页，在结构设计上更精准，修改更方便。对于结构一致的部分我们可以采用先复制代码，然后对内容部分做相应修改的方法，这样既保证了结构一致，降低录入过程中的出错率，也大大提高了代码编写速度。在后面的二级页面的制作中可以参考本项目代码的编写方式。

小结

本项目以一个电子产品类网站入手，详细讲解了企业网站制作的一般流程，实际项目实现中的内部分工协作机制；从技术层面上，由浅入深地讲解 Dreamweaver CS5 制作企业网站的基本技巧；DIV+CSS 布局网页技术，使用模板化设计，方便网站内容的更新；结合 JS 特效知识，对网页添加 JS 特效，增强网页的动态效果；以及使用 HTML 代码编写设计网页的基本技巧。大家应使用标准化的编程语言书写代码，养成良好的编程习惯，为将来的从业打好基础。实战强化首页制作我们已经讲解完了，其他二级页面的制作可参照学过的方法自行完成。

实战强化

完成本网站其余各个子页面，效果参见配套资源包中的素材库。